日本の地下水政策

地下水ガバナンスの実現に向けて

千葉知世

[著]

GROUNDWATER POLICY AND GOVERNANCE IN JAPAN

京都大学
学術出版会

はじめに

　わが国において地下水をいかに保全し管理していくかという問題は、その国民の生命・生活基盤としての重要性にも関わらず、社会科学の分析対象としてはあまり注目されてこなかった。特に高度成長期以降の地盤沈下に代表される地下水障害は大きな関心を集め、それに対処するための制度的対応について様々な社会的論争が繰り広げられた。だが、地下水にかかわる研究は、自然科学分野における地下水機構に関する事実解明や、地下水の利用と管理のための技術開発等には豊富な蓄積がある一方で、社会科学系では法学分野における地下水利用権を巡る法的性質論に議論の系譜が存在するのみで、政策研究の痕跡はほとんど見当たらない。

　そもそも地下水障害が顕在化するまで、地下水は、空気と同様に資源として明確な位置づけを与えられていなかった。だが、近代化に伴い私的財産権の制度が確立され、また、大規模で効率的な掘削技術が発展するにしたがって、人々は地下水を採りすぎるようになった。そして様々に発生した地下水問題に対処する過程を経て初めて、資源的価値が明確にされていったのである。その後公害・環境問題の認識が浸透する中で、利用を前提とした資源的価値にくわえ、環境構成要素としての地下水の価値が認識されるようになった。そして、地下水は公共性にかかわる問題であると認知されるようになった。

　今や地下水の利用形態は多様化し、それに相まって利害関係は複雑化している。そのため、実践の現場が直面している問題は単純な水収支管理とは比較にならないほど難解であり、望ましい地下水管理のあり方やその方策についての知識やノウハウの不足、認識の混乱がしばしば見られる。

　地下水利用を巡る人間の社会経済活動をいかに制御し、持続的な地下水利用を実現するのか。複雑多様化した利害関係者のコンセンサスをどのように形成していくのか。そのためにいかなる制度を整えるのか。これは地下水の政策とガバナンスの問題である。

　地下水ガバナンスの望ましい姿を考えるには、まず、現状を把握しなけれ

ばならない。先述の通り、わが国では地下水政策研究が十分になされてこなかったので、議論の前提となる地下水管理の現状や実態に関する基本的な情報が圧倒的に不足している。

　そうした状況の中、2014 年には水循環基本法（平成二十六年法第十六号）が制定され、2015 年 7 月には水循環基本計画が閣議決定された。当該計画では、各流域単位での、国の地方支部局、地方自治体、事業者、住民等による流域水循環協議会の設置と流域水循環計画の策定が定められた。地下水のマネジメントはその際の主要課題の一つとして位置付けられていることから、地下水保全管理の分権化が今後推進され、地域主体（地方自治体・住民・企業）の役割は一層重視されるようになると思われる。こうした中で、地域における地下水管理の現状把握は急務の課題である。

　また、地下水問題の多様化と利害関係の複雑化に伴い、国や自治体だけでは十分に対応できない問題や政策課題が出現している。それに伴い、住民、市民団体、企業・事業者、あるいは専門家などの非政府アクターの役割が期待されるようになっており、多様なアクター間の役割分担のあり方について検討が求められている。

　本書は以上の問題認識によって動機づけられたものであり、大きく二つの目標を有する。第一に、わが国の地下水保全管理政策の現状を露わにすることである。これまで国は地下水保全のための制度整備を積極的には行って来ず、地下水保全管理は地域の自主性に任されてきた側面が大きい。地方自治体をはじめとするローカルの主体が、それぞれに直面した問題に個別的に対応してきた結果、日本の地下水政策は実に創意工夫に富んでおり多様である。反面、どこまで問題に対応できているのかは不明であり、地域主体だけでは解決できない問題が存在している可能性もある。特に国家法による調査・監視に関する定めの存在しない水量の問題については、水質の問題以上に実態が把握されていない。そうした現状の理解に資すること、今後の地下水政策・ガバナンス研究において議論の土台となり得る基礎的資料を提供することができたならば、本書の目的はほとんど達成されたと言える。

　第二に、さらに野心的な目標として、日本の地下水保全管理にガバナンス概念からの接近を試み、今後の地下水ガバナンスの構築に向けた知見を抽出

することを目指す。既述の通り、地下水保全管理においては、法制度や政策の枠組みに留まらず、それを決定し実行していくアクターの問題も含んだ「ガバナンス」の検討が必要とされている。今後、地下水ガバナンスの構造やメカニズム、それが地下水の保全と持続可能な利用という課題に対し果たしうる機能を、自然科学と人文社会科学の総合的なアプローチによって探求していかねばならない。本書は地下水ガバナンス概念の解釈に試みるとともに、わが国の全体的な現状と先進例をそれぞれガバナンスの観点から論じることで、その一翼を担う知見を導出したいと念願するものである。

　本書の構成は次の通りである。第1章では、現代のわが国において生じている地下水問題の状況を略述し、地下水保全政策に関連する既往研究を概観する。第2章では、わが国における地下水行政の歴史的展開を整理して記述し、現在の地下水管理体制が築かれた過程を明らかにする。第3章では、地下水管理にかかる法制度の主軸となっている地下水条例の実態を明らかにする。第4章では、地域における地下水保全管理の実態把握を目的に実施した質問紙調査の結果を紹介する。第5章では、地下水ガバナンスの概念と定義を検討したうえで、わが国の地下水ガバナンスの現状について考察する。第6章では、地下水保全管理の先進例である熊本地域の事例にガバナンスの観点から着目し、その成立過程の記述とアクターの変化についての分析を行う。第7章は、本書の成果と課題を要約するとともに、今後の展望を述べて結論とする。

　本書はわが国の地下水保全管理の現状を総花的に描くことを主眼としたため、抽象的な記述に留まってしまった部分が多い。また、執筆にあたっては正確な記述を心がけたつもりではあるが、筆者の知識・情報不足や経験不足等に起因する不備不足は多々あるものと思われる。地下水学の専門家、地下水学を学ぼうとする大学生、地下水管理の実務を担う行政職員の方々、地下水保全活動に取り組む市民組織の方々など、本書を手にされた読者諸氏には、各々の立場や現場感覚とのズレ、本書が見落としている点などにつき、忌憚なきご意見をいただければ幸いである。

　本書の内容は、筆者が2016年度に京都大学大学院地球環境学舎に提出した博士学位論文を下地とし、その後の調査研究の内容、および関係法令の改

正等を含む社会情勢の変化等を踏まえ、加筆修正を行ったものである。ここに至るまで、実に多くの方々からご指導とご支援をいただいた。とりわけ、博士後期課程在学中に指導教官を務めてくださった宇佐美誠先生、松下和夫先生には多大な学恩をこうむった。また、京都大学総合人間学部在学時の指導教官であった浅野耕太先生には、大学院進学後も様々なご助言をいただいた。また、田中正先生（筑波大学名誉教授）には、日本地下水学会にて本研究の研鑽の場を与えていただき、本書の原稿についても貴重なコメントを頂戴した。遠藤崇浩先生（大阪府立大学准教授）からは、研究の全般にわたってご指導を賜り、多くの学問的刺激をいただいた。ここに改めて深謝申し上げたい。

また、本研究に際しては、各地の地方自治体をはじめとする行政機関、地域で活動する市民組織、企業・事業者、研究機関等の方々に対し幾度もの調査を行った。これらの方々の温かなご協力がなければ、本書の上梓に至らなかったことは疑いようがない。すべての方々のお名前を挙げることはとても叶わないが、調査にご協力くださった皆様に深く感謝の意を表したい。

なお、本研究は、JSPS科研費 12J07863、およびMEXT科研費 15H04047 の助成を受けた。また、本書の刊行に際しては、阪南大学叢書出版助成を得た。ここに記して謝意を表する。また、本書の編集と出版に際しては、京都大学学術出版会、とりわけ鈴木哲也編集長、永野祥子さんには大変お世話になった。ここに改めて御礼を申し上げる。

最後に、私事ではあるが、父と母は大学院在籍時の研究生活を物心両面で常に援助してくれた。大学入学から博士課程を出るまで約10年にわたり二人で暮らした祖母は、研究で帰りが遅い筆者をいつも暖かい夕食で迎えてくれた。夫は、しばしば研究と論文執筆に没頭して家事が疎かになる私を責めることなく支え続けてくれた。そして、一歳になった息子の笑顔は、すべての労苦を癒してくれた。愛する家族に本書をささげ、ここに感謝を述べる。

2019年1月

千葉　知世

目　次

はじめに　i

第1章　地下水保全管理の現代的課題　1
第1節　地下水利用の現状　1
第2節　日本の地下水問題　2
　1. 地盤沈下　3
　2. 地下水質汚染　4
　3. 新たな地下水問題　6
第3節　国家的対応の不十分さと「地方任せ」の現状　11
第4節　地下水保全管理にかかわるこれまでの議論　17
　1. 地下水学における社会科学的研究　17
　コラム①　地下水保全の基本単位：地下水盆と地下水域　20
　2. 法学分野における地下水の法的性質論　22
　コラム②　秦野市における井戸新規設置訴訟　24
　3. 地下水政策・地下水ガバナンス研究　27

第2章　地下水行政の歴史的変遷　31
第1節　地下水ガバナンスの背景にある地下水行政　31
第2節　地下水行政の歴史的展開　33
　1. 地租改正による土地の私的所有権の確立　33
　2. 地下水利用の拡大と明治29年大審院判決　35
　3. 地盤沈下の発生と無視された過剰利用原因説　37
　4. 地下水障害の深刻化と水行政の縦割り化　38
　5. 地盤沈下対策法の制定と地方自治体による独自規制の始まり　41
　6. 地下水法制定の頓挫　42
　7. 地方自治体による独自規制の発展　45
　8. 環境庁による水行政の再編成　48
第3節　国の地下水管理体制整備に向けて　51

1. 要約と考察：時代の変化と地下水の性格の変化　51
　　2. 国の役割の再検討に向けて　53

第3章　地下水条例の分析　57
　第1節　地下水条例の実態把握　57
　第2節　条例分析の方法：規定内容の類型化　61
　第3節　条例分析の結果と考察　63
　　1. 国家法と地下水条例の関係　63
　　2. 地下水保全管理の手段に関する規定　67
　　3. 地下水管理の体制に関する規定　102
　　4. 地下水の法的性格に関する規定　108
　第4節　結論：条例による地下水の「公水」化と国家法の課題　112

第4章　基礎自治体における地下水保全管理の実態　117
　第1節　ローカルな現状理解の必要性　117
　第2節　質問紙調査　119
　　1. 基礎自治体を対象とした質問紙調査　119
　　2. 9つの主要な設問　119
　　3. 条例制定の有無による比較　127
　第3節　質問紙調査の結果と考察　128
　　1. 回収率と回答部署　128
　　2. 集計結果と考察　130
　第4節　基礎自治体の現状と求められる支援　151

第5章　求められる地下水ガバナンス　157
　第1節　地下水ガバナンスに対する社会的要請　157
　第2節　ガバナンス概念の導入　160
　　1. ガバナンスとは何か　160
　　2. 政府か、市場か、コミュニティか　164
　第3節　地下水ガバナンスの概念と現状の概観　168
　　1. IWRMとガバナンス　168

2. 地下水ガバナンスとは何か　170
    3. 国際機関による「地下水ガバナンスプロジェクト（GGP）」と
       日本の現状　178
    コラム③　主婦が守った地下水　190
    コラム④　地下水協力金と地下水税　202
  第4節　流域水循環協議会・流域水循環計画への注目　207
    1. 地下水ガバナンスの場としての流域水循環協議会　207
    2. 広い自由裁量　211
    3. EU水枠組指令に基づく流域管理計画（RBMP）との対比　214

第6章　熊本地域における地下水保全政策過程　221
　　　　──地下水ガバナンスのアクターの観点から
  第1節　熊本地域への注目　221
    1. 事例分析の必要性　221
    2. 白川中流域水田湛水事業の概要　224
  第2節　アクターの分析枠組み　229
  第3節　熊本地域における地下水保全管理の成立過程　233
    1. 第一期（1960〜1970年代頃）　234
    2. 第二期（1980〜1990年代頃）　236
    3. 第三期（2000〜2010年頃）　242
  第4節　地下水ガバナンスの観点からの考察　250
    1. 湛水事業のプロセスにおける参加アクター　250
    2. ふたつの論点：熊本地域の地下水ガバナンスの発展に向けて　256

第7章　地下水政策・ガバナンス論の発展に向けて　261
  第1節　各章の要約および本書の成果と課題　261
  第2節　血の通った制度をつくるガバナンス　267

巻末表1　地下水関連行政略年表　272
巻末表2　地下水関連の主な判例（巻末表1）の概要　280
巻末表3-1〜3　地下水条例分析の結果　282

巻末表4　規制対象とされる井戸の種類・規模　314
参考・引用文献一覧　327
索引　349

第1章

地下水保全管理の現代的課題

第1節　地下水利用の現状

　地下水利用の歴史は古い。縄文時代には人間が湧水を利用し始めたと考えられており、弥生時代には環濠集落や水田耕作の発達を背景に、井戸による地下水利用が始まった。その後、灌漑用地下水利用が発達し、深部の被圧地下水を採取する掘り抜きの技術が登場し、機械式の掘削技術や揚水のポンプが普及するようになり、今日に至っている（鐘方 2003）。

　地下水は水質が良好であるのみならず、水温の変化が年を通して少なく、水が必要になったそのときにその場所で利用できる。大がかりな取水施設も必要としないため、供給コストが比較的安い。こと農業用地下水利用に関しては、平野部の帯水層では受益地に近い場所で地下水が得られる場合が多い。さらに、天候の影響による水位変化が地表水に比べると少ないことから、年間を通じて灌漑などの需要に対応でき、地表水と併せて多くの利点をもつ水資源として用いられてきた（中原他 2010）。良好な水質と安定的な水量を有する地下水は、人間生活の発展を基盤から支えてきた資源であると言えよう。

　現在では世界人口の半数以上が地下水に依存した生活を送っており、今後も地下水資源の利用は増大が見込まれている。そのため、地下水の持続可能

な利用と管理は国際的な課題となっている（谷口 2011）。しかしながら、気候変動がもたらす降水・降雪パターンの変化、発展途上国における人口増加、経済発展による水質汚染の進行、生活レベルの向上による水需要量の増大などにより、淡水資源に迫る危機は年々深刻さを増している。1997年の国連事務総長報告「世界の淡水資源についての総括的アセスメント（Comprehensive Assessment of the Freshwater Resources of the World）」では、水不足の状態に置かれている人口の割合は、1995年時点で約3分の1であったのが2025年には約3分の2に増加すること、そして、安全な水を供給されていない人口は、1994年の約11億人から2020年には約20億人に増加することなどが報告された。世界でも最大規模の食料輸入国である日本にとって、世界の水需給の逼迫は自国の食料安全保障を脅かす問題でもある。

日本における全水使用量は831億立方メートルであり（2006年）、地下水利用量はこのうち約13％にあたる104億立方メートルを占めている。主に農業用水、生活用水、工業用水等として利用されているほか（国土交通省水資源部 2009）、水道水（河川水、地下水、湧水などで構成される）のうち地下水および湧水は、全国平均で22.1％を占めている。中には地下水をそのまま生活用水として利用する地域もあり、例えば熊本市周辺では90万人以上が地下水に依存し、鳥取県、福井県、岐阜県、高知県、静岡県でも県民の60％以上が地下水に依存している（日本地下水学会・井田 2009）。

第2節　日本の地下水問題

主に地下水利用や建設工事などにより生じる地下水系の変化に伴う障害は地下水障害と呼ばれ、次の4つに大別される。すなわち、①地下水位の低下（自噴停止、井戸の相互干渉、可採取量の減少）、②地下水位低下による誘発障害（地盤沈下、酸欠空気の発生、塩水化、地下水酸性化による鉄の腐食など）、③地下水位の著しい上昇で生じる障害（自噴量の増加による排水不良、流出量の増大による湿田化、温排水による周辺井戸の水温上昇）、④水質への障害（水質変化、汚染物質の混入、地層汚染など）である（日本地下水学会編 2011）。わが国において、特に

高度経済成長期に地下水利用が増大し、地盤沈下が激化して各地に被害をもたらしたのはよく知られた事実である。現在は地下水位低下や地盤沈下のような古典的な地下水障害にとどまらず、問題の様相はより多様化している。ここでは、従来からの地下水問題として地盤沈下と地下水質汚染について、そして、近年注目されている新たな地下水問題について一部を取り上げて概観しておく。

1. 地盤沈下

　地下水は、その莫大な存在量に比べて流動量が極めて小さい。そのため、過剰な揚水を行うと地下水位が低下する。大幅な地下水位低下が生じると、浅い井戸から順番に揚水障害が生じる。海が近ければ海水が陸地深くの地下水まで侵入し、地下水が塩水化する（地下水政策研究会 1994）。地下水を過剰採取することで地層内の間隙水圧が低下し、軟弱な粘土層にある地下水が絞り出され、粘土層が収縮して地盤が沈下する。地盤沈下とは、こうした人為的な要因、あるいは自然の原因で地表面標高が低下する現象をいう（日本地下水学会編 2011）。地盤沈下により低地化した地域は、高潮や洪水などの被害を受けやすくなる。

　1920年代から地盤沈下現象は確認されていたが、特に戦後の工業復興期における無秩序な採取により拡大・深刻化し、社会問題として世間に広範に認識された。1967年制定の公害対策基本法、および1993年制定の環境基本法で地盤沈下は「典型7公害」のひとつとして規定されたが、それ以前の1950年代後半から国家法や条例による地下水採取規制が実施されてきた。それらが功を奏し、現在では高度成長期のような長期的で大規模な地盤沈下はおおむね沈静化傾向にあるが、依然として地盤沈下が発生している地域は少なからず存在している。一般的には、都市用水としての地下水利用が多い地域（埼玉県関東平野、愛知県濃尾平野など）、灌漑期の農業用水としての利用が多い地域（佐賀県筑後・佐賀平野など）、冬季の消雪用水としての利用が多い地域（新潟県南魚沼、高田平野など）、そして水溶性天然ガス溶存地下水の揚水が多い地域（千葉県九十九里平野など）が地盤沈下の発生域となる（環境省水・

大気環境局 2009b)。また、1994 年度のように渇水が発生した際などには、地下水利用量が増加し地盤沈下面積が拡大する傾向がある。一旦沈下した地盤高は回復しないのが通常であり、塩水化などの地下水障害は回復に長い期間を要するため、過剰採取は未然防止が不可欠である。

　なお、日本では大規模な地盤沈下はおおむね沈静化傾向にあるが、他国では深刻な問題となっており、例えばアジア地域では中国、インドネシア、インド、タイ、ベトナムなど多くの国で過剰揚水による地下水位の低下と地盤沈下が発生している（片岡 2010)。2017 年 5 月 27 日付日本経済新聞朝刊では、ジャカルタ、マニラ、ホーチミンなど東南アジアの主要都市において、人口増加や工業化に伴う地下水過剰採取により地盤沈下が加速しており、2020～2030 年頃には都市の大部分が海面下になると予測されているという報道がなされており、対策が喫緊の課題となっている。

2. 地下水質汚染

　わが国では特に 1980 年代後半以降、トリクロロエチレン、テトラクロロエチレン、ベンゼン等の揮発性有機化合物（VOC）[1]による地下水汚染が全国的に問題になった。これらは半導体や金属部品の洗浄用等に広く使用されることから、各地の半導体工場の周辺等で汚染が深刻化し「ハイテク汚染」とも呼ばれた。揮発性有機化合物は水に溶けにくい NAPL（non-aqueous phase liquids）[2]であり、分解されにくいため、長期・広範囲にわたって影響が出やすい。かつ、粘性が低いため土壌中を移動しやすく、地下水面まで容易に浸透するという性質を有している。汚染物質の利用件数は都道府県による地下水の常時監視が開始された 1989 年に増加したほか、1997 年度に地下水環

---

1) 常温常圧で空気中に容易に揮発する有機化合物の総称（日本地下水学会編 2011)。
2) 水に溶けにくい（水と混和しない）液体の総称。水よりも密度が大きいものは DNAPL（Dense NAPL）と呼ばれ、トリクロロエチレン、テトラクロロエチレンなどの有機塩素系溶剤はこれに該当する。一方、水よりも密度が小さいものは LNAPL（Light NAPL）と呼ばれ、ベンゼンやトルエンなどの有機溶剤が該当する（日本地下水学会編 2011)。

境基準が設定され、企業等による自主的な調査が増加した1998年にも増加した。

　カドミウム、銅、ヒ素、亜鉛、水銀、鉛などの重金属[3]も地下水汚染の原因となる。主な人為的排出源は鉱業、化学工業、ごみ焼却、農薬や肥料施用などである（日本地下水学会編 2011）。重金属を含む汚染水は、一般的に不飽和帯[4]（地下水面より上部）をほぼ鉛直に浸透し、地下水に到達した後は地下水の流れに乗って主に水平方向に移動する。土壌中では、分散・拡散により一般的には汚染濃度は低下する（日本地下水学会編 2011）。

　地下水質問題の中でも、近年特に深刻視されているのは硝酸性・亜硝酸性窒素汚染である。主な人為的排出源は、窒素肥料などの過剰な施肥、家畜排せつ物の不適正な処理、生活排水の地下浸透などである。硝酸性・亜硝酸性窒素も土壌に吸着されにくく、地下水に移行しやすい。環境省水・大気環境局（2015）の調査によると、2010年から2014年の5年間で硝酸性・亜硝酸性窒素にかかる環境基準を超過した井戸がある市区町村数は461市区町村（全体の26％）に及んでおり、揮発性有機化合物の355市区町村（全体の20％）、重金属等の353市区町村（全体の20％）に比較してやや多くなっている。硝酸性窒素による汚染が特に深刻な場所は、群馬県嬬恋村、長野県菅平高原、静岡県牧ノ原台地、岐阜県各務原市、長崎県島原半島、熊本県植木町、宮崎県都城市等で、いずれも地下水が豊富で農業が盛んな地域である（日本地下水学会・井田 2009）。

　汚染の範囲や濃度によって浄化にかかる期間は異なるが、多くの場合多大な時間とコストを要する。中には、数十年以上を経ても浄化が完了しない例もある。地下水は相対的に流れが遅いため、その分浄化にも時間がかかるのである[5]。有機塩素系溶剤汚染の場合は、排出源（原因企業や工場など）が比

---

3) 比重が4程度以上の金属元素の総称（日本地下水学会編 2011）。
4) 土や岩石の間隙中に気相（空気）と水（液相水、水蒸気）が混在する領域。一般に、地表面と不圧地下水面（地表から最初の低透水層・難透水層上に存在し、上面が大気圧と釣り合った状態にある地下水の水面）とに挟まれた領域を指す（日本地下水学会編 2011）。
5) 日本地下水学会「地下水汚染の浄化にはどれ位の期間がかかるのですか？」http://www.jagh.jp/jp/g/activities/torikichi/faq/60.html（2018年9月12日アクセス）

較的特定しやすい場合が多く、責任の所在が明確になりやすい。一方で硝酸性・亜硝酸性窒素は、農地など汚染源そのものが広がりをもつものであるため、汚染が広範囲に及ぶことが多く、責任の所在が不明確になりやすい（環境省水・大気環境局 2009a）。こうした性質が対策の実施と費用負担配分をより難しくしている。

3. 新たな地下水問題

　近年注目を集めている地下水関連の諸課題について、以下の5点を紹介しておく。

　第一に、気候変動による地下水・地下環境への影響が懸念されている。日本のようにモンスーンの影響を強く受ける地域では、気候変動により極端な渇水や集中豪雨が増加すると予想されており、さらにヒートアイランド現象により都市型の集中豪雨が増加していることも明らかとなっている。こうした降雨状況の不安定化は、河川流量をはじめとする地表水量と地下水涵養量の不安定化を招く。また、温暖化による海水面の上昇は、沿岸部における地下水の塩水化を誘発する（西垣・共生型地下水技術活用研究会編 2008）。一方で気候変動によって渇水の発生頻度が高まると、地下水への依存度が高まり利用量が増加するおそれもあり、地下水の収支バランスが崩れる可能性がある。

　第二に、生態系保全への対応の必要性である。わが国では、高度経済成長の終焉から長期的な不況、人口減少によって都市用水の需要が鈍化した。一方で、環境問題への関心の高まりを受け、新たな利水セクターとして「環境」目的の水需要が生まれた（七戸 2010）。環境庁は環境基本計画（1994年）において、水環境を水質、水量、水生生物、および水辺地等を含む総合的なものとして捉える「環境保全上健全な水循環の確保」なる概念を提示した（七戸 2009）。1997年に「健全な水循環の確保に関する懇談会」（座長：楠根勇教授・当時）が発表した「流域における健全な水循環の確保に向けて 中間まとめ」では、「水は自然に循環することにより、人間の水利用を可能にするとともに、水質の浄化、多様な生態系の維持、気候の緩和といった機能をもつ」、「水辺とそれが育む動植物などは、人間の倫理観や創造性の源となる」

等として、水循環と生態系の関連性について明確な認識が述べられた。そして、「都市化の進行により、自然の水循環系が部分的に損なわれ、河川流量の不安定化や湧水の枯渇、生態系の劣化等の障害が発生している」ことから、「自然の循環系がもたらす恩恵が損なわれない状態」すなわち「健全な水循環」を確保していく必要性が述べられた[6]。また、1997年の河川法改正時には「河川環境の整備と保全」が目標として新たに盛り込まれ、生物の生息・生育・繁殖環境の保全と整備のための各種施策が推進されるようになった（国土交通省 2008）。

一方、地下水保全管理において生態系保全の観点はこれまであまり意識されてこなかった。例えば、湧水は年間を通して水量が安定しており、水温の季節変動も少ない特殊な水域であることから、通常の水域とは異なった現象が観察される独自の生態系を育むことが知られている（端他 2001；角野 2009；杉山・森 2009）。だが、水田の全国的な宅地化、路面のアスファルト舗装、地中壁やトンネル掘削による地下水経路の阻害等の多様な人為的影響が原因となり、地下水涵養量の減少と湧水の枯渇が発生している（環境省水・大気環境局 2010；西垣・共生型地下水技術活用研究会 2008）。また、冬にも水温が下がらないことで、南方系の外来植物が湧水を越冬の拠点とする例が見られており、コカナダモやオオカワヂシャなどの外来植物が湧水生態系に侵入して優占する状況が各地で見られるようになっている（角野 2009）。生態系の機能や動態にかかる予測は不確実性が高く、地下水の有する不確実性も相まって、容易でないマネジメント上の課題を呈している。

第三に、新たな地下水需要が増加している。温泉施設、病院、ホテル、ショッピングセンターなど独自水源を確保する必要のある施設を中心に、自己水道や個別利用水道等の地下水利用専用水道を設置するケースが増加している。日本水道協会が人口10万人以上の水道事業体を対象に実施したアンケート調査によると、大口需要者で地下水専用水道に転換したとされる件数

---

[6] 環境省（1997）「健全な水循環の確保に関する懇談会『流域における健全な水循環の確保に向けて　中間まとめ』について　地下水を中心にした自然循環系のもつ持続的な機能による水環境の総合的回復をめざして」http://www.env.go.jp/press/976-print.html（2018年9月13日アクセス）

は平成14年度で88施設、15年度で125施設となっている（日本水道協会 2005）。この背景には、ポンプ性能の向上や井戸掘削技術の進歩がある。これまで大規模施設による地下水採取の規制は地盤沈下対策の中で行われてきたが、技術進歩により既存の規制の対象とならないほど小口径で大深度からの揚水が可能になった。地下水そのものの利用には費用が発生しないため、専用水道への切り替えによって上水道料金の大幅な削減が可能になる。

さらに、近年ではミネラルウォーターや、地下水や水道水を浄化しミネラル分を加えるなどした宅配水の市場が急拡大している。日本宅配水協会の調査では、2007年時点での顧客数は67万件であったが、2015年には330万件を超えており高い成長率を示している[7]。その背景には、水道水の安全性や味に対する消費者の不安・不満が増大していることがあると言われている。カビ臭・カルキ臭、トリハロメタン、トリクロロエチレン、硝酸性窒素等による水道水質への懸念の高まりに伴うように、1990年代以降浄水器の出荷台数やミネラルウォーターの生産量・輸入量は急増した（塩谷 2003）。また、災害等の緊急時における地表水の不安定性が露見すると、地下水利用の増大に拍車がかけられた。大手飲料メーカー各社においては、東日本大震災後2か月の出荷数量が前年同期比3割以上の伸びを記録したと言われている（橋本 2012）。

食品飲料メーカーによる過剰な地下水取水は国内外の各地で不安視されており、例えば山梨県北杜市白州町では、人口流出対策として1969年に工場誘致条例が制定され、1973年にはサントリー白州蒸留所が進出した。その後水関連メーカーの工場立地が相次ぎ、市民の利用する地下水の枯渇が懸念されているという（新井他 2011）。ミネラルウォーター市場が拡大を見せる中、地下水の販売や飲料メーカー誘致による税収確保の意向が強まっている地域もあり、自治体の内部で水利用推進派と水保全派の対立が起きているところもあるという（橋本 2012）。

第四に、外資等による森林買収が耳目を集めている。森林の有する涵養能力を数値として示した例は少ないが[8]、森林はおもに森林土壌の働きによ

---

7) 日本宅配水協会「日本市場の宅配水業界推定規模（JDSA調べ）」http://www.jdsa-net.org/jdsa/value.html（2016年6月10日アクセス）

り、雨水を地中に浸透させ、ゆっくりと流出させることで、洪水を緩和するとともに川の流量を安定させる機能がある（日本学術会議 2001）。こうした森林の有する水資源貯留機能は年間 8 兆 7,407 億円[9]、洪水緩和機能は年間 6 兆 4,686 億円[10] の経済的価値があるとした試算結果もある[11]。外資等により水源林が買収されてしまうと、日本国民の水源に影響があるのではないかという危機感が国民の間で拡がっている。例えば 2008 年 1 月には三重県等の大規模山林で中国資本から買収交渉があったと言われている。ダム湖上流部に広がる奥地水源林を伐採し、そこで得た木材を名古屋港から中国へ輸送する計画であったという。地元自治体の慎重姿勢を受け当該計画は断念されたが、同年 6 月には長野県天龍村でも同様の動きがあった（東京財団政策研究部 2009）。北海道による 2011 年 5 月の調査では、道内の森林 43 か所、約 920 ヘクタールを外国資本が取得していることが判明した（橋本 2012）。2006～2016 年で合計 1442.04ha（うち 1,311ha は北海道、残りは山形県・栃木県・群馬県・長野県・千葉県・神奈川県・山梨県・静岡県・京都府・兵庫県・奈良県・岡山県・福岡県・沖縄県）が買収されたとする調査結果もある（山下 2018）。林野庁の調査では、森林の利用目的は「資産保有」や「不明」といった曖昧なものが目立つ[12]。

わが国では、人口集中地区（DID）以外の林地における地籍調査の進捗率が 45%（2017 年度末時点）と低く[13]、行政による森林資源管理は不十分な状態にある。また、森林所有者側には、採算の合わない林地は手放したいとい

---

8) 日本地下水学会「植樹は地下水にどのような影響を及ぼしますか？」http://www.jagh.jp/jp/g/activities/torikichi/faq/33.html（2018 年 9 月 12 日アクセス）
9) 森林への降水量と蒸発散量から水資源貯留量を算出し、これを代替法により、利水ダムの減価償却費および年間維持費で評価した数値。
10) 森林と裸地との比較において、100 年確率雨量に対する流量調節量を、代替法により、治水ダムの減価償却費および年間維持費で評価した数値。
11) 林野庁「森林の有する機能の定量的評価」http://www.rinya.maff.go.jp/j/keikaku/tamenteki/con_3.html（2018 年 9 月 13 日アクセス）
12) 林野庁（2017）「外国資本による森林買収に関する調査の結果について」www.rinya.maff.go.jp/j/press/keikaku/170428.html（2018 年 5 月 26 日アクセス）
13) 国土交通省地籍調査 Web サイト「全国の地籍調査の実施状況」http://www.chiseki.go.jp/situation/status/index.html（2018 年 9 月 13 日アクセス）

う意向がある。そして、日本の森林価格は国際的に見ると極めて安く、安い森林を購入後皆伐し、非合法ながら植林を放棄すれば採算が見込めるとして、購入希望者が後を絶たないと言われている。土地および地下水の帰属ルールは未だ不明確であり、民有林が外部資本に買い占められた場合、地下水利用権もまた握られる可能性があると指摘されている（東京財団政策研究部2009)[14]。地下水をめぐる利害関係は、今やグローバルに広がっている。

　こうした中、地方自治体においては、水源地域での土地取引に対する事前届出等、各種対策を義務付ける水源地域保全条例の制定が進んでいる。全国に先駆けて条例制定に踏み切ったのは北海道ニセコ町である（「ニセコ町水道水源保護条例」、2011年制定)。また、滋賀県は、森林の水源涵養機能は琵琶湖など下流域への安定的な水の供給に欠かせないものであるとして、2015年4月に滋賀県水源森林地域保全条例を施行した。しかしながら、それら条例の実効性を担保する手法は、助言・勧告、事実の公表、過料といった行政指導が中心的であり、その十分性については再考の余地があるとする指摘もある（林 2015)。

　最後に、従来は過剰採取等による地下水位の低下が主に問題視されてきたが、近年では地下水位上昇による影響も発生しており、それを第五の問題として述べておきたい。地下水使用規制の結果、被圧帯水層中の井戸内水位は回復し、最近ではわずかに地表面の上昇が認められる場合も出てきている（徳永 2015)。こうした地下水位の回復により、地下水位が低かった1950年代から1960年代頃に建造された一部の地下構造物において浮き上がりが生じている。それらの建造物は、地下水位が現状程度まで回復することを想定して浮力の検討設計をしていない場合が多いためである。東北新幹線上野駅が水圧により浮き上がり、ホーム下に鉄塊を設置したりアンカーでつなぎとめたりするなどしてその対策を講じた事例は記憶に新しく（清水満 2014)、こうした対策には多額の費用がかかっている。

---

14) ただし、外資による森林買収は地域経済の活性化効果を有するという声や、林地所有者からはむしろ歓迎されているという指摘も散見され（例えば、田中淳夫「『外資が森を買収』に対する山側の反応は…」https://news.yahoo.co.jp/byline/tanakaatsuo/20170503-00070570/、2018年9月13日アクセス)、その意味や捉え方は一義的ではない。

また、例えば東日本大震災時には、青森県から神奈川県まで南北約650kmの範囲におよび液状化の被害が発生したが（若松 2012）、地下水位の上昇はこうした地震時の地盤液状化の危険性を高めると言われている。対策として揚水による地下水位の低下が効果的とされているが、揚水による地盤沈下再発の可能性も指摘されており慎重論も多く（長屋 2007）、利用と保全のバランスが模索されている。

　このように、典型7公害のひとつである地盤沈下、工場排水等による土壌・水質汚染といったよく知られた地下水問題以外にも、取り組むべき様々な課題が顕在化している。

第3節　国家的対応の不十分さと「地方任せ」の現状

　前節で述べた通り、地下水には古くから様々な問題が発生してきた。それにも関わらず、国による地下水管理体制は必ずしも十分でないまま現在に至っている。国は、特に高度経済成長期における深刻な地下水障害の発生以降、地下水資源の重要性を認識し、地下水の利用と保全に向けて様々な事業を展開してきた。特に、1960年代以降の地下水利用適正化調査（経産省（旧通産省））[15]など全国規模の地下水調査の成果は、地下水保全管理施策を検討するうえでの情報基盤となっている。また、国は地下水保全に関わる様々なガイドラインや技術資料等を作成し、地下水保全に取り組む地方自治体や事

---

15) 旧通商産業省では、制定当初の工業用水法の規制は既に地盤沈下等の被害が現れている地域で、かつ工業用水道の敷設が前提となっている地域のみにしか適用されないため、新たな工業地帯における地下水障害を事前防止するには不十分であるという認識のもとに、工業用水法を改正し、地下水利用の適正化と合理化を早急に必要とする地域として新たに「地下水利用合理化地域」の条項を設けた。そして、これらの地域では、地下水や地質の状況について「地下水利用適正化調査」を行うことが定められた。以降、工業用水の使用状況等にかかる現況調査、観測井設置工事、および水利解析等を主内容とする地下水利用適正化調査は全国規模で実施されてきた（通商産業省企業局産業立地部工業用水課「地下水利用適正化調査」https://www.env.go.jp/earth/ondanka/rep/index16.html（2008年5月28日アクセス）、山崎・村下 1967）。

業者等の情報支援に努めてきた（表1-1）。

　しかしながら、法制度の側面は十全でないと言わざるを得ない。そもそも、わが国には地下水保全管理に関する総合的な法律が存在しない。1970年代に地下水法の制定が活発に議論された時期があったが、立法化には至らなかった。そのため、地下水の採取規制や地下水利用の相互調整等は個別法による規制や行政指導措置により対処されてきた。

　地下水量の保全に関しては、工業用水法（1956年制定）と建築物用地下水の採取の規制に関する法律（以下「ビル用水法」、1962年制定）が制定されているが（以下工業用水法とビル用水法を合わせて「用水二法」）、目的は地盤沈下防止等の公害防止のみで、規制対象も限定的であることから、地下水量の総合的管理を担えるものではない。また、温泉法（1948年制定）および鉱業法（1950年制定）も地下水に関わる法律であるが、温泉法の目的は温泉源の保護と温泉採取等に伴い発生する災害の防止であり、温泉利用を目的とする地下水採取のみが対象となる。鉱業法は、地中の可燃性天然ガス採掘を鉱業権の保有者に限定するものであり、可燃性天然ガスを含む地下水のみが対象となる。つまりこれらは地下水利用一般を対象としていない。また、濃尾平野（1985年）、筑後・佐賀平野（1985年）および関東平野北部（1991年）については、地盤沈下防止等対策要綱が策定されているが、地盤沈下とこれに伴う被害の著しい3地域に限られている。

　地下水質の保全に関しては、旧水質二法（公共用水域の水質の保全に関する法律及び工場排水等の規制に関する法律、いずれも1958年制定）に基づく対象水域や対象業種の個別指定による排出水規制は、公害の未然防止に不十分であり、1970年に廃止された。これに代わり同年に水質汚濁防止法（以下「水濁法」）が制定され、あらゆる「公水」の汚染防止が目的として掲げられた。1984年以降はトリクロロエチレン等による地下水汚染について行政指導による対応が行われてきたが、水質改善に十分な効果があがらず、1989年に水質汚濁防止法が改正された。この改正によって地下水汚染の監視と結果の公表、有害物質を含む特定地下浸透水の浸透規制が規定された。また、都道府県知事による地下水質汚濁状況の常時監視も定められた。その後も改正により規制が強化されたが、規制対象は政令で指定された特定施設を設置する特定事

業場のみであり、それ以外の施設等から排出された汚染水は対象とならない。

　総合法や国家的なビジョンが定められないまま、地下水行政は複数の省庁に分割されて管理されてきた。表1-2は地下水に関連する主な国家法とその所管を示したものである。このうち水量規制はいずれも対象地域が限定されており、全国に適用される規制は存在しない。「その他」に含まれる法律は、地下水のうち特定の性質を有する一部の水（例えば、温泉法であれば温泉、鉱業法であれば天然ガス溶存地下水）の利用に関する法律や、地下水と循環性をもつ地表水[16]を管理するための河川法などであり、地下水利用一般を対象とするものではない。

　2014年3月には、こうした水行政の縦割りを排し、健全な水循環の維持・回復のための政策を総合的に推進すべく「水循環基本法」が成立した。これに基づき、内閣への「水循環政策本部」の設置や、政府による「水循環基本計画」の策定等が規定され、地下水を含む水が「国民共有の貴重な財産であり、公共性の高いもの」（3条の2）として位置付けられた。水循環基本法は、セクショナリズムを打破し水行政を統合化するための理念を定めた点で画期的な法律であるが、具体的な施策の展開や体制の整備は今後を待たねばならない。なお、水循環基本法の制定を受けて、2014年8月には、水循環基本法のフォローアップを適正に行うことを目的とした「水循環基本法フォローアップ委員会」（座長：高橋裕東京大学名誉教授）が超党派の水制度改革議員連盟内に設置された。同委員会は議連からの要請を受け、日本地下水学会の全面的協力のもと、第189回国会への上程を目指し地下水保全法案の策定を進めたが、結局上程は見送られた（田中正2016；三好2016）。

　国家的体制が未整備であった中で、地下水の公的管理を実質的に担ってきたのは地方自治体であった。高度成長期に深刻な地下水障害に直面した自治体を中心に、国の法律に先駆けた条例の制定が開始され、2011年3月時点

---

16) ただし、河川法に基づく水利権の対象は地表水のみに限られるものではなく、伏流水であっても、河川流水が一時的に伏流しているものはその対象となる（国土交通省「水利権申請の手続き」http://www.mlit.go.jp/river/riyou/main/suiriken/sinsei/（2016年7月8日アクセス））。

表1-1 国が公表している地下水保全管理関連のガイドライン・マニュアル等（一部）

作成主体	公表年月	分野	名称
環境省　水・大気環境局　土壌環境課　地下水・地盤環境室	2004年7月	水質	地下水をきれいにするために―揮発性有機化合物、重金属、硝酸性窒素及び亜硝酸性窒素による地下水汚染対策について―
環境省　環境管理局　水環境部	2005年6月	地盤沈下	地盤沈下監視ガイドライン
環境省　水・大気環境局　土壌環境課　地下水・地盤環境室	2008年8月	水質	地下水質モニタリングの手引き
同上	2009年11月	水質	硝酸性窒素による地下水汚染対策手法技術集
同上	2010年3月	湧水	湧水保全・復活ガイドライン
同上	2013年6月	水質	地下水汚染の未然防止のための構造と点検・管理に関するマニュアル
同上	2013年6月	水質	地下水汚染未然防止のための構造と点検管理に関する事例集及び解説
同上	2016年5月	施策・体制	「地下水保全」ガイドライン～地下水保全と持続可能な地下水利用のために～
同上	2015年3月（2016年5月改）	施策・体制	「地下水保全」事例集～地下水保全と持続可能な地下水利用のために～
内閣官房　水循環政策本部　事務局	2016年4月	施策・体制	流域水循環計画策定の手引き
内閣官房　水循環政策本部　事務局	2016年4月	施策・体制	水循環に関する計画事例集
環境省　水・大気環境局　土壌環境課　地下水・地盤環境室	2016年5月	水質	硝酸性窒素等による地下水汚染対策マニュアル
内閣官房　水循環政策本部　事務局	2017年4月	施策・体制	地下水マネジメント導入のススメ（本編・技術資料編）
内閣官房　水循環政策本部　事務局	2018年7月	施策・体制	地下水マネジメントの合意形成の進め方

趣旨
環境省が実施してきた地下水浄化技術に関する実証調査に基づき、各浄化技術の概要、適用条件等を整理したもの
三位一体補助金改革に伴う環境監視に係る国の補助制度の廃止等を受け、地盤高・地下水位の観測と揚水量調査等に関する基本的な考え方と望ましい監視水準をとりまとめたもの
地下水質モニタリングの処理基準等の解説、地下水の常時監視業務の的確化・効率化に係る具体的手法
2004～2008年度に実施された「硝酸性窒素浄化技術開発普及等調査」の結果等に基づき、硝酸性窒素汚染の浄化技術と利用できる支援制度を紹介
地域住民・行政・地元企業・大学・研究機関などの連携による湧水保全・復活事例の解説、保全・復活に向けた手引き
水濁法改正を受け、施設の構造に関する基準や定期点検等、新制度の内容を具体的に解説したもの
上記マニュアルの補足として、ある施設が有害物質貯蔵指定施設に該当するかどうかの判断方法等、典型的な判断事例を収集して解説を加えたもの
地方自治体等の地下水保全施策の支援を目的に、地下水保全に向けた技術的・法制度的課題や、地下水保全の基本的な考え方等を整理し、地下水の適切な保全管理のための方策をとりまとめたもの
上記ガイドラインと併せて、地方自治体の関連施策の立案に資するため、地下水保全に関する先進事例を収集したもの
水循環基本計画に基づく流域水循環協議会の設置、及び流域水循環計画の策定推進に向け、流域マネジメントの基本的な考え方や流域水循環計画策定の手順を解説したもの
各流域で流域水循環協議会を設置し、流域水循環計画を策定するにあたり参考となる19の事例を紹介したもの
硝酸性窒素等による地下水汚染対策の推進を支援するため、既存の硝酸性窒素対策の技術的ガイドラインを更新するとともに、水循環基本計画の内容を踏まえて編集したもの
地下水の保全と利用に関する先進事例を解説し、地下水協議会の設置等、地下水マネジメントを導入する際の初期段階に役立つ事項を取りまとめたもの
地域の現状や様々な地下水関係者の意向を踏まえながら、いかに持続可能な地下水の保全と利用を図る地下水協議会を設置し運営していくかについて、手順や留意点の例を示すもの

表 1-2　地下水関連の主な国家法と所管省庁

対象	法律名	制定年	地下水に関連する内容	主な所管
水量規制	工業用水法	1956	地盤沈下発生地域の工業用の地下水採取について、過剰採取を規制	環境省 経産省
水量規制	ビル用水法	1962	地盤沈下発生地域で、災害のおそれがある地域の建築物用の地下水採取について、過剰採取を規制	環境省
水量規制	地盤沈下防止等対策要綱	1985	濃尾平野、筑後・佐賀平野、関東平野北部の3地域における過剰採取規制	国交省
水質規制	水質汚濁防止法	1970	公水の汚染防止を目的とした、特定有害物質を排出する特定施設からの地下浸透水に対する規制	環境省
水質規制	土壌汚染対策法	2003	水濁法で指定する特定施設が廃止された際等の調査命令・土地所有者に対する汚染除去命令	環境省
全般	環境基本法	1993	地盤沈下含む典型7公害の防止と水質基準の設置	環境省
全般	水循環基本法	2014	健全な水循環の維持と回復を目的とする基本法	内閣府
その他	温泉法	1948	泉源の保護、温泉採取における防災が目的。温泉採掘の都道府県知事許可制	環境省
その他	土地改良法	1949	農業用水としての地下水利用に関する権利の扱い	農水省
その他	鉱業法	1950	鉱物資源の合理的開発が目的、可燃性天然ガス採掘を鉱業権を有する者に限定	経産省
その他	水道法	1957	地下水を含む上水道原水の水質調査と管理など。専用水道の工事施工者に対し、施設基準遵守について都道府県知事の確認を受けることを義務付け	厚労省
その他	河川法	1964	治水・利水、流水の正常な機能の維持を目的として河川水を管理	国交省（河川局）

では地下水の採取規制や保全に関連した条例および内部規定は全国で517件存在している（国土交通省2011）。これまで、わが国の地下水管理に対する法制度整備は、自治体による自主的・個別的な取組に大幅に任されてきたといっても過言ではないであろう。そのため、積極的に地下水のモニタリングや調査を行い独自の管理体制を築いている自治体もあれば、自身の利用している地下水の状態や流動機構を把握せず、保全管理のための方針や対策を持たないまま利用を続けている地域もある。地下水問題が多様化する現在、積極的な自治体とそうでない自治体の格差が放置され、適切な保全管理が取り組まれない地域がそのままになってしまえば、住民や動植物の生命・生活基盤たる地下水資源環境が損なわれてしまうおそれがある。また、地下水問題のスケールや地下水をめぐる利害関係は、一自治体の行政区を越える場合もままあることから、市町村・都道府県・国の垂直的・水平的連携が求められている。

第4節　地下水保全管理にかかわるこれまでの議論

1．地下水学における社会科学的研究

　日本地下水学会編『地下水用語集』によると、地下水学（groundwater hydrology）とは、「地球上の水循環を構成する水文要素の中で、地表面下の水（地下水）の動きや地下の地質・水理などを主たる研究対象とする学問分野」である。ただし、「近年では、地下水資源の開発・利用・環境評価など科学的・工学的側面と共に、社会科学的側面（環境、水取引、法制度、倫理など）も対象となっている。」と記されている（日本地下水学会編 2011）。「近年では」という断り書きからうかがえるように、地下水保全管理の社会科学的研究は緒に就いたばかりである。

　自然科学的側面については豊かな研究の蓄積がある[17]。日本での地下水の

17）著者は門外漢のため地下水学の変遷を詳しく紹介することは到底できないので、読者の関心に応じて、柴崎（1981）、山本荘毅（1995）、古野・和田（1993）、藤縄・アン

調査・研究は、地質学の一部、広義の土木工学（水理学・水力学を含む）、地球物理学、地理学の分野を中心に進められてきたが、第二次世界大戦後の新規用水需要の急増に促され、地質学・地球化学・農業土木の分野での研究も盛んになり、近代的な地下水探査法も発達していった。これらの研究成果は戦後の農業用水・工業用水の確保に多大な貢献をしたが、開発の側面に偏っていた。そして、朝鮮戦争後の工業復興と地域開発政策は工業用水源としての地下水利用をさらに推し進め、様々な被害が各地で顕在化した（古野・和田 1993）。その後の高度経済成長期には、過剰な地下水開発による著しい地下水位の低下、それによる地盤沈下や地下水の塩水化、酸欠空気問題など多くの地下水障害が発生した（田中正 2015b）。旧来の地下水学では、地下水は「人間の関与を無視した自然の水の循環の範囲内だけで」捉えられ、「現在の地下水問題の根本が、水の循環系中に人間活動がくわわった結果にある、という発想がわいてこなかった」という（古野・和田 1993, p. 50）。そうしたこともあり、個々の地下水利用者の要求に応える形で「井戸の管理」は行われてきたが、「地下水の管理」はほとんど行われていなかった（榧根 1973）。

わが国では、1959 年に「日本地下水学会」、1963 年に「日本応用地質学会」が設立され、同じく 1963 年には理系としてわが国初となる「水収支論講座」が東京教育大学理学部に設置され、1965 年には建設省河川局所管として「社団法人 地下水技術協会」が認可された（田中正 2015b）。また、地盤沈下は日本のみならず世界各地で甚大な被害をもたらしていたため、1960 年代後半から 1970 年代にかけて地盤沈下に関する国際会議が頻繁に開催されるようになった（藤縄・アンダーソン 1999）。

そして、地下水開発の任務を負った技術者たちと地質研究者たちが協同し、日本における主要な帯水層となりうる地層の多くが属する第四紀地質の解明に取り組むようになった。この協同作業によって、広域の地下水の運動を規定する「帯水層」[18]の単元や「地下水盆」[19]の概念が明確になり、地下水

ダーソン（1999）、および田中正（2015b）などを参照していただきたい。
[18) 帯水層とは、透水性と貯留性がよく、より実際的には井戸での取水や湧泉として連続して地下水を供給しうる地層を意味する。一般に自由地下水面をもつ不圧帯水層と、上下を加圧層に挟まれた被圧帯水層とに分けられる（日本地下水学会編 2011）。帯水層

開発・保全を広域的に捉えることができるようになっていった（古野・和田 1993）。地下水研究は 1970 年代後半には成熟期を迎え、土壌水や地下水に関する基本的なテキストが数多く出版された。1970 年代後半から 1980 年代にかけては、古くから水文学の中心的研究課題であった「降雨流出過程」に関する研究が世界的規模で展開された。そして、中緯度湿潤地域の自然植生で覆われた山地流域では、降水のかなりの部分は一旦地中に浸透すること、つまり水循環は「降水→土壌水→地下水→地表水体（河川水・湖沼水など）」となることが発見され、地下水循環系は降水と河川水を結び付ける重要な基幹循環系を構成しているという重要な発見がなされた。この事実は、後の河川行政や水循環行政に大きな影響を与えた（田中正 2015b）。

このように、地下水は水循環の一部を構成していること、そして、地下水の保全と持続可能な利用のためには、地下水と水循環系全体の影響関係を慎重に監視しつつ、「地下水盆」ないし「地下水域」[20] の管理を基本として据えること[21] が必要であるという考え方が定着するようになってから、まだ長い時間は経っていない。

地下水域を基本単位として地下水の保全と持続可能な利用を図っていくためには、地下水をめぐる自然－自然、自然－人間、人間－人間のそれぞれの関係を解明していく必要があろう。自然－自然とは、地下水流動を規制する

は地下水が流れる経路になるため、地下水汚染の拡がりを調べる上でも重要とされる（日本地下水学会「帯水層ってなぁに？」http://jagh.jp/jp/g/activities/torikichi/faq/10.html（2016 年 7 月 8 日アクセス））。

19) 農業用地下水研究グループ（1986）によると、地下水盆とは、帯水層に関連する地層群の分布範囲で水文的にも一連の支配を受ける範囲を意味する。同グループはそれを平野型、盆地型、火山西麓型、丘陵型などに類型化している。

20) 「地下水盆」と「地下水域」の意味用法については、本項次ページにあるコラム①を参照のこと。

21) ただし、地下水の量と質のいずれを考えるかによって、捉えるべきスケールは異なってくる。地下水の量を問題にする時、すなわち水収支を考えるときには、帯水層単元がそのスケールに対応したものとなる。一方、地下水質を考える際には帯水層単元では汚染の全体像をつかむことができず、より詳細な単元の取り方が要される。地下水盆管理の際には、このふたつのスケールのとりかたを組み合わせて、計画を作成する必要がある（原田和彦 1993）。

水理学的法則や水文地質構造などを含む、地下水の量・質および挙動、加えて地下水に依存する生態系といった自然的側面を評価し明確にすることである。自然－人間とは、地下水の開発や保全といった人間活動があたえるインパクトに対する自然の応答の関係を解明することである。そして人間－人間とは、地下水をめぐる社会や経済のあり方を評価し、主体間の利害関係を調整し合意形成を行っていく社会的側面の研究である。地下水学の研究領域の中で最も進んでいないのは、人間－人間の社会経済的・政治的関係の分析的把握であろう[22]。これは地下水の状態を左右する極めて重要な要素であり、今後の研究の進展が望まれている。本書が対象とするのはこの領域である。

コラム① 地下水保全の基本単位：地下水盆と地下水域

「地下水盆」と「地下水域」はいずれも groundwater basin の訳語であるが、この2つの言葉にはしばしば混乱が見られる。

groundwater basin に定まった定義は存在しないと言われており（Todd 1959）、山本荘毅（1983, p. 292）によれば、「英米の水文学者は特別に定義を与えず、スンナリと river basin（流域）と同じように groundwater basin（地下水域）を使っている」。

日本地下水学会編『地下水用語集』の「地下水域」を参照すると、「『地下水盆』が地質構造を基礎とするのに対し、『地下水域』は地質構造や水文学的境界などの自然の要因だけでなく、揚水など人為的要因も含め、より広く流域や流動系を見たときに使われることが多い」と説明されている（日本地下水学会編 2011）。

榧根（1973）は groundwater basin の定義を辞書[23]に従って「同一地点へ流出する地下水が通過する地域」と考えた場合、groundwater

---

[22] 日本地下水学会の学会誌『地下水学会誌』では、2010年代から地下水の政策やガバナンスを主題に含む論稿が次々と発表されており（例えば、谷口（2015）、田中正（2014b, 2015a, 2018）；三好（2016））、地下水の社会科学的側面が重要な研究対象になりつつあることが伺える。

[23] Elsevier's Dictionary of hydrogeology, 1969年。

basin は地質構造と無関係に存在しうるのであり、季節によっても人為的揚水によっても変化するからその形態は固定的でないと述べている。また、「groundwater basin に当たる述語として、地下水盆という言葉がかなり古くからわが国では使われてきたが、以上のように考えると"盆"という語は底を有する盆のような地質構造を連想させる点で必ずしも適切とはいえないかもしれない。地下水盆という語感が強くなりすぎると、実際には相互にほとんど干渉し合うことのない複数の地下水帯を、同一の貯水池中の水のような連続体と誤解することにもなりかねないからである。drainage basin に流域という言葉を当てているように、groundwater basin を"地下水域"と呼ぶ方が望ましいとの意見があるが、この意見は上のような誤解を避けるという意味で傾聴に値する」(pp. 144-145)と述べている。

　また、柴崎（1976a, pp. 33-34）は、groundwater basin の概念は大別して、①水文地質的構造単元を意味するものと、②地下水の集水域の範囲を示すものという2つの意味で使用されているとし、①と②は必ずしも一致しないところに混乱が生じると指摘している。②の範囲は揚水にともなう影響圏の拡大の例でもわかるように、人為的影響によって可動的であり固定して考えることはできないためである[24]。

　山本荘毅（1983）も、「地下水域は、地形・地質的に、あるいは水文地質的に確定できる場合とできない場合とがある。地下水域を構成する帯水層あるいは地下水貯水池の分布・性状は確定できても、そこに含まれる地下水帯は変動的で、帯水層のように確定はできない。研究あるいは調査を行う場合、地下水域は人為的に限定しなければならないこともある。水理地質単元としての帯水層は、固定的なものとして特定できても、その中の地下水は水文循環の一部として循環流動しており、人為の影響も受けるから、確定しにくい面がある。」と述べてい

---

24) 柴崎（1976a, pp. 34-35）は、最近では地下水盆という用語を廃止し、地下水域という用語に改めようとする行政的な動きが一部からでているが、学術論文として正式な定義が存在しないものを、十分な議論が尽くされないまま権威的に統制しようとする動きは残念であると批判している。

る (p. 292)。

　全くの門外漢である筆者なりに以上のことを解釈すると、groundwater basin には、「水文地質構造を基本とした地下水の容れもの」であり自然的条件により重点が置かれた意味と、「人為的要因によって変化しうる地下水の集水域」であり社会的条件も考慮された意味の2つがあり、前者は「地下水盆」として、後者は「地下水域」として邦訳されることが多い（あくまでも程度問題で、確定的なものではない）と理解できる。地下水を保全管理するための政策とガバナンスを対象とする本書では、地下水保全管理の基本単位を考える際、地下水と地下水利用をめぐる利害関係を含めた社会的側面が特に重視される。そこで、本書の以後は groundwater basin の訳語として「地下水域」を用いることとする。

　なお、環境省が 2016 年に取りまとめた『「地下水保全」ガイドライン〜地下水保全と持続可能な地下水利用のために〜』では、「地下水の保全は地下水域単位で行うことが基本となる」とし、地下水域の総合的な保全管理、すなわち「地下水の利用地域における産官学連携及び住民参加により、地下水域を単位とした総合的かつ一体的な保全管理が行われること」が理念として掲げられており、「地下水域」が基本単位として捉えられている。

（なお、本コラムの記載に当たっては田中正先生（筑波大学名誉教授）より関連文献をご紹介いただきました。）

2. 法学分野における地下水の法的性質論

　わが国の地下水保全管理に関する社会科学的な議論の中で、法学分野における地下水の法的性質論は比較的研究の蓄積が豊富な領域である。

　地下水の法的性格については、これまでに様々な学説が展開されてきた。民法では、地下水利用権は土地所有権に附随すると解釈されてきた。これは、1896（明治29）年の「地下ニ浸潤セル水ノ使用権ハ元来其土地所有権ニ

附従シテ存スル」(大判明治29年3月27日民録輯3巻111頁)という大審院判決、および、民法206条「所有者は、法令の制限内において、自由にその所有物の使用、収益及び処分をする権利を有する」と207条「土地の所有権は、法令の制限内において、その土地の上下に及ぶ」に依っている。民法学者・我妻榮は、この大審院判例を、地下水が土地の構成部分であることから土地所有権の支配が及ぶとして、土地所有者による地下水の自由使用を原則的に認める立場(以下「地下水土地構成部分説」)であると解釈した(我妻1932)。地下水土地構成部分説に立つ場合、複数の地下水利用権は、あくまでも私権の調整問題として、権利濫用の法理(民法1条3項)に基づいて調整が図られる。また、遠藤浩(1976, 1977)は、流れている地下水であっても、流出および流入するものが同質である以上法的には定着物と捉えることができるが、取り去ると地殻破壊につながるおそれがあるとして、地下水を限定的な土地構成部分であるとし、土地所有者による日常生活用の地下水の自由採取を認めている。土地所有権を根拠として土地所有者による地下水の自由採取が原則とされるとすれば、土地所有者による地下水採取を規制する地下水条例は、法律によらない土地所有権の制限にあたるとして、その違憲性が一応問題となる可能性がある(松本2011)。

　一方、大審院判事であった武田軍治は、地下水を止水(浸潤水・停留水)と流水に分けて、止水は土地所有者の所有に属するが流水は属さないとし、流水の敷地や沿岸の所有者が、何らかの方法でその流入および流出に完全な支配能力をもったときに流水に所有権が発生するとして、流水とそれ以外の部分を区別した権利のあり方を論じた(武田1942)。また、三本木健治は、地下水は流動し、循環し、任意に区分できないものであり、土地所有者が所有権の効力に基づいて地下水に利用権を及ぼすことは不可能であるとして土地構成部分説を否定し、土地所有者による地下水の利用権は「自然物に対する人々の近接権」として理解すべきと主張している(三本木1979)。小澤英明も地下水利用権の性格について三本木の議論に同調している(小澤2013)。行政法学者である阿部泰隆は、土地所有者による地下水利用は、河川の沿岸の土地所有者による取水と同様で一種の自由使用が認められるが、自由使用の範囲を超えた取水は河川と同様公共資源の特定配分の問題となり、国や地方

公共団体がこの配分権限を有すると説いている（阿部 1997）。さらに小川竹一は、私法的手段は地下水障害の事前防止には適さず、また地下水は河川等に比べて地域的なまとまりをもって存在していることから、地域の地下水管理は地方公共団体に委ねるのが相応しいとし、地下水条例は、地域住民の共有財産である地下水資源を信託的に管理しているということにおいて正当性が担保されると述べている（小川 1998, 2004）。

　このように地下水利用権や公的管理に関する法的解釈については様々な立場が存在するが、既存の国家法ではそれらについて明確な結論は出されていない。2014 年に制定された水循環基本法では、「水は国民共有の貴重な財産であり、公共性の高いものである」こと（3 条 2 項）、そして「水は流域として総合的かつ一体的に管理されなければならない」こと（同 4 項）が定められた。これらの規定は、これまで一般的には「私水」とみなされてきた地下水の管理にパラダイム転換を促すものであるという主張もあるが（中川 2015）、実際のところ水循環基本法の規定が政策の現場にどういった変化をもたらしうるのかについては、今後の観察を待たねばならない。

　筆者がこれまで観察してきた限りでは、「『土地所有者のもの』か『公共の財産』か」という二極的な議論がなされているか、あるいは地下水の法的性質について明確な認識が持たれていない場合が多く、法学者たちによって展開されてきた緻密な議論と、そこから導かれる現実的な帰結については理解が普及していないように見受けられる。地下水の法的性質に関する解釈とその政策への影響について、実態に即した理解を進めていくことが求められよう。

コラム②　秦野市における井戸新規設置訴訟

　地下水の法的性質を考えるうえで興味深い裁判例が近年現れた。訴訟の概要は次の通りである。平成 15 年に住民（原告）が住宅用井戸の設置について秦野市（被告）に相談したところ、地下水保全条例の施行後であったため井戸設置が認められず、自費で水道を敷設した。住民はこの条例が違憲であるとし、水道敷設費用の賠償等を求める損害賠

償請求訴訟を横浜地方裁判所小田原支部に提起した。第一審判決では、被告秦野市が敗訴し、原告の主張する損害賠償請求が認められた。

　秦野市は、第一審判決を不服として東京高等裁判所に控訴した。市は、秦野市の地下水保全の歴史的背景、積極的な施策展開、市民・事業者の理解と協力、地形・地質的特徴と地下水を市民共有の財産として保全してきた市独自の地下水の公共性を強く訴えたところ、第二審判決では秦野市の逆転勝訴となった。住民（原告、被控訴人）は最高裁への上告手続きをとったが、平成27年4月22日に上告棄却となった。これにより東京高裁の判決が確定し、地下水保全条例の合憲性が認められたこととなった（谷 2015）。

　訴訟で最も大きな争点となったのは、秦野市役所職員による説明が国家賠償法上の違法性要件に該当するか否かという点である。国家賠償法1条は、民法709条（故意又は過失によって他人の権利又は法律上保護される利益を侵害した者は、これによって生じた損害を賠償する責任を負う。）に対する特別法となり、公務員がその職務を行うについて故意又は過失によって違法に他人に損害を加えた場合、その雇用主である国や地方公共団体が賠償責任を負うことを定めている。

　原告の主張は、①そもそも秦野市地下水保全条例39条は憲法に違反する財産権制限なので違憲であるというものである。違憲な条例に基づく指導によって、原告は井戸を作ることができず（＝国賠法上の違法行為）、水道設備敷設のため多大な費用が必要になった。よって秦野市は当該費用を賠償しなければならないという主張である。また、②仮に条例が違憲ではないとしても、秦野市職員が条例の内容を適切に説明しなかった（＝国賠法上の違法行為）ため、原告は井戸を作ってはいけないと誤解して、高い費用を払って水道設備を整える羽目になった、よって秦野市はその費用を賠償しなければならないという主張も展開された。

　第一審判決は、秦野市地下水保全条例39条が、仮に全面的に井戸の敷設を禁止する趣旨だとすれば、違憲の疑いが相当強いと判示して

いる(「本件条例が井戸の設置自体を原則禁止していることに鑑みると、そのような規制は財産権を必要以上に制限するものとして憲法29条2項に反する疑いが強いといわざるを得ない」(第34(1)))。しかしながら、第一審判決は、実際には条例施行規則20条でいくつかの場合に井戸敷設を可能としていることから、条例39条は井戸の敷設を全面的に禁止する趣旨ではなく、合理的な範囲の制限に留まると理解して、合憲判断をしている(「合憲限定解釈」)。本件では、合憲限定解釈によれば、場合によっては井戸の設置が可能となるにもかかわらず、そのような説明をしなかったことをもって、職員の説明行為を違法だと判示した(第34(2))。

　一方、第二審判決は、地裁のような丁寧な判断過程を踏まず、条例の具体的な内容の合憲性に踏み込まないまま、職員の説明を適法としている(第33(1)〜(3))。「事前相談を受けた地方公共団体の職員は、条例や規則の内容について、一見して憲法や法律に違反していることが明らかであるような例外的な場合を除いては、その条例及び規則が有効であることを前提として、その条例、規則等の内容や相談者から聴取した不確定な事実関係などに基づく概括的な説明を行えば足りる」、「地方公共団体の職員が、事前相談を受けるたびに、対象とされる条例や規則などが違憲又は違法ではないかについて調査検討すべき義務まで負うものでないことは、当然のことである」、「…これらの条例及び規則の条項が一見して明らかに違憲又は違法な規定であると認むべき事情を見出すことはできない。」等である。

　秦野市地下水保全条例の合憲性について、第二審判決は「傍論」として述べるにとどまっている。いわく、「…さらに、本件の井戸設置規制によって規制される財産権の種類や性質を見るに、確かに、民法207条は、『土地の所有権は、法令の制限内において、その土地の上下に及ぶ。』としているものの、上記のとおり地下水は一般に当該私有地に滞留しているものではなく広い範囲で流動するものであることから、その過剰な取水が、広範囲の土地に地盤沈下を生じさせたり、地下水の汚染を広範囲に影響を生じさせたりするため、一般的な私有財産に

比べて、公共的公益的見地からの規制を受ける蓋然性が大きい性質を有するものであるといえる。」（第33(4)）とのことである。

　要するに、滞留するものではなく流動するものであるという地下水の特殊性を理由に、地下水の利用には広く規制をかけてもよいとする解釈であると理解できる。

　あくまでも「傍論」であるため、第二審判決は、地下水の法的性格から演繹して秦野市を勝たせたわけではない。他方でこの「傍論」からは、地下水には流動するという性質があり、それに従う利用の制約があっても当然である、という地下水の法的性格に関する理解がうかがえる。もしも第二審判決が、地下水はあくまでも土地所有権の制約に服するのであり、地方自治体が条例等で簡単に規制できるものではないと考えた場合、結論が逆になった可能性は多いに考えられる。この傍論の判示を広く一般化することはできないであろうが、地下水を公水的に理解する方向性に極めて親和的な裁判例として、本第二審判決を位置づけることができるのではないか。

3．地下水政策・地下水ガバナンス研究

　国際的に地下水ガバナンスが議論されるようになったのは最近のことである。その背景には、世界的に水問題への危機意識が高まる中、資源としての地下水の価値に対する認識が高まり、地下水の保全管理が国際的な課題として認識されるようになったことがある。具体的には、2008年に世界で初めての国際地下水法として「越境帯水層法典（The Law of Transboundary Aquifers）」が採択され、帯水層を共有する国家間の協調が目指されるようになったことや、2011年には地球環境基金（Global Environmental Facility：GEF）、世界銀行、ユネスコ水科学部国際水文学計画分科会（UNESCO-IHP）、国連食糧農業機関（FAO）、および国際水文地質学会（The International Association of Hydrogeologists：IAH）が国際共同プロジェクトとして"Groundwater

Governance：A Global Framework for Action"（2011-2014）を開始し、健全な地下水資源管理のための一般的理念とガイドラインの構築に取り組むようになったことが挙げられる。

こうした中で、諸外国では地下水ガバナンス構築に向けた実践的な研究が進められている。例えばMegdal et al.（2014）はアメリカにおいて地下水ガバナンスの研究と評価は進んでいないと指摘し、政府を対象に地下水の利用と管理にかかる法制度や戦略を網羅的に調査している。その結果、地表水と地下水の連関性の扱い、地下水に依存する生態系の保護、水質保護の問題などに対する法的対応のフレームワークは州によって大きな差異があることを明らかにしている。その他にも、スペインとオーストラリアにおける4つの地下水管理の事例をオストロムの設計原理を用いて分析し、ガバナンスの観点から課題を抽出したRoss and Martinez-Santos（2010）、インドにおける地下水枯渇と汚染を打開するためのガバナンス構築の必要性を説き、各地域の問題の特質と課題を論じたKulkarni et al.（2015）など、各国において次々とケース・スタディが取り組まれるようになっている。地下水ガバナンスに関する諸外国の先行研究については、第5章で改めて取り上げることとしたい。

一方日本においては、地表水、特に河川の政策やガバナンスに関する社会科学的研究には豊富な蓄積があるが[25]、地下水を明示的に扱った政策研究は私見の限り限られている。ましてや「地下水政策論」とか「地下水ガバナンス論」と呼べるような体系的な議論の系譜も存在しない。

わが国の地下水政策・行政を知ることのできる既往の資料としては、まず、国土庁長官官房水資源部（1992）が挙げられる。当該資料からは、わが国の地下水関連法制度や政策提案等の経緯を網羅的かつ詳細に知ることがで

25）例えば、河川政策・河川行政の歴史（松浦 1985, 1989, 1992, 1997, 2016；田中滋 2001）、水害対策の歴史や現状（高橋裕 1971, 2012）、ダム開発をめぐる河川行政と環境運動（帯谷 2004；梶原 2014）、河川政策における市民参画（大野 2008, 2012）、河川や湖沼と人間社会のかかわりに関する社会学的研究（鳥越・嘉田 1991；嘉田 2003）、流域ガバナンス論（大塚健司編 2008；蔵治 2008；和田他 2009；大野 2015；北川・窪田 2015）など、多様な観点からの研究がなされている。

きる。また、日本の地下水障害と地下水保全政策についての情報を整理し紹介した地下水政策研究会（1994）は、過去の地下水政策について把握するうえで貴重な資料である。だが、いずれも現在の地下水管理政策の課題を分析的に導出しようとするものではない。また、水収支研究グループ編（1976, 1993）や田中正（2014b）では、日本の地下水学を牽引してきた自然科学分野の論者たちによって、地下水研究の発展の歴史とそこから見た現代の地下水管理上の課題が論じられている。

　特定地域の事例から地下水保全管理の政策・体制について示唆を得ようとするケース・スタディも近年散見されるようになっており、特に地下水保全の先進地域を扱った研究や論考はよく見られる。例えば、熊本地域の事例を扱った研究として、地下水政策の経過・現状・成果および課題等を論じたShimada（2010）、小嶋（2010a, 2010b）、的場（2004, 2010a, 2010b）、熊本地域の地下水協力金制度のあり方について論じた本多（2001）、熊本市による地下水保全政策を経済的に評価した山根他（2003）および藤見・浅野（2004）、熊本地域の地下水保全を可能とする社会システムの構築プロセスについて、地域の諸主体による自己組織化や自治活動に注目して論じた上野（2015）、地域の地下水保全体制を「橋渡し組織」の概念を用いてガバナンスの観点から分析した八木信一他（2016）、熊本地域の地下水理論・技術開発等の研究成果を総合的に示し政策提言を行った嶋田・上野（2016）などがある。また、神奈川県秦野市の地下水協力金制度の内容と意義を論じた本多（2003）、南西諸島における地下水質汚染とそれによる生態系損失の防御策について論じた中西（2009）、長野県安曇野市の「地下水資源強化・活用指針」から得られる示唆を論じた遠藤崇浩（2012）、福井県小浜市において地下水のステークホルダー分析を行い、地下水に対する関心・懸念と今後の地下水管理における論点を抽出した馬場他（2015）なども、地下水保全管理の事例を社会科学的側面から扱った先行研究として挙げられる。

　これらのケース・スタディは、個別具体的な地下水管理事例にかかる貴重な資料であり、個々のケースの構造やダイナミクスを理解しようとする上で欠かせないものである。しかしながら、わが国の地下水保全管理にかかる政策やガバナンスの現状を大局的・網羅的に把握した研究はこれまでに存在し

なかったため、個々のケースが母集団においてどのように位置付けられるのか、日本の地下水保全管理体制の構築、ひいては地下水ガバナンスの推進という課題に対しどのような意義を有するのかが必ずしも明確でなかった。多種多様に存在するローカルの知見を地下水ガバナンスの構築に活かしていくためには、全体像の把握が必要であると思われ、本書はそこに貢献しようと意図するものである。

第2章

地下水行政の歴史的変遷

第1節　地下水ガバナンスの背景にある地下水行政

　工業発展に伴い発生した地盤沈下や水質汚染等の地下水に関する諸問題は、現場で対応にあたってきた地方自治体や地域住民による真摯な努力の結果、今日では沈静化傾向にある。一方、産業構造や生活様式の変化に伴い、地下水は利用を前提とした経済的資源としての価値に加えて環境資源としての価値が認識されるようになり（楡井他1993）、近年では利活用ニーズが多様化している。これに伴い地下水保全管理は、従来の単純な水収支の議論に基づく採取規制に留まらず、複雑な利害関係の調整、それを踏まえた法制度体系の構築といった、より難解なガバナンスの課題に対応していく必要性に迫られている。しかしながら、地域の現場では望ましい地下水管理のあり方やその方策についての知識やノウハウの不足、認識の混乱がしばしば見られており（千葉2017a）、これまで必ずしも地下水保全管理の制度整備に積極的な対応をしてこなかった国が一定の役割を果たしていくことも含め、行政機関の効果的な連携と役割分担が期待されている。

　ここにおいて、わが国の地下水行政の展開過程を紐解き、現在の地下水保全管理制度の置かれている文脈を推察することは、今後の体制を検討していくに際しての前提的作業として無益ではなかろう。ローカルの地下水保管

理はナショナルのそれと密接に連関しており、その垂直的関係が有機的に機能して初めて良い地下水ガバナンスが形成されうることから、地域主体の地下水ガバナンス推進を目指すうえでも、国家的な地下水行政の変遷の理解は重要であると思われる。

　日本の地下水関連行政史に関わる既往の論考や資料としては、まず、国土庁長官官房水資源部（1992）が挙げられる。当該資料からは、わが国の地下水関連法制度や政策提案等の経緯と現状、とりわけ1970年代から1980年代にかけての地下水法制定にかかる一連の議論の過程を詳しく知ることができる。また、地盤沈下等の地下水公害関連法の展開過程を扱った加藤（1968）、工業用水法の制定および改正過程における地下水行政の実務を詳述した蔵田（1971）、住民の立場から当時の粗慢な地下水行政を糾弾し公害抑制の必要性を論じた柴崎（1971）、地盤沈下問題の歴史やその対策にかかる諸制度について総合的に記述した環境庁水質保全局企画課編（1978）、地下水利用の歴史と資源管理論の発展過程を概説した水収支研究グループ編（1993）、近代化過程における河川行政の変遷を概説した竹村（2007）、および水資源問題の歴史を記述したうえで利水法の現状と課題を整理した七戸（2009）等は貴重である。また、大阪地盤沈下総合対策協議会（1972）、東海三県地盤沈下調査会（1985）、および各務原地下水研究会（1994）等には、各地域の行政が現場で直面した困難が克明に記述されており、それを通して国家的体制の不十分さを窺い知ることができる。本章は、河川行政との対比を念頭に置きつつ、戦前に遡って地下水行政（法制度・政策、地下水関連技術等）の変遷を通史的に整理することに試みた点に特色を有している。次章では、江戸時代末期頃から現代に至るまでの地下水関連行政の展開について、8つのエポック的な出来事を取り上げて時系列に記述する。

　なお、読者の理解を促すため、巻末表1として略年表を付した。年表は「一般事項」（主な社会的出来事）、「河川行政」、「地下水行政」、および「地下水関連の主な判例」の4列で構成され、江戸時代、戦前、戦後復興期、高度成長期、安定成長期、バブル崩壊以降の6つに時代を区分して示した。水質管理や河川と地下水の両方を含む水循環関連の事項は、河川行政と地下水行政の2列を横断して示した。「地下水関連の主な判例」については、宮

﨑（2011）の議論を引用し、所有権絶対期（明治・大正期）、権利濫用の法理適用期（昭和戦前期）、地下水の特質認識期（昭和戦後期）、住民の人格権意識期（平成期）という時代区分を表記した。また、各判例の概要を巻末表2に示した。

第2節　地下水行政の歴史的展開

1. 地租改正による土地の私的所有権の確立

　黒船来航を契機として富国強兵と近代産業推進に邁進することになった日本では、舟運確保のため国が河川管理事業に直接関与するようになった。明治政府は、1863年（明治元年）に治水事務を所掌する「治河史」を会計官におき、河川行政を国の事務として行う方針を打ち出すとともに、舟運の便を図るため低水工事[1]の促進を図った。1870年に「治河規則」、翌年には「治河条目」が制定され、1873年には河川事業の統一的法規として「河港道路修築規則」（明治6年8月2日大蔵省番外達別紙）が達せられた。同規則は、利害関係が数県にわたる河川を一等河とし、その建設や修繕については国が事業主体となることを定めた。また、利害が一府県内にとどまるものを二等河とし、工事は地方官が施行すること、その際の国の負担分は大蔵省から下げ渡すことなどを定めた（「下渡金」制度）（栗島 2014）。この河港道路修築規則は河川の等級と執行機関を取り決め、河川行政を国の事務として位置付ける現行法体系の基礎となった（松浦・藤井 1993；田中邦博他 2004；河川法令研究会 2012）。

　一方、地下水については、江戸時代から採取技術が急速に進歩した。1722（享保7）年の水道再編成により、神田・玉川両上水を除くすべての水

---

[1] 工学会編『明治工業史』によれば、「低水工事」とは「河身を矯正して航路を一定し、通船運輸の利便を開くを以て目的とする河身工事」である。対して「高水工事」は「洪水の被害を防禦する堤防工事」である（工学会編 1929, p.84）。一般に低水工事は利水のために行われる河岸工事や河道の浚渫等を含む。

道が、維持困難等を理由に廃止された。廃止された上水の給水区の住民は飲み水に不便を被り、このころから井戸掘り技術が進歩したと言われている（堀越 1981）。そして、江戸時代末期頃には大規模採取が可能になっていた。掘り抜き[2]の技術が、都市人口の増加に伴う飲料水の需要拡大、用水の汚染や疫病の流行などを契機とした地下水需要の増大により発達したのであった（柴崎 1976b；三田村・高橋一 1993）。

とはいえ、この頃はまだ、地下水は部落共同体の共有財産としての性格が強かったと言われている（高橋保・高橋一 1993）。例えば濃尾平野の輪中[3]地帯における「株井戸制」[4]などの例にみられるように（松原 1968；遠藤崇浩 2015, 2018a）、ローカル・コモンズとして近隣の利用者間の調整が図られていたことが伺える。

しかしながら、河港道路修築規則の制定と同年に、地下水利用にとって転換点となる出来事が起こった。地租改正の実施とそれに伴う土地私有化の急激な進行である。租税の徴収を主眼とする地租改正に先立ち、幕藩体制下に

---

2) 掘り抜き井戸とは、被圧帯水層まで掘り抜いた井戸のことであり、加圧された地下水が、掘り抜き時に急激に上昇したり、自噴したりするような井戸である（日本地下水学会編 2011）。不透水層を打ち破って深く井戸を掘るには高度な技術と多大な労力を必要としたため、比較的容易に掘ることのできる浅井戸に対してこう呼ばれた（堀越 1981）。
3) 安藤萬寿男によれば、輪中という言葉には 2 種類の用法がある。1 つは、「四周を堤防で囲んで外から水が入らないようにし、それによって堤防内の人々の生命、財産を守るようにしたその地理的範囲」を意味する場合であり、地域的な概念である。もう 1 つは、堤防を築いたり、不要な水を排水するために樋門を設けたり、平素から水防資材を整備して置いたりするなどの作業を共同で行う「水防共同体」であり、村落共同体とみる概念である（安藤 1977）。安藤は後者が輪中の本質であると捉えている（安藤 1977, 1988）。
4) 江戸末期から明治時代にかけて濃尾平野の木曽三川下流部（いわゆる輪中地域）に存在した地下水管理制度であり、井戸の掘削規制である（遠藤崇浩 2018）。株井戸が存在した高須輪中では、比較的高地にあった北半部（上郷）で掘り抜き井戸が多く掘られたことで、自噴した地下水の余水が比較的低地にあった南半部（下郷）に流れ込み、水稲栽培に悪影響を生じさせた（松原 1968）。これに対し、上郷と下郷は自発的な交渉を行い、井戸数の制限、井戸採掘の有料化、有料化収益を原資とした経済保障などの制度を設けて利害対立を緩和した（遠藤崇浩 2015）。

おける農業土地所有権から資本主義経済の進展に適合する資本制的土地所有権への移行が目指され、その権利は国家権力によっても不当に侵すことのできないものとされた（北条 1992；阿波連 2013）。他方で、果たして土地所有権がどれだけの法的保護を受け、どのような範囲の効力をもつかは不明確であった。そのため、地租改正後の土地制度を体系的な法規範によって明確に保障することが強く要望された（高島 1965）。

2. 地下水利用の拡大と明治 29 年大審院判決

　明治の当初は船が運輸手段の中心であり、工場やその従事者たちの居住地が港湾に面した低平地に広がっていたことから、1881 年頃から頻発した洪水の被害は深刻であった（竹村 2007）。その後、鉄道普及に伴い河川舟運が衰退したこともあり、明治 18 年洪水を契機に河川工事は高水工事[5]へと移行していった。1891 年には京都の蹴上発電所で日本初の市営電気事業が開始され、さらに、全国の主要河川では水路式発電による電力開発が行われ、産業復興を支える電力のベース部分を水力発電が担うようになった（竹村 2007；河川法令研究会 2012）。河川事業は明治政府にとって高い重要性を有し、1877 年前後には全公共投資の 50％以上を河川関係投資が占めた（山本三郎 1993）。

　こうした中 1896 年に制定された河川法（以下「旧河川法」）は、中央集権的な性格を強く有するものであった。明治憲法制定（1889 年）以降、行政の各分野に渡り近代的中央集権国家としての法整備が推進されていたことを背景に、河川、河川の敷地、および流水について私権を排除し国の営造物と定めて、地方行政庁は国の機関としてこれを管理することなどが定められた（建設省河川審議会 1996；河川法令研究会 2012）。旧河川法は、水害を被った地域からの要請を背景に治水対策が主眼とされ、利水面には十分な考慮が払われなかった（山崎有恒 1995）。水利秩序に関しては、「河川ノ敷地若ハ流水ヲ占用セムトスル者ハ地方行政庁ノ許可ヲ受クヘシ」（18 条）として水利用の許可

---

[5] 本章の注釈 1 を参照。

制が導入されたが、明治 29 年以前より旧慣に基づき容認されてきた水利使用は「河川法若ハ之ニ基キテ発スル命令ニ依リ許可ヲ受ケタルモノト見做ス」（旧河川法施行規程 11 条 1 項）と定められた。その大半は農業水利権であった。農業生産力の向上は明治政府の重点施策であったため、旧幕以来の慣行水利権は温存されたのであった（七戸 2010）。

しかしながら、日露戦争から第一次世界大戦にかけての第二次産業革命期には、発電用水、工業用水、水道用水の需要が爆発的に増え、農業用水に対し水資源の再配分が求められるようになった。大正期以降はそれぞれの立場から利水法案が提出されたが、いずれの法案も頓挫し、結局都市用水は水源を地下水に求めることとなった（七戸 2009）。

この頃、地下水の掘削技術は着々と発展していた。1910 年代には機械掘りによる井戸掘削が行われ始め（三田村・高橋一 1993）、1913 年には日本鑿金合資会社によって初めて西洋式ロータリー機による大規模なさく井が行われた（村下 1994）。大孔径の深井戸が工場・商社・病院・学校・銀行・デパート・交通関係施設等で用いられ出し、さく井専門の会社が中心となって、数千本に達する深井戸を各地に掘削するようになった。農業用水としても香川、奈良、三重、愛知、千葉、茨城、兵庫などの諸県で機械掘りによる大孔径の深井戸が掘られるようになったほか（蔵田 1951）、1914 年には佐賀市で 3 井が掘られるなど水道水源としての利用も急速に普及した（村下 1994）。

明治憲法（1889（明治 21）年）と民法（明治 29 年法律第 89 号）の制定は、こうした地下水利用の拡大を支えたと考えられる。明治憲法では所有権の不可侵が定められ（27 条）、民法では、所有権は自由な使用・収益・処分の権能を備えるものとされ（206 条）、土地所有権はその土地の上下に及ぶと定められた（207 条）（高田 1979）。土地所有権が地下にも及ぶとされたことで、地下水に「私水」としての性格が備わることとなる。地下水利用権に関する判例のリーディングケースである明治 29（1896）年 3 月 27 日大審院判決では「地下ニ浸潤セル水ノ使用権ハ元来其土地所有権ニ附従シテ存スルモノナレハ其土地所有者ハ自己ノ所有権ノ行使上自由ニ其水ヲ使用スルヲ得ルハ蓋シ当然ノ条理ナリトス」とされた。つまり地下水利用権は土地所有権に附従し、土地所有者は自由に地下水を利用できるものという解釈が示されたので

ある。三本木（1979）は当該判例について、「地下ニ浸潤セル水」などの字句からしても地下水の捉え方は極めて局部的で、「あたかも所有地内に掘さくした独立の池のように天水による補給以外に自然の水文体系とのかかわりがないものを考察するがごとき」であり、「明治・大正当時の自然科学の水準をもって独断するのみならず、法制観念上からも、このように土地所有権の効力の絶対・無制限を説くのは、西欧近代法制の形式的側面を強調した、わが国における所有権制度の確立の過渡的現象であったともいえる。」(p. 156) と批判している。そして、明治29年大審院判決で示された解釈は、大正4（1915）年6月3日大審院判決にも受け継がれた。曰く、「土地ヨリ湧出シタル水カ其土地ニ浸潤シテ未タ溝渠其他ノ水流ニ流出セサル間ハ土地所有者ニ於テ自由ニ之ヲ使用スルコトヲ得ヘク其餘水ヲ他人ニ與ヘサルモ他人ハ特約法律ノ規定又ハ慣習等ニ依リ之ヲ使用スル権利ヲ有セサル限リハ之ニ對シ何等異議ヲ述フルコト能ハサルモノトス（明治二十八年第四〇七號明治二十九年三月二十七日言渡ノ判決参照）即チ此場合ニ於ケル土地所有者ノ水ヲ使用スル権利ハ絶対ニ無制限ナリ」[6] とされ、やはり土地所有者による地下水利用権は「絶対に無制限」に認められるものという解釈が示されたのであった。こうして、江戸時代までは部落共同体の共有財産としての性格が強かった地下水は、私有化の傾向を強めていった（高橋保・高橋一 1993）。

3. 地盤沈下の発生と無視された過剰利用原因説

定期的な水準測量は明治時代初期から行われており（関陽太郎・小山 1998）、1890年代（明治20年代頃）には潜在的に地盤沈下が進行していた可能性が高いと言われているが（高橋保・高橋一 1993）[7]、大正末期から昭和初期には特に沖積低地における水準点の低下が明確に認められるようになった。1923年の関東大震災後には緊急の水準測量が行われ、東京江東地区における激しい地盤沈下が明らかになった。しかしながら、地盤沈下現象は外見上地殻変

---

6) 一部の旧字体は新字体に改めて表記した。
7) 環境庁水質保全局企画課編（1978）で述べられている、1915年の寺田寅彦による東京都江東地区の地盤沈下の指摘を根拠としている。

動と区別がつかず、当初は地震活動と結びつけられて考えられた（広野 1953）。江東地区の地盤沈下の主因も、関東大震災に際して発生した地盤の変異・変形であるというのが一般的認識であった（関陽太郎・小山 1998）。また、大阪でも 1927 年の北丹後地震を契機に水準測量が行われるようになり、地盤沈下が広く知られた。その後、井戸涸渇や水質悪化といった地下水障害が各地で次々と顕在化し、1934 年の室戸台風の際には、地盤沈下が顕著であった東京江東地区や大阪港湾部が高潮や浸水により大きな被害を受けた。

　こうした中、1937 年に東京帝国大学地震研究所の宮部直巳が、江東区その他の地域における地盤沈下は地表面の軟土層の収縮によって生じているとする見解を示した（宮部 1937）。また、1939 年には広野卓蔵と和達清夫が、地盤沈下は地下水圧低下による表層部の圧密作用によって起こっており、地下水の過剰汲み上げに起因しているとする説を主張した（広野・和達 1939）。ところが、第二次世界大戦に向かう軍国主義的体制下の日本においては、地下水の利用制限につながる和達らの主張は、社会的にも、政策面でも、ひいては学界においても受け入れられなかった（関陽太郎・小山 1998）。その後、皮肉にも戦争が和達らの正しさを証明することになった。つまり、戦争による都市の荒廃と産業活動の停止が地下水揚水量の激減をもたらし、結果地盤沈下が一時的に沈静化したことで、地下水揚水と地盤沈下の因果性が明確に認められたのである（柴崎 1976b；高橋保・高橋一 1993；遠藤毅他 2001）。

4. 地下水障害の深刻化と水行政の縦割り化

　戦後日本経済は急成長し、都市への人口集中と工業用水や上水道用水の需要増が進んだ（竹村 2007）。これに伴い水資源開発が推し進められ、1946 年には復興国土計画要綱が、1950 年には国土総合開発法が施行された。国土総合開発の根幹をなしたのは、治山・治水、電源開発、そして土地改良と広義にわたった水資源開発であった（森恒夫 1994）。1945 年〜1960 年頃には度々大水害が発生したが、経済成長に伴い低平地での都市化は一層進み、下流の人口密集地域における治水事業は困難を極めるようになった。そこで、

新規水資源開発と下流部の防災を目的として、上流部でダムや遊水池の建設が求められるようになり（竹村 2007）、1957 年には特定多目的ダム法が制定された。水資源開発の実施主体をめぐっては、直接国あるいは地方自治体によるのではなく、新たな第三の公的機関の設立が構想された。これを受けて、建設省は「水資源開発公団」、農林省は「水利開発管理公団」、厚生省は「水道用水公団」、通産省は「工業用水公団」をそれぞれ構想し互いに譲らなかった。これについて森恒夫（1994）は、「政府の水資源に対する取り組み方があまりにも包括的で多様にすぎて焦点が欠けていたために、各省の権限争いを生じ、公団についても各省がそれぞれ先を競って各々の構想を打ち上げたものと考えざるをえない。」(p. 22) と指摘しており、水資源の総合的開発によって水行政の縦割り構造が却って顕在化したと見受けられる。そして、自民党水資源特別委員会による検討が加えられ、1961 年 11 月に水資源開発促進法と水資源開発公団法が成立した（森恒夫 1994）。

　水道行政の縦割り化も進んだ。1938 年の厚生省発足以降、上下水道行政は内務・厚生両省の共管体制であったが、戦時中は事業自体が少なかったため混乱を招く状態にはならなかった。しかし第二次世界大戦後、上下水道の共管体制は建設・厚生両省に引き継がれ、両省に「水道課」が設置された。水道法の制定をめぐっての両省の対立や、上下水道行政の混乱と停滞があり、地方団体から一元化が要望されていた。こうした事態の解決のため、1957 年にいわゆる水道行政三分割がなされ、上水道行政は厚生省、下水道行政は建設省、工業用水道行政は通産省がそれぞれ所管することとなった（亀本 2005）[8]。そして、水道法が 1957 年に、下水道法と工業用水道事業法が 1958 年に、それぞれ成立した（稲場 2008）。これにより共管による弊害の解消が図られたわけであるが、一体的な水行政からはさらに離れてしまったと言える。

　さらに、水質管理行政は河川行政から分離され、1958 年には新たに水質保全法と工場排水規制法のいわゆる水質二法が制定された。水質管理行政は、従来は旧河川法に拠って河川管理者が所掌していたが、本州製紙江戸川

---

8) 亀本（2005）による当該箇所は、日本下水道協会下水道史編さん委員会編（1986, pp. 151-159, 1989, pp. 199-212）を参照している。

工場事件[9]を契機として河川管理者は水質管理行政から撤退した。こうして、1964年の新河川法は治水と利水を二本柱として制定された（稲場2008）。

　一方、この時期には地下水利用が急増し、地下水障害が拡大・深刻化した。工業化が進展する一方、農業生産の回復は依然として国の最重要課題であり（三田1999）、渇水時には河川水の大半が農業用水として使用し尽くされた。そのため、新参の都市住民や新興近代産業は河川水を大量利用できる余地がなく（竹村2007）、工業部門は戦前にも増して大量の地下水採取を行うようになり、戦時中に一時沈静化した地盤沈下がふたたび顕在化することとなった。戦後の地盤沈下は、沈下量・沈下面積がより大きくなり深層部の圧密による沈下も顕著になったこと、東京・大阪ばかりでなく地方都市にも波及したこと、そして、新潟・関東南部において水溶性天然ガスの採取による沈下が発生したことなどによって特徴づけられる。また、臨海部においては塩水化の問題が深刻化した（高橋保・高橋一1993）。

　しかしながら、こうした状況に対して当時の政府は、防波堤の建設、護岸築堤と嵩上げ、内水排除[10]のための機場の設置といった防災対策を行うばかりで、地下水の揚水規制には乗り出そうとしなかった（柴崎1971）。その結果、東京や大阪等の工業地帯では、地下水の塩水化と水位低下による揚水効率低下が顕著となり、これを補うためにさらに深井戸を新設するという悪循環に陥った。こうした地下水利用の不安定化は、工業地帯の地下水利用企業に強い不安を与えることになり、対策の要求が企業自身を中心に高まっていったのであった（柴崎1976b；古野・和田1993；高橋保・高橋一1993）。

---

9) 本州製紙江戸川工場の悪水放流により被害を受けた浦安の漁民が、同工場に乱入して起きた乱闘事件。これを契機に政府は、1958年に水質保全法と工場排水規制法（水質二法）を制定した（浦安市「本州製紙工場事件」http://www.city.urayasu.lg.jp/shisei/profile/rekishi/1001469.html（2018年8月1日アクセス））。

10) 河川の水位が上昇して堤内地（堤防に囲まれた住居や農地のある側）に水が湛水し、堤内地から堤外地（堤防に挟まれて水が流れている側）への自然排水が困難になることで、家屋や作物等に浸水被害が生じることを内水被害という。内水排除とは、堤内地に溜まった水や、堤内地内の小河川等の水を堤外地に排水することをいう。

5. 地盤沈下対策法の制定と地方自治体による独自規制の始まり

　企業等からの要請を受け、通商産業省の産業合理化審議会が、1955年3月に工業用水の施設整備に対する財政措置、水需給の調整に対する制度的措置、地下水の適正利用対策、地盤沈下・塩水化防止対策の樹立等を内容とする答申を提出した。これを受けて国は翌年に工業用水法を制定し、まず尼崎市、四日市市、川崎市の一部を地域指定して工業用地下水の採取規制を開始した。しかし、この法律は工業用水の安定供給を第一義に優先するものであり、揚水規制は二の次であったうえ、工業用水以外の地下水利用は対象とされず野放しのままであった（大阪地盤沈下総合対策協議会1972）。その後、政府は1962年に「建築物用地下水の採取の規制に関する法律（ビル用水法）」を制定し、建築物用を使途とする地下水の採取規制に乗り出した。工業用水法が代替水源の確保を規制適用の前提条件としていたのに対し、ビル用水法にはそうした要件が付されないなど規制対象の拡張が図られはしたが、既に地盤沈下が発生している地域で、かつ高潮や出水等による災害が生じるおそれがある地域のみが適用対象とされるなど、やはり限定的であった。これらの法律では地盤沈下の抑制には足らず、両法の対象とならない大都市周辺や地方都市へ被害は波及していった。

　こうした国の動きの一方で、独自の規制に乗り出す地方自治体が現われるようになった。例えば大阪市は、1945年に地盤沈下の常時測定を開始し、1951年には工業用地下水の代替水源の確保のため工業用水道の敷設に着手し、1959年には全国に先駆けて地盤沈下防止条例を制定した[11]。また、温泉についても、1948年に温泉法が制定され、温泉掘削時等における都道府

---

11) 大阪市「大阪市公害年表」http://www.city.osaka.lg.jp/kankyo/page/0000071917.html#stowa35（2016年5月27日アクセス）より。なお、1958年当時、大阪市行政局では、建築物用地下水の汲み上げについて工業用水法以上の規制を条例によって行うことが可能かにつき、問題があるとの結論に一旦達した。最終的にその扱いについて当時の自治省行政課に照会したところ、地盤沈下防止その他公共の福祉のため必要ある場合には、工業用水法による規制と同程度の規制を条例によって行うことは可能であるとの見解が示された。これを受けて大阪市地盤沈下防止条例は制定された（大阪地盤沈下総合対策協議会1972）。

県知事の許可取得等が定められたが、公益が損なわれると認められるとき以外は掘削を許可しなければならないなど温泉水保護の観点からは多くの不備があった。そこで、自治体が新規掘削を認めない保護地域を設定するなどして対応するようになった（環境庁水質保全局企画課編 1978）。

6. 地下水法制定の頓挫

　高度経済成長は水環境に深刻な悪影響をもたらし、1967年には公害対策基本法が制定された。同法は公害の範囲として、大気汚染、水質汚濁、騒音、振動、地盤沈下および悪臭の6つを掲げ、環境基準の設定や公害防止計画の策定等各種施策の総合的展開を図った。1970年の第64回臨時国会では、水質汚濁防止法、農用地土壌汚染防止法、廃棄物処理法、下水道法、農薬取締法など水環境に関係する法案が多く成立した。

　1971年には公害問題の所轄官庁として環境庁が設置されたが、公害・環境行政にかかわる事項であっても、従来の事業官庁に管轄領域の多くが残された（日本環境会議・アジア環境白書編集委員会 1997）。その結果、水に関する所管は、治水に関する建設省、利水のうち農業用水に関する農林省、工業用水に関する通産省、水道用水に関する厚生省、公害に関する環境庁とさらに細分化されるに至った（七戸 2009）。

　こうした中、地盤沈下被害の拡大と深刻化を受け、1970年代には地下水に関する総合法を制定しようとする動きが活発化した。表2-1は1970～1980年代に各省庁・団体から提起された地下水法案と総合法制定に向けた動きを示したものである。1972年2月の中央公害対策審議会地盤沈下部会では、工業用水法とビル用水法に基づく指定地域を大幅に拡大し、さらに指定地域における許可基準を強化すべき旨の答申が行われ、これを受けて同年4月には関係政省令の改正が行われた（環境庁 1972）。また、田中角栄内閣が「日本列島改造論」に基づく施策の一環として1974年に設置した国土庁（現国交省土地・水資源局）に対し、1974年10月には科学技術庁資源調査会が「地下水の保全・使用に関する調査報告および書簡」を、同年11月5日には農林水産省農業用地下水研究会が「農業用地下水研究会報告」を、同年

表 2-1 1970 年代に提起された地下水法案と 1980 年代における総合法制定に向けた動き

時期	関係省庁による地下水法案提出等の動き
1974 年 10 月	科学技術庁資源調査会が「地下水の保全・使用に関する調査報告」を提出
1974 年 11 月 5 日	農林水産省農業用地下水研究会が「農業用地下水研究会報告」を提出
1974 年 11 月 11 日	参議院古賀雷四郎議員が「地盤沈下対策緊急措置法案要綱（試案）」を国土庁を通じて各省庁に提示
1974 年 11 月 29 日	環境庁中央公害対策審議会地盤沈下部会が「地盤沈下の予防対策について」を答申
1974 年 11 月 30 日	建設省地下水管理制度研究会が「地下水管理制度について」を提出
1974 年 12 月 16 日	建設省が「地下水法基本要綱案」を策定、国土庁に説明
1975 年 2 月 6 日	環境庁が「地盤沈下防止法（仮称）案」を策定、国土庁に説明
1975 年 3 月 25 日	国土庁が「地下水の採取の適正化に関する法律（仮称）」を提示
1975 年 6 月	参議院法制局で「地下水の保全及び地盤沈下の防止に関する法律案」がまとまるが、国会提出は見送り
1976 年 1 月	通商産業省が「工業用水法の一部を改正する法律案」を提示
1978 年 3 月	国土庁が「地下水の保全及び地盤沈下の防止に関する法律案」を各省庁に提示
1980 年～1981 年	総合立法の骨格について、関係 6 省庁（環境庁・国土庁・厚生省・農水省・通産省・建設省）による調整会議の開催
1981 年 11 月	関係大臣による「地盤沈下防止等対策関係閣僚会議」の随時開催が 17 日に閣議口頭了解。18 日には「地盤沈下防止等対策の推進について」が関係閣僚会議で決定。地盤沈下防止等対策要綱が策定

遠藤浩他（1975）、環境庁中央公害対策審議会地盤沈下部会（1975）、相場（1984）、国土庁長官官房水資源部（1992）、高橋一（1993）を参考に作成。

11月29日には環境庁中央公害対策審議会地盤沈下部会が答申「地盤沈下の予防対策について」を、さらに同年11月30日には建設省地下水管理制度研究会が「地下水管理制度について」をそれぞれ提出し、これらの動きを踏まえ地下水法制が議論されるようになった（環境庁中央公害対策審議会地盤沈下部会 1975；国土庁長官官房水資源部 1992）。特に資源調査会報告は地下水の公水化を指向している点、地盤沈下部会案は地下水採取者に金銭的負担を課すことを提案している点に特色がみられる（高橋一 1993）。

これらと時を同じくして、1974年11月11日には、参議院の古賀雷四郎議員から、自由民主党治水治山海岸特別委員会利水小委員長名で「地盤沈下対策緊急措置法案要綱（試案）」が国土庁官房長に提示された。そこで国土庁は同年11月13日に各省庁担当課長会議（環境庁・厚生省・大蔵省・農林水産省・通商産業省・建設省・自治省）を開き、各省庁および国土庁の考え方を古賀議員に報告した（国土庁長官官房水資源部 1992）。また、建設省は同年12月16日に「地下水管理制度について」をもとにした「地下水法基本要綱案」を出した（佐藤毅三 1975；国土庁長官官房水資源部 1992；高橋一 1993）。これらに対し環境庁は、「地盤沈下防止法案要綱」を提示して折衝に試みたが難航を重ね（高橋一 1993）、関係省庁からの案が割拠する形となった。

各省庁からの法案提出を受け、1975年3月5日には環境庁、国土庁、建設省の3大臣の協議が行われ、法案の調整役は国土庁が行うこととなった。さらに、同日には通商産業省より工業用水法の一部改正案が提示された。国土庁は同年3月25日に調整案として「地下水の採取の適正化に関する法律（仮称）案骨子」を提示した。同年3月26日には地盤沈下対策議員懇談会が発足し、同年5月同世話人会は議員立法のための法文化を参議院法制局で行うこととし、参議院法制局は同年6月に「地下水の保全及び地盤沈下の防止に関する法律案」をまとめた。しかしながら、特に代替水の確保等に関して党内の合意には時間が要され、法案の取り扱いは政審預りとなった。その後、国土庁は1977年4月に通商産業省が工業用水法改正案として提出した工業用水使用適正化法案との調整を図り、「地下水の保全及び地盤沈下の防止に関する法律案」をまとめたが、権限問題に関連して各省庁の合意が得られず、国会提出に至らなかった。1978年3月には再び国土庁が「地下水

の保全及び地盤沈下の防止に関する法律案」を各省庁に提示したが、やはり各省庁の意見は一致をみなかった（国土庁長官官房水資源部 1992）。

その後 1980 年代に入ってからは、内閣官房審議室による調整のもと数十回に及ぶ関係 6 省庁（環境庁・国土庁・厚生省・農水省・通産省・建設省）の連絡会議および地域別検討会が開催され、総合立法の骨格が議論されたが、結局立法化への合意は得られず、総合法の制定は日の目を見ずに終わった。そこで内閣官房は、1981 年 11 月、今後は関係大臣による地盤沈下防止等対策関係閣僚会議を随時開催することに切り替え、この最初の閣議で、地盤沈下防止等対策要綱の策定を盛り込んだ「地盤沈下防止等対策の推進について」が決定された（相場 1984）。そして、1985 年には地盤沈下被害の著しい濃尾平野および筑後・佐賀平野、1991 年には関東平野北部について地盤沈下防止等対策要綱を定め[12]、総合的な地盤沈下防止等の取組を行うこととなった（佐藤邦明 2005）。つまり、結局立法による抜本的解決は断念され、要綱による行政指導に甘んずることとなったのである。この要綱は、地下水盆規模[13]で規制地域と観測地域を設定し、採取目標量を定めたうえで採取規制や代替水の開発促進を図るなど、従来の地下水法とは異なる積極性が認められるものであった。しかし、それらを具体的に遂行していくための許容揚水量の策定や水利用者間の利害調整などにおいて、なお課題を残すものであった（高橋一 1993）。

7. 地方自治体による独自規制の発展

国による総合法制定が成立しえなかった一方で、地方自治体が公害防止のための条例を制定し、地下水採取の規制を行う例が増えていった（高橋一 1993）。条例によって、工業用水法やビル用水法をはじめとする国家的な規

---

12) 国土交通省「地盤沈下防止等対策要綱地域について」http://www.mlit.go.jp/mizukokudo/mizsei/mizukokudo_mizusei_tk1_000065.html（2013 年 1 月 16 日アクセス）
13) コラム①で述べた通り、本書では groundwater basin の訳語として「地下水域」を用いているが、ここでは引用元である高橋一（1993）の原文に従って「地下水盆」とした。

制が適用されない地域に規制の網が拡がるようになったのである。条例は、規制対象とする地下水の用途が限定的でなく一元的規制を課している場合が多いこと、代替用水の確保を規制可能要件としていないこと等の点で、工業用水法やビル用水法に比べて進んだ法的試みと評価された[14]（三本木1988）。さらに、この頃には、地下水利用者である企業と地下水域を共有する市町村が共同して地下水利用対策協議会を設立し、官民一体で自主的に地下水保全に取り組む事例が出てきた。例えば静岡では、1971年に県が「地下水の採取の適正化に関する条例」（昭和46年静岡県条例第4号）を制定したが、それに先立って、岳南地域（1967年）および大井川地域（1969年）で地下水利用対策協議会が設立され、市町村と事業者による自主的規制が開始された[15]。地方自治体による地下水の公的管理は、戦後復興期に都市部で発芽し、高度経済成長期の後半以降に拡大していったと見受けられる。

　このように、1970年代以降には国・地方の両レベルで地下水問題に対する制度的解決の議論が活発化したのであるが、その背景としては次の四点の要因が考えられる。

　第一の背景要因として、地下水の機構に関する科学的知見の進展と、個々の井戸から地下水域の管理へという転換があったと考えられる。地下水利用企業の用水量確保の要請を背景に対策が進められた1950年代は、個々の井戸管理という発想が中心的であったが、1960年には関東地方の一都三県による「南関東地方地盤沈下調査会」が発足するなど、広域的観点から地下水資源管理を捉える動きが開始された。広域的な地下水の動態および地下水域[16]が基本単元として捉えられるようになった背景には、次のような発展的

---

14) ただし、許認可制を採っているものから、中には届出制のみのものまで内容がまちまちで、特に後者のような場合について規制の実効性に対する疑問も指摘されている（高橋一 1993）。

15) 現在静岡県では、「地下水の採取の適正化に関する条例」を全面改正して1977年に制定された「地下水の採取に関する条例」に基づき、条例指定地域内の地下水採取者に対し取水基準の遵守義務が課されている。また、県条例指定地域とは異なるエリアで、地下水利用対策協議会による自主的規制が実施されており、本文中で言及した岳南地域および大井川地域のほか、黄瀬川地域（1974年）、静清地域（1976年）、浜名湖西岸地域（1979年）にも協議会が存在する。

要素があったとされている（古野・和田 1993, pp. 51-52）。
(1) 第四紀地質学との連携：地下水開発・保全の仕事に携わる技術者と、第四紀地質研究者との連携によって、地下水を包含する地層の空間的分布やその水理学的な特性が、広域の問題として把握されるようになった。
(2) 水収支シミュレーション手法の導入：日本では1950年代から主に農業土木の分野で不圧地下水を中心とした研究が行われ、地下水学の分野では1960年代から不圧地下水の水収支論的な検討が始まった。1971年には水収支研究グループによって本格的なシミュレーションモデルが開発され、1976年には同グループにより地下水盆[17]管理に関する理論的普及書も出版され、その後の地下水管理に技術的指針が示された。
(3) モニタリングシステムの発展：1970年代以降、地盤沈下防止を目的として地下水の観測体制が全国で整備されるようになった。さらに、従来は地方自治体が個別に観測し公表していたが、技術者同士の連携により地下水盆[18]全体でのモニタリングが可能になった。

　第二は、地下水利用規制に関する法的認識の深まりである。1960年代以後の下級審では、水道水源であった地下水の汚染に対する損害賠償を認めたり、地下水は共有資源であるとして近隣に利水障害を与えないよう取水に合理的制約を課したりする判決例が次々と現れてきた。例えば1966（昭和41）年6月22日の松山地裁宇和島支部判決は、水道事業のための大量の地下水採取により近隣で利用していた地下水に海水の混入を生じた場合につき、受忍限度をこえた侵害であるとして違法性を認めた。本判決は、「一般に土地所有者はその所有地内に掘さくした井戸から地下水を採取しこれを利用する権限があるが、地下水は一定の土地に固定的に専属するものではなく地下水脈を通じて流動するものであり、その量も無限ではないから……（中略）、土地所有者に認められる地下水利用権限も右の関係に由来する合理的制約を受けるものといわねばならない」と述べ、地下水を「共同資源」として明確に

---

16) 注釈13と同様、ここでは引用元である古野・和田（1993）の原文に従った。
17) 注釈16と同様。
18) 注釈16と同様。

位置付け、地下水の量が無限ではないことを認識したうえで、地下水利用の合理的制約を新たな視点のもとに確立した（三本木 1979）。宮﨑（2011）が昭和戦後期を「地下水の特質認識期」と表現している通り、地下水の流動性や公共的性質が裁判上で明確に考慮される例が目立ち始めた。

　第三は、司法的対応のみならず、事前の行政的対応の必要性に関する認識の高まりである。1973（昭和48）年8月31日の佐賀地裁判決では、佐賀市内に工場を有し研削砥石等の製造販売をしていた原告が、著しい地盤沈下のため施設が使用不能となり、道路を隔てた被告会社の工場における地下水揚水がその原因であるとして訴えたのに対し、「本件地盤沈下にどの井戸がどの程度の影響を及ぼしているかを推認することはできず、結局被告の地下水くみあげが本件地盤沈下の唯一の原因であることはもとより主たる原因であることについてもこれを確認するに足りる証拠がない」として、請求が棄却された。この判決は、地下水の広域性に比例して同様な事案の民事的解決は一層困難になりうるのではないか、また、地盤沈下等の地下水障害は不可逆的性質を有するため長期間を有する司法的解決に多くは期待できないのではないかといった懸念を生むものであり、この判決の頃から、総合的な地下水立法に基づく行政措置の必要性が認識されるようになった（国土庁長官官房水資源部 1992）。

　第四に注目すべきは、1970年代頃から、各地で水資源保護の住民組織が生まれ、地方自治体の地下水行政に対して様々な影響を及ぼすようになった点である（古野・和田 1993）。地下水の末端の利用者でありその損失によって最も直接的な影響を被る地域住民達が、開発を優先し地下水保護を後回しにする政府に対し異議を唱えたことは、住民に最も近い政府である地方自治体を少なからず駆り立てたと推察される。

8. 環境庁による水行政の再編成

　1980年代初頭には、高度経済成長のもたらした歪みが地下水質に顕著に表れるようになった。1982年から環境庁による全国規模の地下水汚染調査が始まると、揮発性有機塩素系溶剤による地下水汚染が全国で相次いで発覚

した。1989年6月には水質汚濁防止法の一部が改正され、有害物質を使用する特定施設からの有害物質を含む水の地下浸透規制や、地下水質の監視体制強化などが組み込まれ、罰則も強化された（環境庁水質法令研究会編 1989）。こうした地下水汚染対策に関して、水道行政を担う厚生省と水質行政を担う環境庁が主導権を争った。厚生省は「水道原水水質保全事業の実施の促進に関する法律」、環境庁は「特定水道利水障害の防止のための水道水源水域の水質の保全に関する特別措置法」を、それぞれ国会に提出し、いずれも1994年3月4日に制定され、いわゆる「水源二法」が出来上がった（七戸 2009）。水源二法は、立法過程における厚生省と環境庁の省益争いの結果、総合的な水行政のための新法にはなりえず、具体的な水源保護対策が含まれないなど規定内容も限定的であった。他方、地方自治体では国の動きに先行して水源保護条例制定の動きが進み、「根本的な問題解決のためには、地域住民と地方自治体の動きに注目せざるをえない」状況となった（神戸 1996, p. 77）。

　他方、環境基本法の制定（1993年）を機に環境庁は水行政全般へ積極的に介入するようになった。高度経済成長の終焉から長期的な不況、人口減少によって都市用水の需要が鈍化した一方で、環境問題への関心の高まりを受け、新たな利水セクターとして「環境」目的の水需要が発生したのである（七戸 2010）。環境庁は、環境基本計画（1994年）において、水環境を水質、水量、水生生物、および水辺地等を含む総合的なものとして捉える「環境保全上健全な水循環の確保」なる概念を提示した（七戸 2009）。そして、1997年4月には、それまで水質管理課で担われていた地下水質保全関係業務と、企画課で担われていた地下水採取規制等地盤環境関係業務を継承し、環境庁水質保全局内に「地下水・地盤環境室」を設置し、水質・水量の両面からの総合的な保全施策の推進が目指されるようになった（八木美雄 1997）。同年には「健全な水循環の確保に関する懇談会」が設置され、翌1998年に公表された報告書では、水循環系における地下水の重要性が強調されるとともに、施策の展開に向けた水循環機構の把握の必要性、流域の住民・学識者・行政等の連携の場づくりなどが提言された[19]。こうして、これまで資源として扱われ揚水規制による管理が主眼とされてきた地下水は、環境構成要素として

もその重要性が認識されるようになり、水循環保全の概念に取り込まれるようになっていったのである。

　1998 年には中央環境審議会が「環境保全上健全な水循環に関する基本認識及び施策の展開について（最終報告）」を提出し、関係省庁および自治体における水環境・地盤環境の保全、治水、利水等に関する施策展開と、水循環系の観点を踏まえた流域関係者の主体的な対応を説いた。2000 年に閣議決定された第二次環境基本計画では、「環境問題の各分野に関する戦略的プログラム」の中に、「環境保全上健全な水循環の確保に向けた取組」が盛り込まれ（七戸 2009）、第三次環境基本計画においては、これが重点分野として位置付けられた。これに対し関係省庁から「健全な水循環」をキーワードとした各種施策が個別に展開された。しかしながら、それぞれが想定している「健全な水循環」の概念、課題、講ずるべき施策等に関する基本認識は整合が取られていなかった。そこで、1998 年 8 月には関係 6 省庁（環境庁、国土庁、厚生省、農水省、通産省、建設省）により「健全な水循環系構築に関する関係省庁連絡会議」が設置され（小林他 2000）、2003 年には「健全な水循環系構築のための計画作りに向けて」なる最終報告が示された。そこでは、「おいしい水、きれいな水」の復権に向けた地域主体の流域づくり、渇水や浸水被害に対する事業者や住民その他の関係者による連携施策のあり方が提示された（七戸 2009）。

　こうして「健全な水循環」の概念を軸に水行政の再編が進んだが、依然として実務の縦割り傾向は強く、それによって様々な弊害が生じてきた。2014 年に制定された水循環基本法は、その反省を踏まえ、水行政の縦割りを廃し流域単位で総合的な水管理を推進することを理念としている。そこでは、地下水を含む水資源が「国民共有の貴重な財産であり、公共性の高いもの」として位置づけられ（3 条）、水資源の保全における政府や国民の責務が明記された。また、中心施策として、水資源行政を統括する「水循環政策本部」の内閣官房への設置が掲げられ、水循環に関する施策を集中的かつ総合

19）環境庁水質保全局企画課地下水・地盤環境室「健全な水循環の確保に関する懇談会報告書『健全な水循環の確保に向けて〜豊かな恩恵を永続的なものとするために〜』について」http://www.env.go.jp/press/79-print.html（2019 年 1 月 11 日アクセス）

的に推進し、水循環に影響を与えうる水利用については、政府に適切な規制や財政上の措置を求めることが定められた（22条〜31条）。さらに、水循環基本計画の策定と5年ごとの見直しが義務化され（13条）、2015年7月には計画が閣議決定された。

第3節　国の地下水管理体制整備に向けて

1．要約と考察：時代の変化と地下水の性格の変化

　本章では、今後のわが国の地下水行政・政策、ひいては地下水ガバナンスのあり方を検討していくうえでの前提的作業として、地下水行政史の変遷を整理した。この作業により、地表水（河川）は明治のころから国家の管理対象であったのに対し、地下水はそれと分離され、戦後に地下水障害が深刻化するまでの間、長らく時々の政治的・経済的な事情に翻弄されてきたという事実が多少は鮮明化したかと思われる。

　地下水行政史において発生した出来事については巻末表1を参照いただくとし、概略を示したのが図2-1である。江戸時代には共同体の共有財産的な性格が強かったとされる地下水であるが、その後の地租改正、そして明治憲法と民法の制定により私有化が進行した。明治29年大審院判決をはじめとする初期の判例は、そうした流れに拍車をかけた。

　そして、日露戦争から第一次世界大戦にかけての第二次産業革命期に水需要が急増する中、旧河川法のもとでは慣行水利権が温存され、地表水で賄えなかった用水需要の矛先が地下水に向いた。そして大正末期頃から明確に水準点の低下が認められるようになった。敗戦直後は産業活動の停止に伴い揚水量が減少するも、戦後復興期から高度経済成長期にかけて地下水利用は再び急拡大し、地盤沈下が深刻化し各地に被害を引き起こした。これに対し用水二法が制定されたが、規制対象は限定的であり未規制地域に被害が拡大した。その後1970年代には、公害問題の深刻化を背景とした環境意識の高まりもあって、地下水総合法の制定が盛んに議論された。法案の中には、地下

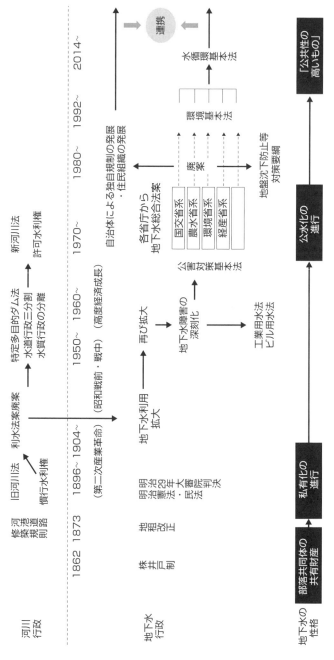

図 2-1 地下水行政の変遷と地下水の性格の変化

水の公水化を指向したものや、地下水採取者に金銭的負担を課すべきとするものもあり、この頃から地下水の公的性質が徐々に認識されるようになっていったと思われる。

　しかしながら、戦後の国土総合開発の根幹であった水資源開発は、水行政の縦割り構造を一層強固なものにしていた。縦割りの壁に阻まれ地下水総合法は日の目をみず、その後国家による法制度整備は衰勢に向かった。そういった中で、地方自治体による独自の条例や計画の制定、住民らによる草の根運動が発展していったのである。その結果、現在のわが国には、地域ごとに実に多様な地下水保全管理政策が存在する。手薄であった国家的管理体制を補うかのように、地方自治体による独自の対策が展開してきたことは、わが国の地下水行政史において最も重要な特徴のひとつであると言えよう。

　その後環境基本法の制定を契機に、環境庁によって「健全な水循環」の概念が取り入れられ、水循環の一部としての地下水保全施策の推進が指向されるようになった。そして水循環基本法では、縦割りを廃した総合的な水管理の推進が理念として掲げられた。これまで経済的資源として私有化され、時々の政治的な事情に翻弄されてきた歴史を鑑みれば、地下水が「国民共有の貴重な財産であり、公共性の高いもの」と謳われたことは大きな意義を有するであろう。

2. 国の役割の再検討に向けて

　さて、なぜ日本では国による公的管理体制が整備されない期間が長らく続いたのか。これについて、改めて5つの推論を述べて整理しておきたい。

　第一に、地下水は河川水に比較して治水・利水のための国家的なインフラ整備の必要性に乏しかった点が挙げられる。明治政府が河川を国の管理下に置くようになったのは、水害防止、富国強兵と殖産興業を背景として急増した各種用水需要への対応、そして舟運の便の確保の必要性に駆られたものであった。一方で地下水は、それ自体が洪水や氾濫など誰の目にも明らかな水害を引き起こすものではなく、運輸や発電に供されたものでもなかったため、産業発展と都市化の過程における国家的な社会資本整備の優先性が必ず

しも高くないと認識され、それが国家による地下水規制の取組を遅らせたのではなかろうか。

　第二に、大規模採取技術が各地に普及して地盤沈下が拡大・深刻化する以前は、そもそも法律による一元的規制の必要性が認識されていなかった可能性が挙げられる。機械式の大量採取技術が確立するまでは、地下水は部落共同体の共有資源的な性格が強かったと言われているように（高橋保・高橋一 1993）、地下水利用にかかる利害関係者の範囲は大きくなかったと考えられる。そのため、「株井戸制」のように、比較的小規模なコミュニティの範囲で利用と管理にかかる取り決めを自治的に行うことが可能であったと思われる。また、戦前は機械式による大規模地下水採取の例はそれほど多くなかったため、問題が生じた場合に地下水利用を規律するのは、民法上の所有権の効力や相隣関係の応用といった司法的対応で足りていたとする指摘もある（三本木 1979）。

　第三に、地租改正を契機とする土地の私有化と地下水利用権は土地所有権に付随するという法的解釈の普及が指摘される。明治 29 年大審院判決は、近代的土地所有権の制度整備に対する国家的要請と明治憲法による所有権不可侵の確立を背景とし、地下水利用権が土地所有権に付随するものであるとする法的解釈を生成させた。その後の民法制定により、土地所有権の効力はその土地の上下にまで及ぶ（207 条）と明文化された。これらが、今日に至るまで主流となってきた地下水私水論の基盤を築き、地下水利用に対する公的規制を及び腰にさせたと推察される。

　第四に、地下水規制の根拠となりうる科学的知見が社会に共有されていなかったことが指摘される。これには 2 つの含意がある。

　ひとつは、地下水機構に関する科学的理解が進んでいなかったという意味である。例えば、地盤沈下は当初地震活動による地盤の変形によるものとされ、人間の経済活動にその原因が求められていなかったことが、地下水保全のために経済活動を規制する方向に進まなかったひとつの要因になったと考えられる。また、1970 年代における地下水法制定に際しては、地下水の流動やその基本的性質についての技術的理解が様々であり、定量的評価を行うにあたっても不確定要素が多かったこと、すなわち地下水を自然科学的に十

分理解しえない状態にあったことが大きな障害になったという指摘がある（相場 1984）。

　もうひとつの含意は、経済にとって不都合な科学的知見が無視されたという意味である。和達清夫らにより早期に提唱された地盤沈下地下水過剰汲み上げ原因説は、戦時体制下の水需要を賄うために地下水開発を進めようとする政府や経済界にとって不都合なものであり、当時の政府は揚水規制に乗り出さなかった。もし、過剰揚水が地盤沈下の主因であるとする知見がより早期に検証され共有されていれば、地下水管理は司法による事後的解決では間に合わず、法に基づく事前的対策の必要があるものとして認識され得たかもしれない。

　第五に、水行政の縦割り構造に言及しておかねばならない。戦後の水資源開発は治山・治水、電源開発、土地改良と多様な目的を含んだため、却って複雑性を増して水行政の縦割りを推し進めた（森恒夫 1994）。河川の開発と水配分の領域で脈々と造り上げられてきたセクショナリズムが、地下水行政において特に顕在化したのが、1970 年代における地下水総合法制定の審議過程における環境庁、国土庁、厚生省、農水省、通産省、および建設省等の関係省庁間の対立であったように見受けられる。榧根（2010）が指摘するように、「環境省（庁）の地下水行政は揚水規制一本槍だった。国土交通省（建設省）の基本方針は、『地下水はわからないから触るな、地下水を地表水へ転換せよ』だったように、外部からは見える。経済産業省（通産省）は工業用水の枠内でだけ、農林水産省（農林省）は農業用水の枠内でだけ、地下水に関与してきた。水行政が縦割りで行われてきたため、水循環の全体像を視野に入れることのできる行政主体は存在しなかった」(p. 3) のである。

　だが、以上 5 つの視点については、今日では状況が大きく変わっている。法による事前的規制の必要性は既に社会に共有されているのであり、実際に地下水法を制定しようとする動きも見られている。制度構築の基礎となる科学的知見も目覚ましく発展している。地下水利用権の法的性格についても、地下水を「公共性の高いもの」と位置付ける水循環基本法が成立に至っているほか、地下水を「公水」や「共有物」などと捉える条例や（千葉 2014）、私的利用に任せるのではなく公的管理下に置くべきであると考える自治体が

一定数存在するなど（千葉 2017a）、地域の現場感覚も変化してきている。図2-1 の下部に示した通り、地下水障害の苦い経験を通じてようやく地下水の性格に「公共性」が認められるようになったのである。国が地下水管理制度の整備に積極的に取り組む条件は以前よりずっと整っていると言ってよいであろう。

　さらに、地下水利用にかかる利害関係は今や国境を超えている。わが国は食料輸入を通して他国の地下水に大幅に依存している。また、第 1 章でも述べた通り、近年では外国資本による森林買収の事例が各地で報告され、国民の水源確保に悪影響が生じるのではないかという懸念が取り沙汰されている。森林買収に対しては、2010 年頃から各自治体が水源保全条例の制定等でもって個別的に対応してきたが、土地所有や土地利用に対する規制には、消極的な自治体も少なくない[20]。今後は、地域主体が率先して担ってきた地下水保全の成果と限界を理解したうえで、それらを効果的に補完する国家施策のあり方を積極的に検討していかねばならない。また、近年では、熱源としての利用や再生可能エネルギーとしての利用、防災利用、あるいは観光資源や環境教育題材としての利用、生態系や景観保全のための利用など地下水利用の形態が広範化しているほか、ボトル入りミネラルウォーターとしての需要が増大するなど、良質な水としての付加価値も高まっている。こうした中で、いかに地下水資源を保全しつつ持続的に有効利用していくかも重要である。地下水利用のあり方、およびその背景にある社会経済的・文化的背景は地域により大きく異なることから、地域ごとに地下水の保全と利用にかかる施策や計画の策定を推進していかねばならない。国は、地下水資源の日本経済における重要性を十分に認識したうえで、よりマクロな保全・活用戦略を提示していくべきである。地下水の保全と持続可能な利用に向けて、国と地方の有機的連携の推進が一層強く期待される。

20）吉原祥子（2012）「地下水規制をはじめた自治体 国と自治体の役割分担を考える」東京財団政策研究所、https://www.tkfd.or.jp/research/land-conservation/a00873（2018 年 6 月 12 日アクセス）

第3章

地下水条例の分析

第1節　地下水条例の実態把握

　わが国には地下水保全管理に関する総合的な法律が存在しない。地下水量保全に関する工業用水法（1956年制定）と建築物用地下水の採取の規制に関する法律（ビル用水法、1962年制定）（用水二法）は、地盤沈下防止等の公害防止のみを対象とし、用水の確保を第一の目的とすることから規制対象は限定的である。温泉法（1948年制定）および鉱業法（1950年制定）も地下水量に関わる法律であるが、温泉法の場合は温泉利用を目的とする地下水採取を、鉱業法の場合は可燃性天然ガスを含む地下水のみを対象としており、地下水利用一般にかかる規制ではない。地下水質の保全に関しては、水質汚濁防止法（水濁法、1970年制定）が主要な国家法であるが、政令で指定された特定施設を設置する特定事業場のみが規制対象とされている。

　第2章で述べた通り、地下水保全に関する法律の制定は1970年代半ばからさかんに検討され、2000年代に入ってからも水循環基本法の制定を受けて地下水保全法の制定が議論されたが、いずれも実現には至らなかった。

　国家による地下水管理の法制度的対応が未整備なまま、各地で地盤沈下、水質汚染、水位低下、湧水量減少などの地下水障害が発生してきた。そして、現場の要求に応えるかたちで、地方自治体による地下水の公的管理が進

展してきた。特に 1960 年代以後、水道水源であった地下水の汚染に対する損害賠償を認めたり、地下水を共有資源として取水に合理的制約を課したりする裁判例が現れ、地下水保護に対する法的認識が深まっていくと（小川 2004）、特に水資源として地下水利用が重要な位置を占めている地方自治体において、国の法律に先駆けて、地下水管理を志向した条例が制定されるようになった（相場 1984）。国土交通省の調査によると、地下水の採取規制や保全に関連した条例および内部規定（以下「条例等」）は、2011 年 3 月時点において全国で 517 件存在している。うち条例が 420 件、要綱が 79 件、指針・要領・方針・計画等が 18 件となっている（国土交通省 2011）。これらの条例等は、各地の政策ニーズに合わせて制定されてきた分、規定内容が多様性に富んでいると推察される。

　しかしながら、これらの条例が一体どのような規定内容を有しているのかは、既往の調査研究によっては把握されておらず、どういった機能をしているのかも明らかにされてこなかった。先述の国土交通省（2011）、および環境省が公表している「地下水採取規制に関する条例等 項目」[1] および「湧水保全に関する条例」[2] は、全国における地下水や湧水の採取規制・保全に関連した条例等の制定状況を網羅的に調査した貴重な資料であるが、制定状況を確認したのみでその詳細な内容や実態については把握されていない。これらの調査を除けば、地下水保全に関する条例を扱った既往の調査研究は、大きく捉えて次の 2 つに分類されると見受けられる。

　第一は、一部地域の条例に注目しその制定過程や特色等について論じた研究である。例えば寺尾（1974）は地下水利用に関する国家法の規制の甘さを批判したうえで、自治体が独自に予防的対策を講じている事例として「座間市地下水資源保全に関する条例案」（1973 年上程）に注目し、制定に至った背景と経緯を記述している。五十嵐（1999）からは、その後制定された「座間市の地下水を保全する条例」の内容について知ることができる。柴崎他

1）環境省「地下水採取規制に関する条例等 項目（平成 29 年 3 月 31 日現在）」http://www.env.go.jp/water/jiban/sui/index.html（2018 年 5 月 25 日アクセス）
2）環境省「湧水保全に関する条例」https://www.env.go.jp/water/yusui/result/sub2.html（2018 年 5 月 25 日アクセス）

(1975）は、宮古島地下水保護管理条例の制定過程について詳細に記述した貴重な資料であり、「宮古島上水道組合」が条例の管理者とされていること等を特色として挙げている。小川（1990）は、同条例はアメリカ民政府の指導下における用水管理体制を受け継ぎながら島民の自治的管理のもとにおく「宮古独自の法」であり（p. 177)、上水道組合による地下水資源を一元的に管理する可能性を秘めたものであったが、本土復帰に伴う本土法の適用によって組合の権能が縮小されたと述べている。只友（2015）は小川（1990）の議論に同調し、本土復帰前に形成された総合的な地下水保護管理体制が、沖縄振興開発政策による農業用地下ダム建設により個別化されてしまったと評価している。そのほか、個別の条例の制定過程、規定内容、特色や課題等について述べた調査研究として、東京都における公害防止条例および環境確保条例に基づく地下水採取規制を扱った中嶋他（2010)、熊本県における地下水条例を含む水環境行政の現状について述べた小嶋（2010a、2010b)、神奈川県秦野市の地下水保全条例および秦野市における地下水保全対策の取組の経緯と成果を扱った永山（1994)、津田（1997)、玉巻（2001)、長瀬（2010)、東京都板橋区における「地下水及び湧水を保全する条例」について紹介した遠藤正昭（2007)、東京都日野市における「日野市清流保全－湧水・地下水の回復と河川・用水の保全－に関する条例」について紹介した小笠（2007)、長野県佐久市地下水保全条例について紹介した田中久雄（2012）などがある。これらの既往研究は、各地の条例や地下水保全対策の取組を個別具体的に窺い知るための貴重な資料であるが、母集団としての地下水条例の総合的な現状が依然として不明のままであるため、個々の条例の相対的な特徴や意義は必ずしも明確にはなっていない。

　第二は、地下水利用を規制する条例の適法性や法的な位置づけについて論じた研究である。例えば先述の小川（1990）は、宮古島地下水保護管理条例は地下水を公水と捉えていることから、理論上その適法性が問題になり得ると指摘したうえで、実際に適法性が問題にされたことはなく、地下水源に対する依存度の高さからその管理の責務は自治体にあるとして、公水論の適法性は肯定されるべきという見解を述べている。宮﨑（2007）は、本来であれば土地所有者間の合意によって地下水の共同利用の具体的内容が決定される

べきであるが、それは非現実的であることから、条例制定によって地下水利用の具体的基準を提示するのは現実的で有益な手段であると指摘したうえで、制定法により自治体に地下水保全施策について定めうる権限を委ねるべきと主張している。松本（2011）は、旧紀伊長島町水道水源保護条例事件[3]の解釈に基づき、条例の適法性について論じている。すなわち、地下水に対する権利は地下水利用権という用益物権[4]であり、慣習上の地下水利用権は相隣関係[5]の延長線上にあり公序良俗に反しない限り適法であるという解釈を示したうえで、地下水利用権者が共通で帯水層を利用するという「拡大された相隣関係」に基づき土地所有面積に応じて配分原理を明確化した旧紀伊長島町水道水源保護条例は、過剰な採取競争を防ぐための地域的公序であり適法であると指摘している。こうした個々の条例の適法性や法的位置づけに関する研究は、条例を制定して地下水保全に取り組んでいる、あるいは今後取り組もうとしている自治体に、条例やその施行方法に関する検討の基盤を

---

3) 三重県紀伊長島町において産業廃棄物中間処理施設の建設と産業廃棄物処理業の実施を計画した事業者が、廃棄物の処理及び清掃に関する法律15条1項に基づく設置許可申請を行うに先立って、三重県要綱に基づく事前手続きが開始された。施設設置計画を知った長島町は水道水源保護条例を制定し、町長は同条例に基づき施設建設予定地を含む区域を水源保護地域に指定した。施設による地下水採取が水源の枯渇をもたらすおそれがあるとし、当該施設は町長により規制対象事業場と認定され、施設設置は禁止された。それを受けて事業者が処分取り消しを求める訴訟を提起した。第1審では施設の予定取水量が水源枯渇をもたらすか否かが争点となり、津地裁は処分を適法であるとして請求を棄却した（津地判平成9年9月25日判タ969号161頁、判例自治173号74頁）。原審ではさらに条例の違法性が主張されたが、名古屋高裁は原告の主張を退け、控訴は棄却された（名古屋高判平成12年2月29日判タ1061号178頁、判例自治205号31頁）。しかし、最高裁は、町は廃棄物処分場の必要性と水源保全の必要性を衡量すべき立場にあり、原告が採取量を制限するよう事前協議を行う手続きの権利を尊重すべき立場にあったとして、その権利を尊重せず行われた決定は違法であるとして判決を覆した。差戻し後の高裁は原告の請求を認容、最高裁は被告の上告を棄却して判決が確定した（最判平成12年12月24日民集58巻9号2536頁）。
4) 他人の土地を一定の目的のために使用収益する制限物権。これに属するものとしては、民法上は地上権・永小作権・地役権・共有の性質をもたない入会権があり、特別法上では、鉱業権・漁業権などがある（金子他2008, p. 1222）。
5) 隣接する不動産の所有者相互において、ある場合には境界を越え、ある場合にはその範囲を縮小して、不動産の利用を調整しあう関係（金子他2008, p. 771）。

提供するものであり、地下水の法的性格を探求していくうえでも不可欠である。これらの既往研究に対し本章は、地下水保全に関する総合的な国家法が定められておらず、それゆえに地下水の公的管理のあり方について確固たる指針が存在しない現状において、自治体は実際にどのような管理制度でもって地下水管理に取り組んでいるのかを俯瞰しようと目指すものである。それによって、条例の適法性や法的位置づけに関する議論に対して、社会的実態を踏まえたより相対的な議論を可能とする知見を提供しうると考える。

以上のことから本章では、地下水保全管理に関する条例の内容を全体的かつ詳細に明らかにすることで、わが国における地下水保全管理に対する法制度的対応の現状を把握する[6]。

第2節　条例分析の方法：規定内容の類型化

国土交通省（2011）で網羅された517件の条例および内部規定は、公害防止条例、環境基本条例、および環境保全条例といった公害防止や環境保全を広く目的とする環境関連条例が全体の4割程度を占めている。よって、相当数の自治体が、環境関連条例の一部で地下水に関連する規定を設けるという形をとっていることがわかる。

しかし、それらのすべてが条文の中で地下水を明示的に扱っているわけではない。それらの環境関連条例のうち、インターネット上で本文が入手可能であったものを調査したところ、公害防止条例では54件中5件が、環境基本条例では34件中17件が、そして環境保全条例では53件中7件が、条文の中で「地下水」という単語に明確に言及していなかった。また、517件のうち57件は水道水源保護条例、水資源保護条例あるいはそれに類する条例

---

[6] 本章は筆者が2013年3月から4月にかけて収集した地下水条例とその調査・分析結果（千葉2014）に、2018年8月までに行われた新たな条例の制定や改正をふまえて加筆修正したものである。以降特段の記載のない限り、2018年9月時点で施行されている条例を指す。なお、条例の分析に必要な限度で各種国家法令の規定に言及することがあるが、これらについても同様である。

であったが、同様に本文が入手可能であった55件を調べたところ、うち27件は「地下水」という単語を本文中に含んでいなかった。むろんこれらの条例も直接的あるいは間接的に地下水保全に資するものであるが、本書は地下水保全に関する条例の現状を把握する端緒として、表題に「地下水」という単語を含む条例（以下「地下水条例」）のみを対象とした。今回の調査では、国土交通省（2011）で網羅された条例、環境省の公表している「地下水採取規制に関する条例等 項目」[7]あるいは「湧水保全に関する条例」[8]の内から地下水条例を抽出した。そのうち既に廃止されたもの、インターネット上[9]で本文が入手できなかったもの、限定的な目的を有するもの[10]を除く102件の条例を分析対象とした。ただし、国土交通省（2011）による調査以降2018年8月までに改正がなされた条例については、その改正内容を反映した。

　地下水条例の内容は地域ごとの多様性に富んでいると想定されるため、個々の地下水条例の内容を正確に捉えつつ、かつ全体を巨視的に把握するには、条例に盛り込まれている規定の内容を過不足なく分類し、その分類に従って各条例を分析することが求められる。だが、既往研究では地下水条例の規定内容を分類する試みはなされていない。そこで本章では独自の類型化に試みた。その際、伊藤（2006）が景観条例に定められる政策手段を把握するために採っている方法を参考にした。伊藤（2006）は、景観条例を独自に読み込んだうえで、景観保全のための政策手段として固有の機能をもつかどうかを基準に条例に定められた政策手段を類型化している。本章においても、分析対象とする地下水条例を読み込み、各条文の目的や機能を特定化し、すべてのケースが網羅できるよう62の区分に小分類した。そして、そ

---

7) 本章注釈1と同様。
8) 本章注釈2と同様。
9) インターネット上で公開されている各自治体の例規集を含む。
10) 愛知県犬山市の「埋め立て等による地下水汚染の防止に関する条例」、同県大口町の「地下水の水質保全に関する条例」、および千葉県山武市の「残土の埋立てによる地下水の水質の汚濁の防止に関する条例」は、埋め立てや掘削跡の埋め戻し時の土砂による地下水汚染の防止という限定的な目的を有する条例であり、他の一般的な地下水条例と規定内容や特徴が異なっていたため比較にはそぐわないと考え、今回の分析対象からは割愛した。

れら 62 の小分類を、1. 国家法と地下水条例の関係に関する規定、2. 地下水保全管理の手段に関する規定、3. 地下水保全管理の体制に関する規定、4. 地下水の法的性格に関する規定という 4 つに大分類して整理した。さらに、2. 地下水保全・管理の手段に関する規定に含まれる小分類の数が多岐にわたったため、(1) 調査・監視、(2) 行政計画、(3) 過剰採取対策、(4) 汚染対策、(5) 用水・景観保全、(6) 地下水影響工事対策、(7) 涵養対策、(8) 節水・合理的利用対策、(9) 災害時利用のための管理、(10) 制裁という 10 の中分類に区分して整理した。3. 地下水保全管理の体制に関する規定に含まれた規定内容についても同様に、(1) 行財政体制、(2) 自主的管理体制、(3) 市民参加という 3 の中分類に区分した。これによって分析対象とした条例の規定内容の大半は網羅的に整理できたと考えられる。ただし、今回の分析はあくまでも各条文の文字面に基づいたものであり、個々の条文の意図や内容の詳細を確認して行ったものではないことを付記しておく。

第 3 節　条例分析の結果と考察

　分析の結果は巻末表 3-1、巻末表 3-2、および巻末表 3-3 に示した。これら巻末表の表側（縦軸）は自治体名と条例名である。各条例の最終改正年としては附則で確認できた年を記入した。表頭（横軸）は特定化した規定内容であり、No. 1〜No. 62 の分類番号をつけて示した。No. 1〜No. 21 の結果が巻末表 3-1 に、No. 22〜No. 41 の結果が巻末表 3-2 に、No. 42〜No. 62 の結果が巻末表 3-3 に、それぞれ掲載してある。各欄に記載の数字は、該当する条文の番号である。ただし、項番号以下（項番号および号番号）は煩雑さを避けるため割愛した。以下では巻末表の順に従い分析結果を紹介する。

1. 国家法と地下水条例の関係

　本項では、地下水条例と関連する国家法との関係性に関する規定をまとめ

た。

　地下水保全に関する総合法は存在しないものの、温泉法や鉱業法など地下水を部分的に対象とする法律が存在するため、地下水条例の制定にあたっては、条例と法律の抵触が生じないよう配慮せねばならない（憲法94条、地方自治法14条）。

　分析の結果、102件のうち52件の条例が温泉法に基づく温泉を（No. 1）[11]、25件が鉱業法に基づく天然ガス溶存地下水を（No. 2）、同じく25件が河川法に基づく河川流水または河川法が適用あるいは準用される河川区域内にある井戸を（No. 3）、それぞれ地下水条例による規制の適用除外としていた[12]。

　最も多かった温泉の適用除外規定は用水二法においても設けられている。温泉に関しては、特に温泉法の制定以降多くの判例の蓄積がなされ既に複雑な権利関係が存在していることから、安易に地下水条例に組み込むと法律の抵触問題が生じうるため、適用除外とする条例が比較的多いと推察される。中には長野県天龍村条例[13]のように、「地下水及び温泉源の保全と開発利用の調和を図ることが必要な地区」を「地下水保全地区」とし（6条）、これを指定しようとするときは、天龍村温泉審議会の意見を聴かなければならない（7条）と定めるなど、温泉開発と地下水保全のバランスを考慮するための規定を有する条例も見られた。

　天然ガス溶存地下水に関しては、鉱業権が土地所有権とは独立した物権として存在し[14]、地下水一般と異なった権利関係を有していることから、一部

---

11) 特定化し62に区分した規定内容の、巻末表における分類番号をこのように表記するものとする。以下同様。

12) ただし、ここで集計したものは、根拠となる法律名が明記された上で適用除外が定められている場合に限っており、例えば「他の法令に特別の定めがある場合を除く」などとされている場合は集計の対象から除いた。そのため、実際に適用除外規定を有している条例は、これよりさらに多いことに注意せねばならない。

13) 以後、本文中で特定の条例やその規定内容を取り上げて紹介する際には、当該条例を「市町村名（都道府県の条例の場合は都道府県名）＋条例」と表し、条例の正式名称は省略する。

14) 鉱業法では、鉱業権者が公共の用に供する施設等の地表・地下とも50メートル以内

の地下水条例は天然ガスの採掘に伴う地下水採取を規制対象から除外していると考えられる。河川流水については、国家法として河川法が存在する。河川法2条は河川水を公共用物と定め、自由な取水を許さない（43条）など私権は排除されている。一方で、地下水利用権は土地所有権に附随すると解釈されてきたことから、一部の地下水条例において適用除外されているものと推察される。

　こういった中、富士河口湖町と西粟倉村の地下水保全条例だけが、条例による規制対象として「温泉法の規定による温泉を含む」と明記していた（いずれも1条）。この背景について各役場に尋ねたところ、次のような回答が得られた。まず、富士河口湖町からは、なぜ地下水条例の規制対象に温泉を含んでいるのかについては、町として温泉も地下水の中に含むと捉えているためであり、その背景としては、乱立する温泉掘削の影響により、公営の源泉井戸における渇水が懸念されたためとのことであった[15]。温泉掘削の許可権者は山梨県であるため、例えば温泉採取のために井戸を掘削しようとする者は、山梨県からの許可取得に加えて富士河口湖町からの許可取得が要されることになる。実際、過去に、温泉を掘削するために県と町の両方から許可取得した業者がいたとのことであった[16]。次に西粟倉村は、そもそも当該条例は、村外の資本が村内の土地で地下水を採取して販売しようとする事態が起きたことから、今後の過剰利用を未然に防止するために制定したという。村としては、地下水利用権は土地所有権に附随するとは解釈しておらず、それが地下水であっても温泉であっても新規利用による過剰採取は未然に防がねばならないとの考えから、温泉も規制対象に含んでいるとのことであった[17]。

　　の場所で鉱物を掘採するには、管理庁または管理人の承諾を得なければならず（64条）、また掘採が著しく公共の福祉に反するようになったと認めるときには、鉱業権は取消・縮小されうると定めている（53条）。

15）富士河口湖町役場職員に対するメールでの聞き取り調査より。2013年12月3日質問送付、同年12月9日回答。

16）富士河口湖町役場職員に対する電話での聞き取り調査より。2014年1月8日質問および回答。

17）西粟倉村役場職員に対する電話での聞き取り調査より。2018年11月1日質問およ

温泉も天然ガス溶存地下水も地下水の一部であり、河川と地下水は水循環系としてつながっている。権利関係や法的性質、あるいは利用形態が地下水一般と異なるとはいえ、それらが地下水一般の保全管理を担保する法制度から完全に乖離してしまうのは望ましくないであろう。自然の水循環を法的に分断することは、上記の富士河口湖町における温泉利用と地下水利用の相克のように、水利用間の潜在的な対立関係を生み出し、地下水障害の発生を招く可能性がある。富士河口湖町や西粟倉村は、地域固有の問題状況に条例でもって柔軟に対応した例であると考えられる。

　地下水障害の発生を防ぐ観点から、既存法に依る権利に制約を課そうとする取組も現れている。例えば大規模な水溶性天然ガス田が存在している新潟県や千葉県では、天然ガス採取のための地下水揚水を原因とした地盤沈下が発生してきたため、地下水一般とは別に、水溶性天然ガスの採取規制に関する独自の条例制定や、事業者との協定締結等、様々な方法で対策が講じられている[18]。また、河川流水を含む地表水と地下水の法的性質の差異は、水資源の統合的管理を妨げうるとして制度改善の必要性が主張されている（谷口2010）。これらのように、個別に権利関係が存在する水について地下水保全の対象として何らかの制度や措置を講じる事例もあり、地下水の総合的な保全管理を進めていくうえで参照しうる。

び回答。

[18] 例えば千葉県では、県と天然ガス採取企業の協定締結によって、天然ガス用井戸の削減が試みられてきた（千葉県「天然ガスかん水の採取に伴う地盤沈下の防止の取組み」http://www.pref.chiba.lg.jp/suiho/jibanchinka/torikumi/tennengus.html（2013年8月12日アクセス））。千葉県のほか埼玉・東京・神奈川・茨城の1都4県に及ぶ南関東ガス田は、埋蔵量3,685億立方メートルと推定されており、日本国内で確認済みの天然ガス埋蔵量の90％を占めている。南関東ガス田は他の水溶性ガス田に比べて地下水に溶けているメタンガス濃度が非常に高く、高能率で低コストな採掘が可能であった（土屋2012）。千葉県以外の規制事例として、東京都では、1972年に民間企業より江東・江戸川地区の天然ガス採取に関する鉱業権を買収し、天然ガス採取のための地下水揚水を全面停止した。さらに1988年には島しょ・山間部を除く都内全域における天然ガスの採取禁止措置がとられた（東京都環境局2013）。

2. 地下水保全管理の手段に関する規定

(1) 調査・監視

　実効性ある地下水の保全管理のためには、その前提として、地下水収支や地下水機構の解明、地下水質や地下水位等の状況、および人間活動による地下水への影響把握が重要である。本項ではそのための調査やモニタリングに関する規定を整理してまとめた。

　102件の条例のうち28件の条例では、行政による地下水質・水量の監視、定期的調査の実施に関する規定が設けられていた（No. 4）。その多くが、首長や行政が「地下水に関し必要な調査に努める」といった一般的な努力規定であるが、中には熊本県条例42条のように、水量や水質の監視や調査の実施に留まらず、地下水保全に向けた調査研究の積極的な推進やその成果普及に関する努力規定を有しているものもあった。特徴的なのは日野市条例である。当該条例17条では「（市は）良好な水質や適正な水量を確保するために、必要な目標指標を定めるものとし、進捗状況を把握することに努めなければならない」（1項）としたうえで、「目標指標の設定に当たっては、現状を把握し、現状の数値、目標とすべき数値、目標年度及び調査方法等の事項を考慮しなければならない」（2項）と定めている。また、18条では、市民、市民団体、市および事業者は現況把握や情報収集について連携・相互協力しなければならないと定めている。地下水の現状を把握し、施策の進捗状況を把握したうえで時期以降の目標指標を定めていくこと、情報の蓄積と共有においてはステークホルダー間で協力することを定めており、順応的管理の考え方が垣間見える規定となっている。

　調査・監視の実施主体に、行政のみならず、地下水の採取者も含める規定が一部で見られたのも興味深い。例えば板橋区条例は、大口地下水利用者に対し、利用する井戸の地下水位および井戸周囲の地盤沈下の状況を測定し、年度終わりに測定結果を区長へ報告すること（6条3項）、異変が認められた場合は直ちに区長へ報告すること（同条4項）を義務付けている。また、熊本県条例36条2項は「（知事による）常時監視を行うため必要があると認め

るときは、井戸の設置者に対し、協力を求めることができる」と定めている。地下水を日常的に利用する採取者に調査の役割を与えることは[19]、行政による監視機能を補填しうるとともに、採取者自身の地下水に対する意識醸成にも役立つと考えられる。

なお、28件のうちには、地下水保全というよりむしろ水資源開発のための調査推進を規定する条例も含まれている。例えば八丈町、新島村、および与論町の各条例は条文数も規定内容もほぼ同一であり、飲料水確保のための水道水の普及と公衆衛生の向上を目的としており（いずれも1条および3条）、水質やその他事項に関する調査研究の推進（4条）、地下水や地盤の状況に関して測量等を行う必要がある場合の土地への立入（18条1項）等を規定している。

また、条例目的の達成のための立入検査と報告徴収（No. 5）は、102件中95件と大半の条例で規定されていた。これは条例による規定が守られているかを監視、検査するための基本的な方法である。例えば南魚沼市条例では、市職員や地下水の利用に関し専門的な知識を有する者等の中から「地下水利用監視員」を市長が指定し（27条）、その監視員に立入検査の権限（28条）、および地下水の利用状況が不適切であると認められたときの節水指導および勧告の権限（29条）を与えるという手法を規定している。

(2) 行政計画

地下水保全管理を効果的に進めるためには、管理に関する目標とその達成手段を包括的に明確にし、管理のシナリオを描いておくことが望ましい。その方法のひとつが行政計画である。分析対象とした102件の地下水条例において、地下水に関する行政計画の策定（No. 6）を定めている条例は15件あった。例えば熊本県条例は、地下水保全対策の推進の必要性がある地域に

---

19) 本研究の分析対象には含まれていないが、採取者による地下水の監視にかかる規定が特徴的な内部規定として、南魚沼市の「消雪用地下水削減対策要綱」がある。本要綱は、市長の指定によって市民から「地下水利用調査協力員」を選任すると定めており（7条）、特に消雪用の地下水利用が増える冬季の地下水利用の実態把握を職務としている（「南魚沼市地下水利用調査協力員設置要綱」より）。

おいて、当該地域の市町村や事業者と連携して地下水保全対策に総合的に取り組むための計画を定めるとともに、計画を実施するための体制整備を促進するとしている（5条の2）。山形県条例では、地下水位の異常な低下又は塩水化等の障害防止のため必要がある地域について、地下水採取の適正化を図るため、地下水採取適正化計画を定めることができるとしている（3条）。安曇野市条例は、特定地域に限らず、地下水の保全・涵養および適正利用を図るための総合的な計画として、「水環境基本計画」を定めることを規定している（7条）。行政計画による各地域の状況に整合させた活動基準や施策・事業の設定は、地下水保全を効率的に進めるうえで重要な手段であろう。

(3) 過剰採取対策

地下水を持続的に利用していくためには、過剰な汲み上げを抑制し適切な水量を保つことが最も基本である。地下水の過剰採取を防ぐための基本的な方法は、規制対象とする井戸の種類や規模を定め、その井戸からの地下水の採取に関して、開始前、採取中、採取終了後の各段階に規制を課すというものである。以下では、まず地下水条例が規制対象としている井戸の規模や種類について、次に採取開始前・採取中・採取終了後の各段階における規制内容について、用水二法と比較しつつ概観する。

①規制対象となる井戸の種類・規模

巻末表4に、用水二法および地下水条例が規制対象とする主な井戸の種類と規模を一覧に示した。

工業用水法は、揚水機の吐出口の断面積（吐出口が二以上あるときはその断面積の合計）が6平方センチメートルを超える、動力を用いる揚水設備による工業用地下水採取を規制対象としている。ビル用水法も規模はこれと同様で、建築物用地下水採取が対象となっている。

一方、地下水条例を見てみると、規制対象とする地下水の用途は限定されていない場合がほとんどである。規制対象とする井戸の規模は、用水二法で定める規模より小さいものもあれば大きいものもあり、条例によって幅がある。井戸の種類については、用水二法では、動力を用いる揚水機を備えた揚

水設備のみが規制対象であるが、地下水条例では、動力を用いない自噴井戸も規制対象に含まれている場合があり、それらは特に山梨県内および熊本県内の自治体でよく見られる。山梨県と熊本県はいずれも自噴井戸が多い地域である。例えば昭和町条例（3条2項）は「井戸設置者が自噴井施設により地下水を採取する場合にあっては、地下水枯渇の一因が自噴井施設による大量採取にあることを認識し、不使用時の流出防止策を積極的に進めなければならない」として、自噴井による地下水採取者の責務を明記している。また笛吹市条例では、不使用時の流出防止策が講じられていることが、自噴井の設置基準として定められている（6条6号）。また、複数の種類の規制区域を設けてそれぞれに規制対象とする井戸の規模を変えている条例もあり（真鶴町、魚沼市、熊本県等）[20]、地域の状況に応じた規制対象の設定が地下水条例によって可能になっていると推察される。

②採取開始前の措置

　過剰採取の未然防止策として第一に重要であるのが、井戸が設置され地下水採取が開始される前の措置である。

　用水二法では、規制区域を指定し、その区域内での一定規模以上の井戸による特定用途のための地下水採取に規制をかけている。工業用水法では、地下水の過剰採取によって地盤沈下や塩水化等が発生しており、工業目的の地下水利用が多く、地下水の合理的利用を確保する必要がある地域が政令によって指定される（3条2項）。また、指定地域内で一定規模以上の井戸によって地下水を採取し、工業用に供しようとする者が規制対象となる（同条1項）。ビル用水法は、地盤沈下が発生しそれに伴って高潮や出水等による災害が生じるおそれがある地域を政令で指定し（3条1項）、その地域内における一定規模以上の井戸による建築物用地下水採取を規制対象としている。いずれの法律でも、規制対象となった地下水採取は都道府県知事の許可を受けなければならない。

　地下水条例においても、規制区域指定（No.7）を定める条例は102件中

20）これについては後続の「採取開始前の措置」において述べる。

49件存在したが、その内容は多様かつ充実している。例えば、地盤沈下等の地下水障害の発生の程度や公共用水源井戸からの距離などによって異なる地域指定の種類を設け、それぞれの地域に応じた段階的な規制を課す方法が見られた。例えば真鶴町条例は、第1種指定地域＝水源保全地域、第2種指定地域＝塩水化防止地域、第3種指定地域＝塩水化防止地域（第2種とは別）、第4種指定地域＝第1種から第3種に準じて地下水の適正利用を図るべき地域とし、第1種地域では井戸の設置を原則禁止とし、第2種から第4種地域では許可取得義務やその他の規制を課している。その他、十日町市、田上町、湯沢町、魚沼市、内灘町、能美市、大野市、北杜市、忍野村、富士吉田市、城陽市、旧吉川村（現香南市）、南島原市、五島市、雲仙市、糸満市、伊江村、静岡県、熊本県等の条例も、異なる種類の規制地域の設定と段階的な規制を設ける方法をとっている。また、用水二法はいずれも都道府県知事による許可を受けることで採取可能となるが、地下水条例の中には、そもそも井戸設置を原則禁止としたり掘削本数や井戸深度を制限したりする（No.8・102件中[21] 15件）条例もある。例えば秦野市条例は、「土地を所有し、又は占有する者は、その土地に井戸を設置することができない。」（39条）としており、代替水源がない場合等特定の場合を除いて井戸の設置を禁止している。消雪・融雪用途の地下水利用が多い地域では、消雪・融雪用途の地下水利用に関して特別の採取規制を設けている場合がある。例えば、大野市条例13条1項は、抑制地域（条例2条2号に定める地下水使用の抑制を図る地域）においては、道路や公益上必要な通路、広場、その他真にやむを得ないものを除き、融雪のための地下水利用を禁止している。また、金沢市条例7条は、消雪用井戸は「規則で定めるやむを得ない場合に該当し、かつ、地下水の適正な利用が確保されると（市長が）認める場合に限り」許可をすることができるとし、他用途の井戸よりも厳しい許可条件を課している。

　なお、これらのように規制区域を定めて事前的な採取規制を敷く条例が一般的であるが、伊豆市条例3条、八丈町条例5条および新島村条例5条は、地下水の採取により地下水位の異常な低下や塩水化等が発生している、ある

---

21) 以後特にことわりのない限り、括弧内の策定件数は全102件中の件数を示すものとする。

いはそのおそれがある場合等においてのみ規制地域を指定すると定めており、問題発生後の措置として規制区域制を用いている点が特殊的である[22]。

また、地下水条例では、井戸を設置しようとする者又は既に設置している者あるいは井戸設置の施工業者に対し、用水二法と同様に、首長による許可取得義務（No. 9・68 件）を課すものもあれば、事前協議義務（No. 10・13 件）[23]や届出義務（No. 11・58 件）を課す条例もある[24]。中には、南魚沼市条例 32 条のように、複数の地下水利用者が共同で設置する井戸の許可について規定を置く条例も存在する[25]。大半の条例が、井戸設置前の検査・確認措置（No. 12・22 件）や井戸設置後の検査・確認措置（No. 13・54 件）等とセットになっており、申請内容をチェックし過剰採取につながる井戸設置を未然に防ぐ仕組みを設けている。

井戸設置前の検査・確認措置としては、届出や事前協議をした日から一定期間は井戸の設置や変更の実施を禁止し、その期間内に首長が届出内容をチェックして、定められた取水基準や井戸設備基準に適合していない場合等は、揚水設備や採取量等にかかる計画の変更について指導・勧告あるいは命令を課したり、設置計画の廃止等を求めたりする方法がある（例えば富士市条例 8 条、開成町条例 4 条、富山県条例 10 条および 11 条 1 項）。また、首長による確認検査の受検を求める条例もある。例えば真鶴町条例は、井戸の設置許可を受けた者は、許可事項を表示した表示板を井戸の工事現場に提示したうえで

---

22) 規制がない状態での地下水採取によって、地下水位低下や塩水化等の問題が発生した場合に規制区域を設けて許可取得を義務付けるという内容であると理解できる。よって、「採取開始前（＝条例に基づく届出や許可取得を行う前）の措置」として分類した。
23) 鳴沢村条例 7 条 2 項のように、地下水採取者に対し、市町村の境界付近で地下水を採取する場合、関係自治体と協議するよう義務付けるものも存在する。
24) 天龍村条例 12 条 3 項では、条例施行前の慣行により現に地下水採取のため井戸を使用している者については、条例施行後の届出義務規定を適用除外としている。このように、慣行的な地下水利用については特別の配慮を設ける場合も存在している。
25) 南魚沼市条例 32 条では、複数の地下水利用者が共同で設置する消雪用井戸の許可水量については、当該複数の地下水利用者において算定した許可水量の合計と定めている。なお、当該井戸の設置に係る関係者間であらかじめ費用負担やその他必要事項について協定又は契約等を締結しておかねばならないとしている（南魚沼市条例施行規則 20 条）。

(9条1項)、揚水機の取り付け前に許可内容との適合性に関して町長の確認検査を受けるよう義務付けている（同2項）。南魚沼市条例も、許可採取者は井戸の設置前に市長に届け出て、検査を受けなければならないと定めている（9条）[26]。

届出内容のチェック基準となる取水基準の設定方法は、条例によって様々であり、明確な数値基準を設ける場合もあれば、「採取によって生活用水に著しい影響が出るおそれがあるかどうか」等を基準とする場合もある。取水基準に関して特徴的なのは板橋区条例である。本条例は、条例施行の際現に設置されている井戸を利用している者に対して届出義務を課し（8条1項および2項）[27]、届出の際に、条例施行前5年間の揚水実績を明らかにした東京都水道局等の公共機関の発行する証明書を添付するよう義務付けている（規則5条2項）。そして「条例の施行の日前5年間の各年間揚水量のうち最大となる年の揚水の実績」を「最大年間揚水量」と定義し（9条1項）、届出以後の年間揚水量が最大年間揚水量を超えないように努めることを求めている（同条2項）。やむを得ない事情で最大年間揚水量が確認できない場合は、年間3,650立法メートルを超える揚水が禁止される（同条3項）。採取者自身の過去の揚水量が基準となるので、積極的に採取量を削減していくというよりは、現状以上の取水量増大を抑制する方策と言えよう。

なお、井戸設置前の検査・確認措置として注目すべき方法として、地下水を採取しようとする者に対し、その採取による地下水位や他の地下水利用への影響を予め調査して把握し、その結果によって計画変更を義務付けたり許可の可否を決定したりするというものがあり、これは西条市条例[28]と熊本県

---

26) なお、南魚沼市条例は、井戸設置を請け負う施工業者に対して登録義務を課し（18条）、規定に違反した場合等はその登録が取り消される仕組みになっており（19条）、施工業者に対する取締りの厳しさが特徴的である。
27) ただし板橋区条例は、新規の井戸設置者に対する届出義務は課していない。
28) 例規集では「西篠市地下水の保全に関する条例」と表記されており（西篠市例規集「西篠市地下水の保全に関する条例」Reiki-Base インターネット版、https://www.city.saijo.ehime.jp/reiki_int/reike_kana/r_50_ti.html（2019年1月15日アクセス）、巻末表3-1、3-2、3-3および巻末表4ではその表記方法に従ったが、本文中では「西条市」とする。

条例のみで見られた。西条市条例は、井戸設置者に対して、当該井戸での地下水採取が周辺住民の利用する地下水量に及ぼす影響の調査、その結果等に関する周辺住民の求めに応じた説明、そして影響が明らかな場合の設置場所変更やその他の必要措置の実施を義務付けている（26条）。また、熊本県は、採取者に対して、規則で定める揚水試験を実施して地下水の水位の変化等を明らかにし、その試験結果書を許可取得時の申請書に添付するよう義務付けている（25条の3第3項1号）。試験結果書には、知事が定める方法によって実施する、段階揚水試験（揚水量を段階的に変化させ各段階における地下水位を測定）、連続揚水試験（一定水量で連続して揚水し、揚水開始からの経過時間に応じた地下水位を測定）、回復試験（連続揚水試験終了後、揚水停止からの経過時間に応じた地下水位を測定）という3種類の揚水試験の結果を記載することが求められている（規則13条の5第3項1号）。また、揚水機の吐出口の断面積が125平方センチメートルを超える採取者に対しては、周辺地域の採取による地下水質、水位および流向、地質状況等を調査し、採取による周辺地域への水質・水位等への影響の程度と範囲を予測し、その影響を回避又は低減する措置の検討を義務付けている（25条の3第4項）。こうした事前的な地下水アセスメントの規定は、過剰採取による地下水障害の未然防止策として極めて重要であり、他条例への普及が望まれる。

井戸設置後の検査・確認措置としては、届出井戸または許可井戸の設置完了時や、採取開始時の届出義務が一般的に採用されている[29]。一部には、届出事項や許可事項が実際に遵守されているかをチェックするための規定を別に設けている条例もあった。例えば、届出事項や許可事項を記載した書面や許可済証を設置井戸に提示しておくよう義務付ける方法や（例えば湯沢町条例10条2項）、首長による確認検査を実施する方法（例えば南島原市条例13条）、取水後一定期間内に掘削場所や揚水機の定格など届出事項を含む一定事項を記載した調書の提出を義務付ける方法（例えば開成町条例5条）等があった。

---

29) 井戸を設置し取水を開始した後一定期間内（例えば30日以内）に、採取を開始した旨や、掘削場所・使用目的・井戸の深度等の情報を届け出るよう義務付ける規定（例えば開成町条例5条、金沢市条例15条）も、本格的な採取が行われる前の事前的な確認を行う意図を有するものと理解し、ここに含んでいる。

③採取中の措置

　第二に、届出や許可取得を済ませて井戸が設置され地下水採取が開始されてから、過剰採取による地下水障害を未然防止するため、あるいは地下水障害が発生してしまった場合にその被害拡大を抑えるための規制も重要である。

　用水二法による採取中の規制措置としては、不正手段により許可取得した者、無許可で井戸の規模や構造を変更した者、許可条件に違反した者等の採取許可の取消や地下水採取の一時停止命令（工業用水法13条、ビル用水法10条1項および2項）、予想できなかった急激な地下水障害の発生時など緊急時の許可井戸による地下水採取の制限命令（工業用水法14条、ビル用水法10条3項）などが定められている。

　地下水条例では、用水二法と同様の、規定に反した場合や不正時等の井戸設置や地下水採取の停止、あるいは採取許可取消に関する規定（No. 16・67件）、著しい地下水位の低下や地盤沈下発生時等の緊急時の採取制限やその他の必要措置（No. 15・48件）の規定もよく見られるが、その他にも、より多様な採取中の措置が存在する。

　まず、採取者に対して地下水の利用状況、採取量、地下水位等の測定・記録および報告の義務を課す方法である（No. 14・55件）。これによって採取者による地下水の利用状況や地下水位の変化を行政が把握でき、状況に応じて必要な対策を講じることが可能になる。例えば板橋区条例は、大口地下水利用者に対し、利用する井戸の地下水位および井戸周囲の地盤沈下の状況を測定し、区長に報告することを義務付けている（6条3項）。正当な理由なく報告をしない許可採取者や届出採取者に対し許可取消や採取の停止命令を発する、又は当該採取が廃止されたものとみなすなどの制裁を科す条例もある（例えば宮古島市条例15条3項）。また、報告内容の公表を併せて規定する条例もある（例えば熊本県条例29条2項）。情報公開によって社会による過剰採取の監視を機能させるのに有効な方策であり、市民参加の観点からも重要であると捉えられる。

　採取状況・井戸状況等の記録・報告に関して特徴的な規定を有しているのは、西条市条例である。本条例では、通常の井戸は吐出口断面積が21平方

センチメートル以上の場合に規制対象となるが、「水道法（昭和32年法律第177号）に定める専用水道の水源として揚水機を設置する者」については、その吐出口の大きさに関わらず水量測定器を設置して採取量を記録し、市長の求めに応じて報告するよう義務付けている（30条）。分析対象とした条例の中では、地下水専用水道について明確に言及し特別の規制を課す唯一の条例である。

　次に、必要量を超えた過剰な採取が認められる際や、取水基準が遵守されていないと認められる際、その他地下水の適正な利用や保全のために必要と認められる際などの、状況改善にかかる指導・勧告・命令の措置である（No.17・79件）。例えば、静岡県条例13条1項から3項では、設置された揚水設備や地下水採取量が基準に適合しないと認められる時は、吐出口断面積の縮小や地下水採取量の減少など基準に適合するための措置を勧告又は命令できるとし、命令に従わない場合は揚水設備の使用の一時停止を命ずることができると定めている。No.15の異常な水位低下や地盤沈下が発生した際など緊急時の採取制限・必要措置だけでは対応が事後的になるが、そういった事態が発生してしまう前に過剰採取と認められる採取に対して働きかけをしていくための規定であり重要である。また、一部の条例では、勧告・命令を受けて行った改善措置に関して、措置をとった日から一定期間内にその内容等を報告するよう求める規定があり（No.18・33件）、改善措置の実行を担保する仕組みが併せて導入されている。

　以上のように、地下水条例は用水二法に比べて、過剰採取による地下水障害を未然防止するための措置が充実している。ただ、用水二法の定める、地下水の合理的利用のための設備改善や代替水源への転換等に対する必要な資金のあっせんや技術的な助言等の助成措置（No.19。工業用水法25条の2、ビル用水法16条）は、地下水条例ではあまり採用されていない。例えば工業用水法では、25条2項に基づき、工業用水道や上水道への転換設備に対する資金の融資・斡旋・貸付、特別償却制度の適用、あるいは固定資産税の非課税など税制上の優遇などの措置が設けられている。地下水条例は、用水二法に比べてより多様かつ厳しい規定を設けている場合があるにも関わらず、助成措置については整備途上にあるのが現状と言える。

④採取終了後の措置

　用水二法では、許可井戸や届出井戸による採取をやめた場合、それらを動力によらないものにした場合や規制対象以下の規模にした場合、その他それらを廃止した場合には、廃止の届出をするよう義務付けられている。分析対象とした102件の地下水条例においても、その多く（72件）が同様の規定を設けている（No. 20）。一部には、廃止時等の原状回復義務を課す条例もある（No. 21・15件）。

(4) 汚染対策

　地下水の水質保全に向けた汚染防止対策の規定は、過剰採取対策や涵養対策といった水量保全に向けた対策に比較して、ごく限られた地下水条例でしか設けられていない。水質保全に関しては、水質汚濁防止法をはじめとする法律や都道府県による水質保全関係の条例が既に存在しているため、地下水保全条例として汚染対策を組み込んでいるものが少数にとどまるものと推察される[30]。以下では、地下水条例で見られた汚染対策を、汚染の未然防止措置と、汚染発生時の措置に分けて紹介する。

①汚染の未然防止措置[31]

　汚染の未然防止措置のための具体的方法は、（ア）対象物質規制、（イ）対象事業規制、（ウ）その他の3つに大分できる。

（ア）対象物質規制

　対象物質規制とは、地下水質に悪影響を及ぼしうる物質を指定してその使用を規制することで水質汚染を防止する手段であり、水濁法で採用されてい

---

30) なお、水濁法は1989年の改正により事業者に対する有害物質の地下浸透禁止に関する規定が整備され、また2011年改正では規制対象施設の拡充、地下浸透防止のための施設に関する基準の遵守義務、定期点検の実施と記録の保存義務等が新たに加えられた。
31) 地下水の水質を悪化させる行為や、悪化させるおそれのある行為を対象とする規定については、実際には既に汚染が発生している場合にも適用されると考えられ、その意味においては後続の「汚染発生時の措置」として分類されうるが、今回の分析ではそうした場合については考慮せず、「未然防止措置」として含むこととした。

る。地下水条例でこの方法を採用しているのは、小金井市、秦野市、座間市、岐阜市、西条市、熊本県の6条例である[32]。以下では、これらの地下水条例が、水濁法に対する上乗せ条例あるいは横出し条例として機能しているのかという点に着目しつつ、3つの観点から規定内容を紹介する。

　第一に、規制対象物質に関してである。表3-1に、水濁法および上記の6条例で指定されている規制対象物質の一覧を示した。

　小金井市条例は、東京都の「都民の健康と安全を確保する環境に関する条例」（以下「東京都環境確保条例」）で指定される規制対象物質をそのまま条例の規制対象としており、他に比べると種類数が多い。東京都環境確保条例が水濁法に対する横出し条例になっている。ほかの5条例は、水濁法で有害物質指定されている物質の一部あるいは大半を条例の規制対象物質としている。秦野市条例が最も規制対象物質の種類数が少ない。

　次に、規制対象となる事業場と規制手法に関してである。水濁法は、①特定事業場で公共用水域に水を排出する事業場、②有害物質使用特定事業場で、汚水等を地下に浸透させる事業場、③有害物質使用特定施設および有害物質貯蔵指定施設を設置する事業場、④指定事業場の4種類が規制対象となる。なお、水濁法で用いられる主な用語の定義は表3-2に示した。一方で地下水条例では、小金井市条例は指定作業場（東京都環境確保条例別表第2に定める32種類の事業場）で、一定量以上の規制対象物質を使用する事業場を対象として物質使用実績等の報告義務（No. 25）を課しており（16条）、また熊本県条例は、対象事業場（規制対象化学物質を使用する、指定する業種[33]に該当する工場・事業場）、が規制対象になる。つまり、水濁法および小金井市条例と熊本県条例は、特定の規制対象物質を使用する特定業種が規制対象とされている。

---

32) 熊本市条例も「有害物質」を規則で指定しているが、有害物質の使用を対象にした特別な規制は設けておらず、「有害物質、毒物（毒物及び劇物取締法2条1項）、その他の物質」によって地下水が汚染され、又は汚染されるおそれが明らかである場合の措置（20条）について定めているのみであることから、ここでは対象物質規制とはみなさなかった。

33) 計41業種。具体的な業種については、熊本県地下水保全条例施行規則別表第1を参照。

一方、その他の 4 条例は、有害物質の製造、使用、洗浄、検査、処理、あるいは運搬等をする事業を行うあらゆる規模のあらゆる施設を設置する事業場（以下「使用事業場」）が対象となるため、より規制対象が広いと考えられる。

特定施設や使用事業場の設置前にかかる基本的な規制手法としては、使用する対象物質の種類や使用・管理の方法等一定事項に関する届出義務がある（No. 22）。秦野市、座間市、西条市の各条例は使用事業場に、熊本県条例は対象事業場に、それぞれ届出義務を課している。うち西条市以外の条例では、届出義務は届出内容の確認措置（No. 23）とセットになっている。届出受理から一定期間は物質使用や届出内容の変更を禁止され、首長はその期間内に届出内容を確認し、必要に応じて、物質使用にかかる計画の変更又は廃止などの改善措置を指導、勧告、あるいは命令する。また、規制対象物質の使用実績や物質収支等を記録し報告する義務（No. 25）も、全 6 条例で定められている。

特定施設や使用事業場の設置後にかかる規制は、まず、排水基準の遵守、規制対象物質の適正管理義務、又は利用量削減努力義務といった、規制対象物質の排出抑制のための義務規定である（No. 24）。排水基準に関しては、水濁法では、全公共用水域を対象として、全特定事業場に対し環境省令で定める一律排水基準が課される。この一律排水基準は都道府県条例による上乗せが認められており（水濁法 3 条 3 項）、例えば熊本県条例が対象事業場の排出水に対して遵守義務を課している特別排水基準は、環境省令による一律排水基準に対し、排出水における規制対象物質の濃度の許容限度が厳しくなっている（熊本県条例施行規則別表第 3）。また、水濁法では公共用水域への排出水の排出と汚水の地下浸透が規制対象になるが、秦野市（12 条 2 項、13 条 2 項、14 条 2 項）と岐阜市（25 条 2 項）の各条例では、これらに加えて規制対象物質の大気への揮散抑制を定めている。規制対象物質が大気へ揮散した後に地下浸透することによる地質汚染又は地下水汚染を防止するための規定であり、水濁法に対する横出し規制として捉えられる。

さらに水濁法は、排出水を排出し、又は特定地下浸透水を浸透させる者に対し、当該排出水又は特定地下浸透水の汚染状態を測定し、それを記録、保存するよう義務付けている（14 条）。熊本県条例と岐阜市条例も、こうした

表 3-1 規制対象物質

		規制対象物質
有害物質（水濁法）	1	カドミウム及びその化合物
	2	シアン化合物
	3	有機燐化合物（ジエチルパラニトロフエニルチオホスフエイト（別名パラチオン）、ジメチルパラニトロフエニルチオホスフエイト（別名メチルパラチオン）、ジメチルエチルメルカプトエチルチオホスフエイト（別名メチルジメトン）及びエチルパラニトロフエニルチオノベンゼンホスホネイト（別名 EPN）に限る。）
	4	鉛及びその化合物
	5	六価クロム化合物
	6	砒素及びその化合物
	7	水銀及びアルキル水銀その他の水銀化合物
	8	ポリ塩化ビフェニル（PCB）
	9	トリクロロエチレン
	10	テトラクロロエチレン
	11	ジクロロメタン
	12	四塩化炭素
	13	1.2-ジクロロエタン
	14	1.1-ジクロロエチレン
	15	シス-1・2-ジクロロエチレン（※1）
	16	トランス-1・2-ジクロロエチレン（※1）
	17	1.1.1-トリクロロエタン
	18	1.1.2-トリクロロエタン
	19	1.3-ジクロロプロペン
	20	テトラメチルチウラムジスルフイド（チウラム）
	21	2-クロロ-4・6-ビス（エチルアミノ）-s-トリアジン（シマジン）
	22	S-4-クロロベンジル＝N・N-ジエチルチオカルバマート（チオベンカルブ）
	23	ベンゼン
	24	セレン及びその化合物
	25	ほう素及びその化合物
	26	ふっ素及びその化合物
	27	アンモニア、アンモニウム化合物、亜硝酸化合物及び硝酸化合物
	28	塩化ビニルモノマー（クロロエチレン）
	29	1・4-ジオキサン
	1	ホルムアルデヒド
	2	ヒドラジン
	3	ヒドロキシルアミン
	4	過酸化水素

第3章　地下水条例の分析

水質汚濁防止法	東京都 小金井市 地下水及び湧水を保全する条例	神奈川県 秦野市 地下水保全条例	神奈川県 座間市 地下水を保全する条例	岐阜県 岐阜市 地下水保全条例	愛媛県 西篠市 地下水の保全に関する条例	熊本県 － 地下水保全条例
○	○		○	○	○	○
○	○		○	○	○	○
○	○		○	○	○	○
○	○		○	○	○	○
○	○		○	○	○	○
○	○		○	○	○	○
○	○		○	○	○	○
○	○	○	○	○	○	○
○	○	○	○	○	○	○
○	○		○	○	○	○
○	○		○	○	○	○
○	○	○	○	○	○	○
○	○	○	○	○	○	○
○	○	△（※2）	○	○	○	○
○	○		○	○	○	○
○	○		○	○	○	○
○	○		○	○	○	○
○	○		○	○	○	○
○	○	○	○	○	○	○
○	○		○	○	○	○
○	○		○	○	○	
○	○（※3）		○	○	○	
○	○（※4）		○		○（※5）	
○	○	△	○	○		
○	○					
○	○					
○						
○						
○						

		規制対象物質
指定物質（水濁法）	5	塩化水素
	6	水酸化ナトリウム
	7	アクリロニトリル
	8	水酸化カリウム
	9	アクリルアミド
	10	アクリル酸
	11	次亜塩素酸ナトリウム
	12	二硫化炭素
	13	酢酸エチル
	14	メチル-ターシヤリ-ブチルエーテル（別名 MTBE）
	15	硫酸
	16	ホスゲン
	17	1・2-ジクロロプロパン
	18	クロルスルホン酸
	19	塩化チオニル
	20	クロロホルム
	21	硫酸ジメチル
	22	クロルピクリン
	23	りん酸ジメチル＝2・2-ジクロロビニル（別名ジクロルボス又は DDVP）
	24	ジメチルエチルスルフイニルイソプロピルチオホスフエイト（別名オキシデプロホス又は ESP）
	25	トルエン
	26	エピクロロヒドリン
	27	スチレン
	28	キシレン
	29	パラ-ジクロロベンゼン
	30	N-メチルカルバミン酸 2-セカンダリ-ブチルフエニル（別名フエノブカルブ又は BPMC）
	31	3・5-ジクロロ-N-（1・1-ジメチル-2-プロピニル）ベンズアミド（別名プロピザミド）
	32	テトラクロロイソフタロニトリル（別名クロロタロニル又は TPN）
	33	チオりん酸 O・O-ジメチル-O-（3-メチル-4-ニトロフエニル）（別名フエニトロチオン又は MEP）
	34	チオりん酸 S-ベンジル-O・O-ジイソプロピル（別名イプロベンホス又は IBP）
	35	1・3-ジチオラン-2-イリデンマロン酸ジイソプロピル（別名イソプロチオラン）
	36	チオりん酸 O・O-ジエチル-O-（2-イソプロピル-6-メチル-4-ピリミジニル）（別名ダイアジノン）

第3章　地下水条例の分析

水質汚濁防止法	東京都 小金井市 地下水及び湧水を保全する条例	神奈川県 秦野市 地下水保全条例	神奈川県 座間市 地下水を保全する条例	岐阜県 岐阜市 地下水保全条例	愛媛県 西篠市 地下水の保全に関する条例	熊本県 － 地下水保全条例
○						
○						
○						
○						
○						
○						
○						
○						
○	○					
○	○					
○						
○	○					
○						
○						
○						
○						
○	○	○				
○						
○	○					
○						
○						
○	○	△				
○						
○	○					
○	○	△				
○		△				
○						
○						
○						
○						
○						
○						
○						

		規制対象物質
指定物質（水濁法）	37	チオりん酸O・O-ジエチル-O-（5-フエニル-3-イソキサゾリル）（別名イソキサチオン）
	38	4-ニトロフエニル-2・4・6-トリクロロフエニルエーテル（別名クロルニトロフエン又はCNP）
	39	チオりん酸O・O-ジエチル-O-（3・5・6-トリクロロ-2-ピリジル）（別名クロルピリホス）
	40	フタル酸ビス（二—エチルヘキシル）
	41	エチル＝（Z）-3-［N-ベンジル-N-［［メチル（1-メチルチオエチリデンアミノオキシカルボニル）アミノ］チオ］アミノ］プロピオナート（別名アラニカルブ）
	42	1・2・4・5・6・7・8・8-オクタクロロ-2・3・3a・4・7・7a-ヘキサヒドロ-4・7-メタノ-1H-インデン（別名クロルデン）
	43	臭素
	44	アルミニウム及びその化合物
	45	ニツケル及びその化合物
	46	モリブデン及びその化合物
	47	アンチモン及びその化合物
	48	塩素酸及びその塩
	49	臭素酸及びその塩
	50	クロム及びその化合物（六価クロム化合物を除く。）
	51	マンガン及びその化合物
	52	鉄及びその化合物
	53	銅及びその化合物
	54	亜鉛及びその化合物
	55	フェノール類及びその塩類
	56	1・3・5・7-テトラアザトリシクロ［3・3・1・13・7］デカン(別名ヘキサメチレンテトラミン)
その他の物質	1	アクロレイン
	2	アセトン
	3	イソアミルアルコール
	4	イソプロピルアルコール
	5	エチレン
	6	塩化スルホン酸
	7	塩酸
	8	酢酸ブチル
	9	酢酸メチル
	10	酸化エチレン
	11	ピリジン
	12	ヘキサン

第3章 地下水条例の分析

水質汚濁防止法	東京都 小金井市 地下水及び湧水を保全する条例	神奈川県 秦野市 地下水保全条例	神奈川県 座間市 地下水を保全する条例	岐阜県 岐阜市 地下水保全条例	愛媛県 西篠市 地下水の保全に関する条例	熊本県 — 地下水保全条例
○						
○						
○						
○						
○						
○						
○						
○						
○	○					
○						
○						
○						
○	○ (※6)					
○	○					
○	○					
○						
○						
○						
○	○					
○						
	○					
	○					
	○					
	○					
	○					
	○					
	○					
	○					
	○					
	○					
	○					

		規制対象物質
その他の物質	13	メタノール
	14	メチルイソブチルケトン
	15	メチルエチルケトン
	16	１・２-シクロロプロパン
	17	フタル酸ジエチルヘキシル
	18	ダイオキシン類
総数		

自主検査義務 (No. 26) を課しているが、岐阜市条例は使用事業場内の「地下水等」(27条)、熊本県条例は対象事業場内の「井戸水及び地下浸透水並びに排出水」(19条1項) の水質検査義務を課しており、水濁法よりも自主的水質検査の対象が広く設定されている。

　こうした排水基準遵守義務や適正管理義務に違反した場合、その他地下水を汚染するおそれがあることが明らかになった場合等は、状況改善のための指導・勧告・命令又は物質使用の一時停止命令がとられる (No. 27)。これは水濁法と同様の手法である。

　さらに、水濁法には見られない地下水条例特有の規定として、使用事業者に対して従業者教育を求めるものがある (No. 28)。これは秦野市と岐阜市の各条例に見られる措置であり、岐阜市条例は使用事業者に対し物質に関する知識や取扱方法等についての従業員教育を義務付けており (29条)、秦野市条例は同様に努力義務としている (18条)。汚染対策のための直接規制的手法が効果的に機能するための基盤策として、こうした使用事業者による自主的取組は重要であろう。

(イ) 対象事業規制

水質汚濁防止法	東京都 小金井市 地下水及び湧水を保全する条例	神奈川県 秦野市 地下水保全条例	神奈川県 座間市 地下水を保全する条例	岐阜県 岐阜市 地下水保全条例	愛媛県 西篠市 地下水の保全に関する条例	熊本県 — 地下水保全条例
	○					
	○					
	○					
		△				
		△				
					○	
85	58	18	29	28	27	24

注：(※1) 水濁法、小金井市、座間市、岐阜市、熊本県は1・2ジクロロエチレンとしてまとめて指定。(※2) △は秦野市が指定対象物質と別に指定する自主管理物質。使用、保管、処分等に関する記録義務が課される（秦野市条例66条）。(※3) ふっ化水素およびその水溶性塩。(※4) 硝酸。(※5) 亜硝酸性窒素及び硝酸性窒素。(※6) 臭化メチル。

(イ) 対象事業規制

対象事業規制とは、水質に悪影響を及ぼしうる事業（以下「対象事業」）を指定して、その事業行為を規制する手段である（No. 29）。対象物質規制のように有害物質を指定してその利用や管理方法を規制するのではなく、有害な事業を指定してその事業行為を規制するのである。これを採用しているのは、西条市条例と宮古島市条例である。いずれも、一定の地域を地下水質の保護区域（以下「水質保護区域」）として指定した上で、区域内における対象事業の実施を規制している。これら2条例の対象事業を表3-3に示した。比較対象として、それらが水濁法における特定施設となっている場合、水濁法の列に○と条件を記入してある。ゴルフ場は両条例で指定されており、これは多量の農薬投入による地下水汚染を想定したものと推察されるが、水濁法の特定施設にはなっていない[34]。また、畜産業やし尿浄化槽の設置施設等は、水濁法の方が規制対象となる規模が限定的である。

---

34) ゴルフ場の農薬の使用に関しては、農薬取締法に基づいた規制が課される。

表 3-2 水濁法の主な用語

用語	意味
公共用水域	河川、湖沼、港湾、沿岸海域、その他公共の用に供される水域及びこれに接続する公共溝渠、かんがい用水路その他公共の用に供される水路（公共下水道等を除く）
指定地域特定施設	指定された地域内に設置する処理対象人員が 201 人槽以上 500 人槽以下のし尿浄化槽
指定物質	有害物質及び重油その他政令で定める油以外の物質であって、公共用水域に多量に排出されることにより人の健康若しくは生活環境に係る被害を生ずるおそれがある物質として政令で定めるもの
指定施設	指定物質を製造、貯蔵、使用、もしくは処理する施設
指定事業場	指定施設を設置する事業場
貯油施設等	重油その他政令で定める油を貯蔵し、または油を含む水を処理する特定施設以外の施設で政令で定めるもの
特定施設	①カドミウムその他の人の健康に係る被害を生ずるおそれがある物質（有害物質）を含むもの、②化学的酸素要求量その他水の汚染状態を示す項目（生活環境項目）で、生活環境に係る被害を生ずるおそれがある程度のもの、のいずれかの要件を備える汚水又は廃液を排出する施設で、種類は政令で指定される。
特定事業場	特定施設を設置する工場又は事業場
特定地下浸透水	有害物質使用特定事業場から地下に浸透する水で有害物質使用特定施設に係る汚水等を含むもの
排出水	特定事業場から公共用水域に排出される水
有害物質	カドミウムその他の人の健康に係る被害を生ずるおそれがある物質
有害物質使用特定施設	特定施設のうち有害物質を製造、使用等するもの
有害物質使用特定事業場	有害物質を製造・使用・処理する特定施設を設置する事業場
有害物質貯蔵指定施設	有害物質を含む液状の物を所蔵する指定施設

表 3-3　規制対象事業

	西條市	宮古島市	水濁法
一般廃棄物・産業廃棄物処分業	○	○	○
ゴルフ場	○	○	
砕石業	○		○（水洗式破砕施設、水洗式分別施設）
砂利採取業	○		○（水洗式分別施設）
生コンクリート・セメント製品製造業	○		○（バッチャープラント）
石油精製業	○		○（脱塩施設、原油常圧蒸留施設、脱硫施設、揮発油、灯油又は経由の洗浄施設、潤滑油洗浄施設）
有機化学工業製品製造業	○		○（水洗施設、ろ過施設、ヒドラジン製造施設のうち濃縮施設、廃ガス洗浄施設）
観光農園		○	
鉱業		○	○（選鉱施設、選炭施設、坑水中和沈殿施設、掘削用の泥水分離施設）
クリーニング業		○	○
畜産業		○	○（畜産農業又はサービス業の用に供する豚房施設（総面積 $50m^2$ 以上）、牛房施設（総面積 $200m^2$ 以上）、馬房施設（総面積 $500m^2$ 以上））
多量の水を排水する事業（建築基準法施行令 32 条 1 項 1 号の表に規定する算定方法により算定した処理対象人員が 51 人以上のし尿浄化槽を設置する施設）		○	○（先の算定方法に基づく処理対象人員が 500 人以下のし尿浄化槽は除く）
その他市長による指定	○	○	

両条例とも、対象事業に対し、水質保護区域内での事業実施に際し首長との事前協議義務を課しており、協議の結果、水質保護区域内での設置が禁止される対象事業場（以下「規制対象事業場」）と、一定の規制が付されたうえで設置が許可される対象事業場（以下「特定対象事業場」）とが決定される（西条市条例 8 条 1 項および 3 項、宮古島市条例 20 条 1 項および 3 項）。設置禁止規定に違反して、水質保護区域内で規制対象事業場を設置した者には罰金が科される（西条市条例 37 条 2 項 1 号、宮古島市条例 41 条 1 号）。

　特定対象事業場にかかる規制内容としては、宮古島市条例は対象物質規制に近い方法が採られている。まず、特定対象事業場の排水口における排出水の汚染状態について、規則で定める排水水質指針値の遵守を努力義務として課す（22 条 1 項）。なお、この排水水質指針値は、カドミウムおよびその化合物をはじめとする 28 種類の汚染物質に関してそれぞれ濃度等の条件が定められており、水濁法の環境省施行令による一律排水基準よりも厳しい条件になっている（宮古島市地下水保全条例施行規則別表第 1）。また、特定対象事業場を設置しようとする者（以下「特定対象事業者」）に対して、水道水源の保全に必要な事項を定めた「水道水源保全協定」の締結義務を課し（23 条 1 項）、締結しない場合は勧告を受け（33 条 6 項）、勧告に従わない場合は当該勧告の内容を公表される（40 条 1 項）。協定締結者が協定に違反していると市長が認めたときは、協定の遵守が指導又は勧告される（33 条 7 項）。また、特定対象事業者が事業の内容又は規模を変更しようとするときは、改めて事前協議を行わなければならず（24 条 1 項）、設置時や変更時の事前協議を行わない者は勧告を受け（33 条 5 項）、それに従わない場合は当該対象事業場の施設設置工事の一時停止が命じられ、又は特定対象事業場の認定が取り消される（39 条 3 項 1 号）。

　西条市条例では、規制対象事業場の設置禁止（10 条）は宮古島市条例と同様であるが、特徴的なのは対象事業場の設置にかかる事前協議において、関係地域の住民に対する説明責任が課されていることである（8 条 1 項）[35]。排水による汚染対策などは対象物質規制が主に担っており、特定対象事業場に

35）本節第 3 項 3 を参照。

課されている規制は設置完了時の届出義務である（12条）。

　対象事業規制は、地域の産業の状況に合わせて、地下水汚染の原因になりうる主な事業に対象を絞り重点的に規制をかけるのに有効な方法であろう。また、対象事業規制の場合は、特定の規制対象物質を指定しないため、対象事業に用いられるあらゆる汚染物質の使用を規制することができる。西条市は対象物質規制と対象事業規制の両手法を併用しており、また宮古島市条例も、対象事業規制を行いながら、特定対象事業場への規制については対象物質規制と同様に排水基準の遵守などの手法をとっており、両方をセットにした形となっていることから、規制の抜け落ちを抑制できると考えられる。

（ウ）その他

　対象物質規制又は対象事業規制以外の汚染の未然防止策としては、まず、熊本市条例と熊本県条例で定められていた、水質保全にかかる指針や目標の策定（No. 30）が挙げられる。例えば熊本市条例は、地下水質の保全に向けた基本的な方針として「水質保全対策指針」の策定を規定しており（9条）、その内容は汚染の防止や早期発見のための方策から、広域的な汚染低減の取組や関係者との連携といった汚染防止のための体制まで包括的である。有害物質の排出規制だけでなく、自治体としての地下水質保全にかかる目標や行動方針を明確化することで、長期的かつ全体的な観点からの汚染防止策の検討が可能になると考えられる。また、熊本県（21条の5）および熊本市（9条、10条および31条）の各条例は、硝酸性窒素および亜硝酸性窒素の濃度低減のための取組推進（No. 31）について固有の規定を設けている。熊本市条例では硝酸性窒素対策に関する審議会の設置（31条）、熊本県条例では硝酸性窒素等による汚染の広域発生地域における濃度低減に関する目標および計画の策定と実行を定めている（21条の5第2項）。なお、熊本県は全国に先駆けて1989年から硝酸性窒素に関する地下水質調査を実施しており、県内各地で環境基準（10mg/L以下）を超過する箇所が見られている。また、一部地域では経年的な濃度上昇傾向も見られていることから（熊本県・熊本市2011）、硝酸性窒素汚染対策が重要課題として取り組まれている。その他、井戸水を飲用使用する場合等の、井戸の設置者や利用者等に対する水質検査の実施等の適正管理努力義務（No. 32）、地下水の汚染を生じさせうる行為一般に対する

必要措置の指導・勧告・命令（No. 33）などの規定があった。

②污染発生時の措置[36]

污染が発生した場合は、可及的迅速にその状況を把握し、污染被害の拡大防止と浄化の措置をとる必要がある。そのために、条例として污染発生時の対応や責任の所在を定めておくことは重要である。ここでは、誰がそれらの措置の実行に責任をもつのかという観点から、污染の原因者による措置と行政による措置とに分けて分析結果を紹介する。

まず、污染原因者による污染拡大防止や浄化の措置に関する規定（No. 34）である。水濁法では、特定事業場の設置者は、当該特定施設の破損やその他の事故によって、有害物質を含む水若しくは生活環境項目の排水基準に適合しない水が公共用水域に排出され、又は有害物質を含む水が地下浸透した場合に、直ちに污染水の排出又は浸透の防止のための応急措置を自ら講じ、かつその事故状況および講じた措置内容について都道府県知事に届け出るよう義務付けている（14条の2第1項）。指定事業場（同条第2項）や貯油事業場（同条第3項）についても、おおよそ同様である。知事は措置内容の報告を受けて、それが不十分であった場合は応急措置命令を課し（同条第4項）、命令に従わなかった場合は罰金に処せられる。

地下水条例においては、水質污濁が認められるときに、原因者に対して措置を求めていくことを明記している規定が8件で存在した。中でも、水濁法にない独自の方法で、污染原因者に責任と負担を求めているのが秦野市条例である。

秦野市条例では、規制対象物質により地質が污染されているおそれがある土地について、市長が污染状態の概況を把握するために基礎調査を実施する（22条）。そして、浄化目標[37]を超える汚染があると市長が認める土地（以下「汚染地」）については、①汚染地に使用事業場を設置している者、②汚染地

---

36) ここでまとめた規定は、汚染が発生した後の措置のみであり、汚染が「発生するおそれがある」場合の措置は含んでいない。
37) 秦野市地下水保全条例施行規則15条および別表第3によって浄化目標が定められている。

に過去に規制対象物質を使用して事業を行っていた事業場を設置している者又は設置していた者、③対象物質を含む物の収集・運搬・処分等の処理に伴って当該汚染地の地質汚染を引き起こした者、④その他汚染地の地質汚染に関係したと市長が認める者が、「関係事業者」として市長に指定される（23条1項および2項）。そのために秦野市条例は、ひとつの物質が新たに規制対象物質となったときは、現にその物質を使用して物の製造等を行う工場等を設置している者の届出義務（8条）のみならず、過去にその物質を使用して者の製造等を行っていた工場等を設置している者又は設置していた者に対しても、届出を義務付けている（9条）。そして、その関係事業者に対して、当該土地の汚染状態の詳細な調査と汚染浄化措置を義務付けるのである[38]（23条1項および2項、28条1項および2項）。関係事業者が複数存在する場合には連帯してそれらを行わなければならない（24条、29条）。詳細調査も浄化措置も一定期間内に事業計画を定めて市長の承認を受けねばならず[39]（25条1項、30条1項）、浄化措置は終了の際にも市長の承認が求められる（33条）。関係事業者が不明の際などには、市長が代わりに詳細調査および浄化事業を

---

[38] ただし、2013年12月18日の条例改正によって、土壌汚染対策法（平成14年法律第53号）7条の規定による神奈川県知事からの指示を受けた者（その指示の原因が、秦野市地下水保全条例2条2号に規定する対象物質と同一の場合に限る。以下「措置実施者」）がある場合は、措置実施者が詳細調査を行わなければならないことが新たに規定された（23条1項）。これにより、関係事業者に該当しない土地所有者等も詳細調査および浄化事業を行う者に含めることができるようになり、土対法の案件に対しても市条例の効力が及ぶようになったとされている（秦野市「秦野市地下水保全条例等の一部改正について」http://www.city.hadano.kanagawa.jp/www/contents/1001000000691/index.html（2018年4月27日アクセス））。ただし、汚染のおそれのある土地について、その汚染状態の基礎的な調査を首長が実施し、汚染の存在が明らかになった上で関係事業者に詳細調査が課せられることとなっている。これは、秦野市で生じた地下水汚染が、複数の事業所が関与した複合汚染であったことから、事業所の敷地内における地質汚染の有無が判明していない時点で、事業者に調査・浄化義務を課すことは、事業者に過大な負担を強いるという事情が背景にある（永山1994）。

[39] 措置実施者は詳細調査および浄化事業の計画について、神奈川県知事からの指示に示された期限以内に定め、市長の承認を受けなければならないとしている（詳細調査の計画については秦野市地下水保全条例施行規則13条1項、浄化事業の計画については16条1項による）。

実施するが、後で明らかになった場合は、その者に調査や浄化にかかった経費を請求できる[40] (35条1項および2項)。水濁法においても、過去に特定事業場または有害物質貯蔵指定事業場の設置者であった者に対しても措置命令を講ずることができるため、過去にさかのぼった責任追及が可能であるが (14条の3第2項)、対象となるのはあくまでそれら施設の設置者である。秦野市条例の場合は、設置者のみならず汚染を引き起こした原因者までも責任が追及される。また、複数いる場合に連帯責任を求めるという定めも水濁法には見られない。汚染責任を広く捉えて、汚染拡大防止と浄化に関しての負担を求める姿勢が明確であり、汚染者負担を最も徹底している条例であると言えよう。

一方で、行政自身による汚染発生時の措置 (No.35) を規定する条例も8件存在した。例えば座間市条例は、汚染発生時は神奈川県と連携し調査や浄化等の措置を講ずるとしている (12条)。岐阜市では、規制対象物質による地下水等の汚染が明らかになり、人の健康又は生活環境に被害を生ずるおそれがあり、緊急の対策の必要がある場合に、市長の指名した職員によって「岐阜市地下水汚染対策本部」を設置するとしている (32条1項および2項)。さらに秦野市 (71条) と岐阜市 (38条および39条) の各条例は、汚染地下水を飲用した住民に対する健康診査の実施、地下水を直接飲用する住民に対する水道水への切り替え指導など、汚染源対策のみならず地下水の利用者側に向けた健康被害防止策を定めている。国分寺市条例 (11条) は、汚染者に対する責任追及の規定をもたず、行政自身による措置のみを規定しており、他条例に比較すると汚染者負担の性格が弱いと言える。

(5) 用水・湧水・景観・生態系の保全

分析対象とした102件の地下水条例の中で、用水等を含む景観や生態系の保全に関しての規定 (No.36) を設けているものは4件のみであった。中でもとりわけ特徴的であるのが、日野市の「清流保全－湧水・地下水の回復

---

[40] 宮古島市条例35条4項も同様に、市長が汚染被害拡大防止措置をとった場合、その原因となった者に対して当該措置に要した費用の全部又は一部を請求できるとしている。

と河川・用水の保全－に関する条例」である。日野市には豊富な湧水群が現存しており、また、多摩川、浅川といった河川を水源とする農業用水は総延長170キロメートル以上に及び、かつて大規模な穀倉地帯を形成していた。しかし市街地化に伴って生活雑排水が用水路に流入して水質が悪化したのを受け、1976年に「日野市公共水域の流水の浄化に関する条例（清流条例）」が施行され、用水路の保全や親水施設の設置などが取り組まれた（環境省水・大気環境局2007）。その結果水質は改善し、用水だけでなく湧水や地下水の保全まで含めた水環境の保全・再生を目的に、現条例に全面改正された。本条例は、用水等（河川、用水、湧水）を含む景観等の保全のために、廃棄物等の投棄の禁止（13条1項1号）、生息する水生生物に悪影響を与える工事の禁止（13条2項3号）、生活または事業に起因する排水の排出の禁止（13条3項3号）等の規制を設けている。また、用水等に生息する魚類や水生生物等の調査の継続的実施（16条1項）を地下水条例として定めているのは日野市条例のみである。河川およびそれを水源とする用水と地下水・湧水、そしてそこに生息する生物の保全を統合的に扱っており、統合的水資源管理（IWRM）と地下水ガバナンスの観点からも注目すべき条例であると言えよう。

その他湧水の保全にかかる条例としては、板橋区条例が、湧水保全活動を重点的に実施する「湧水保全地域」の指定を規定しており（11条）、秦野市条例は「秦野盆地湧水群」の保全を市長の努力規定としている（54条）。

また、生態系保全に関連して興味深い条項を有しているのは中能登町条例である。本条例は、地下水採取の許可条件として「生活環境を保全するために特に必要があること」を含んでおり（4条2項）、その「生活環境」を「人の生活に密接な関係のある財産並びに人の生活に密接な関係のある動植物及びその生育環境も含むものとする。」と定義している（2条2項）。よって本条例では、動植物への影響を根拠として地下水採取を不許可としうると考えられ、地下水・湧水環境に依存する生態系の保全に間接的につながる可能性がある。わが国では、地下水保全に生態系配慮を組み込む重要性がこれまであまり認識されてこなかったこともあり、こうした規定の先進性が注目される。

(6) 地下水影響工事対策

　地下工事は、周辺地盤の沈下、地下水脈の破壊や水質汚染といった各種の地下水障害を発生させうる開発行為である。特に都市部では地上における都市施設の過密化から地下空間の利用が増加しており、それに伴って周辺地盤環境に与える影響が様々な課題として現れている（西垣他 2003）。しかしながら、地下工事による地下水への影響を対象とした特別法は存在しない[41]。

　他方、分析対象とした 102 件の地下水条例の中には、地下工事による影響を事前的あるいは事後的に防止するための規定を設けるものが 9 件存在した。規制対象となるのは、建築物の建築や特定工作物の建設による土地の区画形質の変更、地下工事、土木工事、その他掘削を伴う工事など地下水に影響を与えるおそれのある工事等で、工事の施工者あるいは発注者に対して、次の 2 つの方法で規制がかけられる。

　第一に、施工前にかかる規制である。工作物の種類や地下水の水質・水位への配慮方法などを含む事前届出又は事前協議義務（No. 39）を課している条例は 3 件のみに留まった。一方、9 件すべての条例で規定されているのが、地下水に対する悪影響を未然防止する措置、具体的には悪影響を与えるおそれの少ない工法や資材の活用、工事によって生じる汚濁水の浄化措置等の予防的措置の義務付けである（No. 37）。例えば岐阜市条例は、地下水影響工事等により生じた汚濁水を公共用水域へ排出する場合は、汚濁を解消してから排出しなければならないと定めている（21 条 3 項）。また、悪影響の未然防止措置として特に重要なのが、工事による地下水への影響に関する事前調査措置である（No. 38・5 件）。環境に与える影響の事前調査にかかる一般法としては、環境影響評価法が存在するが、その対象外の事業であっても、

---

[41] 地下工事については通常の建築工事と同様に建築基準法が適用される。また、深度 40 メートルを超える公共目的での地下開発については、大深度地下の公共的使用に関する特別措置法（平成十二年法律第八十七号）が適用される。本法 5 条では「大深度地下の使用に当たっては、その特性にかんがみ、安全の確保及び環境の保全に特に配慮しなければならない」と定められており、これを根拠として地下水への影響が考慮される。国土交通省都市・地域整備局（2004）は、大深度地下の公共的使用による地下水保全のための具体的措置に関して述べている。

地下水条例が地下水に悪影響を与えうる事業を個別に判断し、事前影響調査の実施を規定するのは、地下水保全の観点から意義深いと考えられる。環境影響評価法の場合は、評価の実施者は対象事業を行おうとする事業者と定められており、これは「そもそも環境に著しい影響を及ぼすおそれのある事業を行おうとする者が、自己の責任で事業の実施に伴う環境への影響について配慮することが適当だから」という理由に基づいている（環境省 2012b）。一方、地下水条例による地下水影響工事の事前影響調査では、調査実施を事業者に求める場合もあれば（例えば岐阜市条例 21 条 1 項 2 号）、事業者にそれへの協力を求める場合もある（例えば日野市条例 12 条 1 項）。

　第二に、工事着手後の規制である。地下水への悪影響が生じた場合の影響除去や回復のための措置規定（No. 41）は当然重要であるが、とりわけ注目すべき規定は、西条市条例の工事施行中の影響調査義務（No. 40）である。本条例は、工事の届出を受けて、市長が地下水の水質に影響を及ぼすおそれがあると判断した事業者に対し、工事の施行中も水質への影響を定期的に調査し、その結果を市長に報告するよう義務付けている（21 条 1 項）。これによって、地下水質への悪影響を可及的早く把握し改善措置をとることが可能になると推察される。また西条市条例は、地下水質への影響を理由とした工事の一時停止命令（22 条 1 項）を明確に定めた唯一の条例であり、他条例に比較しての厳格性がうかがえる。

(7) 涵養対策

　地下水の涵養は、地下水量保全に向けて過剰採取対策と車の両輪をなすが、分析対象とした地下水条例においては、地下水涵養のための措置を定めるものは多くなかった。そしてその大半は行政による涵養に向けた責務や取組（No. 45・35 件。公共用地や公共施設での雨水浸透施設設置など地下水涵養技術の導入、水源林や緑地の保全、休耕田の調査や活用、河川や水辺整備時の地下水涵養への配慮等）か、もしくは住民・事業者・地下水利用者等による涵養の取組促進（No. 44・35 件。私有地内での雨水浸透施設等の設置促進、緑化促進等）に関する**努力規定**であった。

　特徴的な地下水涵養対策を規定しているのが座間市、熊本市、熊本県の各

条例である。座間市条例では、市内全域を地下水涵養のための「水源保護地域」と定め（2条8号および25条1項）、地域内での指定行為に届出義務を課している（26条）（No. 42）。指定行為とは、①500m²以上の木竹の伐採、②500m²以上の駐車場の舗装、③工事等による一時的な地下水の揚水、④鉱物の掘採又は採取、⑤河川等の工事の5種類である（規則19条1項）。届出の内容は氏名や行為の場所、内容、理由等で簡素なものであり（規則19条2項に定める第10号様式）、義務違反に対する制裁も付されていないため、緩やかな規制であると考えられるものの、地下水涵養に対する悪影響の未然防止に向けた開発行為の規制を取り入れている注目すべき事例と言えよう。

熊本市条例と熊本県条例は、涵養に関する指針の策定（No. 43）を規定している。熊本市条例は、地下水涵養に関する目標値や当該目標を達成するための具体的取組に関する「地下水かん養対策指針」を策定し（12条1項）、この指針を踏まえて、都市計画法4条12項に定める開発行為と建築基準法2条1項に定める建築物の建築をする者に対し、雨水浸透施設を設置するよう義務付けている（13条）。また、大規模採取者はこの指針を踏まえて近隣市町村の区域も含めた地域で地下水涵養対策に努めなければならず（14条1項）、その取組状況について市長に報告せねばならないとし（同条2項）、市長はその内容について公表すると定めている（同条3項）。熊本県条例も同様に地下水涵養指針の策定を定めたうえで（33条）、特に地下水の水位が低下している地域およびその地域と地下水理上密接な関連を有する地域（以下「重点地域」。25条の2）において一定規模以上の揚水設備によって地下水を採取しようとする者に対し、指針を踏まえて地下水の涵養に関する計画を策定し（35条の1第1項）、その実施状況について知事に報告するよう義務付け（同条3項）、知事はその内容を公表するとしている（同条4項）。さらに、重点地域で面積5ヘクタール以上の開発行為を行う者に対し、指針を踏まえて、地下水涵養に関する計画の提出を義務付けている（35条の3第1項）。こうした涵養対策の充実度合いの高さには、熊本地域では膨大な調査研究の成果により涵養と湧出の基本的なメカニズムが明らかになっており、涵養の取組の効果が評価可能であるという背景があると推察される。

(8) 節水・合理的利用対策

採取規制によって揚水量を規制するだけでなく、地下水の節水やより合理的な利用[42]による取水量の減量も、過剰利用を防ぐうえで必要である。

節水・合理的利用対策についても、先進的であったのはやはり熊本市と熊本県の各条例であり、行政による節水・合理的利用対策に関する指針策定や、採取者による節水・合理的利用に関する計画作成義務を定めている（No. 46）。熊本県では、前項で紹介した地下水涵養指針と同様、重点地域において一定規模以上の揚水設備により地下水採取をしようとする者に対し、合理的使用に関する計画の作成を義務付け（32条の4第1項）、知事はその内容に関して助言・指導できると定めている（同条2項）。採取者は計画実施状況について知事への報告義務を負い（同条3項）、知事はその報告内容を公表する（同条4項）。措置内容が知事の定める地下水使用合理化指針に照らして著しく不十分であるときには必要措置を講じるよう勧告し、勧告に従わない場合は氏名が公表されるなど（32条の5第1項および2項）、厳しい規制を課している。熊本市は市長による節水対策指針の策定を定め（16条1項）、市民や事業者に対し、指針を踏まえた節水対策への協力を求めている（同条2項）。また、一定規模以上の採取者に対し、節水目標量やその手段に関する節水計画の作成（18条1項）、その実施状況についての報告義務（同条2項）を課し、市長はその内容について公表するとしている（同条3項）。熊本県と熊本市では、地下水採取、地下水涵養、節水・合理的利用のそれぞれについて地下水採取者の義務が定められており、地下水量管理のポリシーミックスの事例と捉えることができよう。

それ以外の条例では、前項で述べた涵養対策と同様に、努力規定を設けている場合が目立った。住民・事業者主体の取組規定（No. 47）は41件、行政

---

[42] ここでは、地下水の合理的な利用とは、熊本県条例2条3号の定義に従い、「節水（水の使用方法の工夫により水の使用を抑制すること）、雨水の使用、水の循環使用（一度使用した水を再び同じ用途に使用すること）、再生水（ろ過、化学処理等を行うことにより再利用できるようにした水）の使用等により地下水の使用量を抑制すること」とする。

主体の取組規定 (No. 48) は 7 件の条例で規定されており[43]、具体的な内容としては、建築物の所有者等に対する雨水貯留施設の設置に関する協力要請 (例えば小金井市条例 10 条)、他水源への転換の勧告 (例えば小城市条例 11 条)、採取者による地下水再生利用設備の設置や拡大に関する努力義務 (例えば岐阜市条例 18 条) などがあった。

消雪・融雪用途での地下水利用が多い地域では、消雪・融雪用途の地下水利用に関して節水のための規定を設けている場合が見られる。例えば、特定の採取者に対する降雪検知器や水量調節弁など節水装置の設置義務 (例えば長岡市条例 10 条)、降雪検知器等に対する設置費助成 (例えば南魚沼市条例 33 条)、無散水型消融雪設備その他地下水散水以外の方法による消融雪設備に対する資金のあっせんと技術的助言の提供 (例えば南魚沼市条例 3 条 4 項) などの方法があり、冬季における一斉の地下水利用量増による急激な水位低下を防ぐための、様々な方法が規定されている[44]。

(9) 災害時利用のための管理

近年、地下水利用の用途として一層重視されているのが災害時の水確保である。1995 年 1 月の阪神・淡路大震災では、水道施設に被害が生じたことからあらゆる場面で水が不足し、井戸水やプールの水が生活用水に利用された。また、2007 年 7 月の新潟県中越沖地震では断水が約 3 週間続いたが、通常消雪用井戸として用いられる井戸水が生活用水として利用された。こういった経験から、災害時に利用できる井戸を整備することで水に関する危機管理対策の充実を図るため、国交省は 2009 年に「震災時地下水利用指針

---

[43] 住民あるいは事業者の責務規定として合理的利用や涵養の取組が言及されているに留まり、個別の条項が設けられていないものは集計の対象から省いた。また、例えば「市は、建築物の所有者等に対して雨水貯留施設の設置について協力を求めるとともに、雨水の積極的な利用について啓発するものとする。」(小金井市条例 10 条) のように、規定されている取組の主語は行政であるが、節水・合理的利用の取組の実施主体は住民・事業者である場合には、No. 47 に含んだ。

[44] 本研究の分析対象とはしていないが、降雪量が多い地域では、例えば長岡市の「小国地域における消雪用及び融雪用の地下水利用適正化対策要綱」など、消雪・融雪用の地下水過剰利用を規制するための特別な制度が設けられている場合もある。

(案)」を策定している。また、病院が自治体との間で災害時における地下水利用に関して協定を締結する事例なども見られている[45]。

そういった中、災害発生時を想定した地下水の利用・管理にかかる規定（No. 49）が 102 件中 11 件の条例で見られた。規定内容としては、災害時の利用を念頭において地下水の維持保全に努め、必要措置を講ずるといった行政の取組に関する努力規定が多かったが（例えば国分寺市条例 13 条）、中には具体策に言及する条例もあり、例えば、土地改良区、用水組合、都道府県の消防庁等と協力した消防水利の指定（例えば日野市条例 20 条 2 項）、井戸設置者による災害時の飲料水確保への協力の責務（例えば昭和町条例 3 条 3 項）、災害等予測できない特別事由により緊急の必要があるときの、採取者の地下水採取制限（八丈町条例 15 条 2 項）などの方法があった。災害時の水確保は地下水の総合的管理の一環として検討しておくべき重要事項であり、地下水条例での規定の拡充化が今後期待される。

(10) 制裁

本項では地下水管理の手段に関する規定をまとめてきたが、中でも、規定に違反した場合等に罰金、科料、又は過料（以下「罰金等」）に処される規定は巻末表の条文番号に‡を、違反事実や違反者名等の公表（以下「違反者等公表」）がなされる規定は†を付して示した。分析対象とした地下水条例においては、罰金等の徴収（No. 50）は 67 件の条例で採用されている。また、違反者等公表（No. 51）も制裁規定として 49 件の条例で採用されていた。一方、罰金等と違反者等公表のいずれの制裁規定も有していない条例も 15 件（福島市、小金井市、国分寺市、開成町、野々市市、内灘町、白山市、中能登町、松川村、曽爾村、日野町、豊前市、篠栗町、小城市、高原町の各条例）存在している。

---

[45] 例えば独立行政法人国立病院機構三重病院は、三重県津市との間で、「災害時における地下水の供給に関する協定」を締結している。大規模地震発生時に上水道の破断等によって津市から地域住民への飲料・生活水の供給が不能となった場合に、三重病院が地下水供給システムから確保する水量のうち、病院経営に必要な水量を除いた余剰地下水を、無償で近隣地域住民に提供するという内容になっている（独立行政法人国立病院機構「大規模災害時における地下水の供給に関する協定」http://www.hosp.go.jp/photo/ph1-0_000022.html（2013 年 11 月 26 日アクセス））。

なお、島本町条例は条例の規定に違反した者等に対し「行政上の一切の協力を拒否することができる」と定めており（11条）、独特の制裁規定を有している（No. 51）。この制裁規定の経緯と意味、および水道法に基づく給水義務[46]との抵触について島本町役場の担当者に尋ねたところ[47]、条例制定当時島本町は飲用水の100％を地下水でまかなっており、地下水配分においては生活用水が優先されることになったため、飲用水の枯渇や汚染の原因となった企業に対して重い制裁をとることとし、その態度を表明するものとして11条の文言が出来上がった、ということであった。ただし、何か特定の方法を想定しているわけでもなく、実例もなく、水道法上の水道供給拒否を想定しているわけでもない、との回答であった。

3. 地下水管理の体制に関する規定

(1) 行財政体制

　本項では、効果的な地下水管理を進めていくうえでの行財政体制に関する規定について、2つの観点からまとめる。

　第一に注目すべきは、国や都道府県、周辺自治体といった関係自治体間の連携に関する規定（No. 53）である。複数の行政区にまたがって存在する地下水域をいかに保全していくかは、地下水管理上の重要課題である。地下水は地表水のように可視的ではないこともあり、流動系を基礎とした管理体制の構築が容易でなく、地下水域を共有する複数自治体間による能動的な水平的連携が求められる。また、その際には都道府県など広域行政体による調整や仲介の役割、あるいは連携に向けたリーダーシップが効果的に機能する例もあり、都道府県と市町村の垂直的連携が重要になる。こうしたマルチレベルの連携は、第5章で論じる地下水ガバナンスの観点から不可欠である[48]。

---

46) 水道法に基づく給水義務の議論については、宮﨑（1999）を参照。
47) 島本町役場担当者に対する電話インタビューより。2014年1月9日質問、同年1月10日回答。
48) 第4章3節2（7）は、自治体間連携による地下水保全の実施状況について述べてい

本章の調査では、分析対象とした102件の条例のうち12件が、地下水保全のための行政間の連携・協力の推進に関する規定を設けていた[49]。例えば座間市条例（3条）、小金井市条例（19条）および板橋区条例（14条）では、地下水の広域性や流動性等の自然要因に鑑みて、都道府県や関係自治体との関係を緊密にして地下水保全に努めるとされている。また、熊本県条例では、市町村との連携による地下水保全施策の策定・実施が県の責務として明記されたうえで（4条2項）、県と市町村の連携による地下水涵養にかかる調査研究の推進が規定されており（35条の4）、地下水流域の行政区が協力して調査研究から施策の実施までに取り組む姿勢が明らかである。実際に熊本県には、11市町村に跨る広域的な地下水域が存在しており、その管理のために行政区を超えた様々な施策が導入されてきた。県は、熊本市とともに地下水流動系の解明に向けた各種調査に積極的に取り組むとともに、それら市町村間の連携推進と広域管理体制の構築に役割を果たしてきた（的場2010a、2010b）。複数市町村に跨る地下水域管理の好事例であると言え、第6章で改めて取り上げることとしたい。

　なお、熊本県条例における市町村条例との関係性に関する規定も特徴的である。本条例では、市町村条例による施策実施により県条例の目的を達成しうると知事が認める場合は、当該市町村について県条例の全部または一部の規定を適用しないと定めている（43条1項）。熊本県に尋ねたところ、この規定は2013年の改正時に、独自に条例を有している市町村（熊本市、西原村、阿蘇市等）との調整を目的として盛り込まれたものであるが、各条例が異なる制定背景や目的を有しており、これまでのところ適用除外になった例はないとのことであった（2014年3月26日時点）[50]。広域自治体と基礎自治体の役割分担については、基礎自治体に事務事業を優先的に配分する「補完性・近接性」の原理が地方自治制度の基本原則である（地方分権改革推進委員会2008）。熊本県条例は、補完性原理に従い、地下水という住民生活に身近な

　　るので参照されたい。
49）条例目的達成のために、国や都道府県等に対して支援や必要措置を要請する内容の規定（例えば西原村条例4条、金沢市条例20条など）はここには含まない。
50）熊本県庁職員に対する聞き取り調査より。2014年3月26日実施、熊本県庁にて。

資源の管理に関して市町村への権限移譲を定めているものとして先進的であると捉えられる。

　第二に、地下水保全のための財政政策として、4件の条例で協力金や基金の制度（No. 54）が定められているのも興味深い。その4件とは、秦野市条例（69条）、座間市条例（33条）、安曇野市条例（10条）、および大山崎町条例（15条）である。

　いずれも、地下水を保全するための事業の経費にあてるものとして、地下水採取者や地下水利用者に協力金の納入を求めることができると定めている。地下水採取料制度は、1970年代半ば以降の地下水法の制定に向けた議論の中で既に提案されていたが[51]、国レベルでは導入に至らなかった。協力金制度を先導的に導入したのは秦野市であり、条例に先立ち要綱によって地下水使用事業場と協定を結んで従量制で協力金を徴収する仕組みを設けた（秦野市環境部 1998）。なお秦野市では、「地下水の保全及び利用の適正化に関する要綱」を定めて、地下水利用協力金の納入義務を規定し（3条）、違反者に対しては地下水採取の禁止または水道水（生活用水を除く）の供給停止を課すことができると定めており（8条）、厳しい制度を有している[52]。

---

51) 1974年11月に提示された建設省地下水管理制度研究会の報告では、「地下水が貴重な水資源であり、その過度の利用が地盤沈下対策等多額の社会的負担を余儀なくさせていることに鑑みても、地下水採取者がなんらかの料金負担もしないことは甚だしく公正を欠く」とし、利用に応じた採取料を取るべきであるという姿勢を明確に打ち出している。地下水研究会案ではこの採取料について、「（一）地下水の採取の許可を受けた者は、一定の地下水採取料を納めなければならないものとする、（二）地下水採取料の収入に相当する額は、地下水の調査及び観測、地下水の保全事業その他の地下水管理のための費用の財源に充当するものとする、（三）地下水採取料及び地下水保全事業の受益者負担等特別の収入によるものを除き、地下水管理に要する費用は、国及び地方公共団体が負担するものとする」と定めている（佐藤毅三 1975）。第2章2節6項では1970〜1980年代にかけての地下水法制定に向けた議論を紹介しているので参照されたい。

52) 秦野市の水道水はその75%を地下水が占めており、条例制定の従前から要綱によって採取規制を行ってきた。水道法15条1項は、水道事業者による需要者への給水義務を定め、正当の理由がなければ需要者による給水申し込みを拒んではならないとしている。法的拘束力を有しない要綱に基づく当該制裁規定が、水道法15条1項の「正当の理由」として解釈できるかどうか、およびこの制裁規定が協力金納入を担保するものと

なお、大山崎町では、徴収した地下水協力金は「水資源保全基金」として積み立てられ、地下水の涵養対策および合理的利用対策に用いられる（大山崎町水資源保全基金条例1条および2条）。また、秦野市条例では「地下水汚染対策基金」の設立と運営が規定されている（58条から63条）。秦野市では、地下水汚染者が不明の場合に市長が代わって行う詳細調査や浄化措置の一時的な費用等はこの基金から捻出されることとなっており、また、詳細調査や浄化措置を行う汚染原因者への融資又は助成の資金[53]としても用いられる（規則31条）。以上のことから秦野市では、米国スーパーファンド法に類似した財政政策によって地下水汚染対策が実施されていると見受けられる。

　最後に、条例目的遂行のための審議組織の設置（No. 55）が、102件中38件の条例で規定されていた。ここで意図している審議組織とは、既設の関連した審議組織ではなく、条例の遂行を目的として地下水保全のための専門組織として設けられるものであり、これが一定数見られるのは、地下水保全対策に対する地方自治体の積極的な姿勢を示唆していると推察される。

(2) 自主的管理

　地下水の利用者や事業者等による自主的取組は、運用や監視にかかる行政コストが比較的低いうえ、個々の主体の状況に応じた取組が可能であることから、規制的措置を補うものとして推進が期待される。地下水条例においても、地下水採取者や事業者等による自主的取組を推進するための規定（No. 56）を設けている条例が14件存在した。

　例えば津島市条例は、地下水の採取量減量に向けて採取者の自覚と協力を求め、自主的規制の促進を図ると定め（12条）、揚水設備の設置者に対して、地下水の合理的利用のための「地下水利用連絡者」を選任し、地下水管理体制の確立を図らなければならないと定めている（8条）。同様に、大口採取者に対して地下水管理責任者を選任するよう求める規定もある（例えば長岡市条例11条）。また、静岡県条例では、規制対象地域ごとに、当該地域における地下水採取の適正化や地下水に係る調査研究活動を行う、地下水利用対策協

　　して有効に機能しうるかについては、今後の論点となるであろう。
53）前項（4）②を参照。

議会を設けることを採取者の責務として定めている (5条3項)。こうした採取者間の連携は、保全や合理的利用に向けた意識啓発や技術向上にも効果が期待される。また、採取者や事業者自身に今後の地下水利用に関する計画を作成させ、その内容を首長がチェックするという方法 (津島市条例9条、熊本県条例35条の3第1項から第3項) や、行政と採取者との間で地下水保全にかかる協定を締結する方法 (例えば昭和町条例7条、富士吉田市条例8条)[54] も、個々の状況に応じた柔軟な措置を可能にする手法であると考えられ、規制的手法への抵抗が強い場合等の対策として有効性が期待される。

(3) 市民参加

地下水保全管理における市民参加に関する規定を設けている条例は多くなかった[55]。市民の地下水保全に向けた意識啓発や参加の推進のための規定 (No. 57・14件) は、市民や事業者に対し、情報提供、意識啓発や各種支援を行わなければならないことを定めた責務規定が大半である。その中には、水辺・水環境の維持保全に関する市民活動等の技術的・財政的支援 (例えば日野市条例21条)、環境学習活動の実施と支援 (例えば日野市条例22条)、地下水保全の功労者の表彰制度 (例えば富士吉田市条例16条) などの定めが見られた。意思決定への市民意見の反映を担保するための具体的な仕組みを定めているのは、国分寺市と座間市の各条例である。国分寺市条例は、地下水および湧水の保全を扱う「湧水等保全審議会」の委員5人のうち、2人以内を「公募により選出された市民」、3人以内を「識見を有する者」としてそれぞれ構成すると定めている (15条3項)。また、座間市条例は、地下水採取事業者や市民による地下水保全連絡協議会の設置を規定している (31条)。委員は公募制で、例えば2013年11月時点では採取事業者と市民の代表各4名の計8名から構成されている。有識者による審議会とは別に設置されるもので、委員は事務局から提示される議案の審議を行う[56]。これらの条例で見ら

---

54) 地下水利用対策協議会については、第4章3節2項 (7) および第5章3節3項 (3) でも触れているので参照されたい。
55) 第4章3節2項 (8) では、基礎自治体における市民参加に向けた取組の実施状況を紹介しているので参照されたい。

れる市民委員による審議組織が、地下水政策のプロセスにおけるアクターの参加制度としてどのように機能しているかは、地下水ガバナンスの観点から重要な研究課題である。

　さらに、地下水保全における市民参加の実効性を高めるためには、市民が地下水政策や地下水に影響を与えうる開発行為、それを行う事業者等の情報を適切に得られ、また、行政による地下水保全管理のあり方を監視できる仕組みが必要である。その意味において、住民の利用する地下水に悪影響を与えうる行為に対して関係住民への説明責任を課す規定や、地下水利用に関する苦情処理の規定（No. 58）は重要である。

　説明責任に関する規定が最も充実していたのは、西条市条例である。本条例では、市長の定める水源保護地域内において規制対象事業を行おうとする者（8 条）、地下水影響工事を施行しようとする者（20 条 3 項）、および井戸を設置しようとする者（26 条 2 項）に対し、市長への事前協議とともに、事業内容、地下水への影響およびその防止策などについて、関係地域住民に対する説明義務を課している。条例施行規則において、いずれの場合でも、説明を行った日時、場所、相手方とその人数、そして住民から出された意見等を記録しておかなければならないとしている（規則 7 条 2 項、16 条、20 条）。規制対象事業の場合、関係地域住民に対する説明は市長への事前協議より前に行わねばならず（規則 7 条 1 項）、事前協議後、規制しない旨の通知を受け取らずに事業場の設置に着手した場合には、一時停止命令が課されうる（9 条）。西条市は現在も上水道の普及率が 50％程度と低く、多くの家庭が自前の地下水源を有しており、上水道施設の水源も地下水が 99.5％を占めるなど地下水の豊かな地域である[57]（佐々木 2010a, 2010b）。西条市条例のように、事業者に対して説明責任義務を課し、説明を受けた住民の意見を許可権者にフィードバックすることで、許可権者が事業実施する際の考慮事項として住

56）座間市「座間市の『ふるさと納税』への取り組み」http://www.city.zama.kanagawa.jp/www/contents/1213930788214/index.html（2013 年 12 月 11 日アクセス）

57）西条市では、地下水は総有概念に基づく共有制度のもとで伝統的に管理され、管理に日常的に関わり団体の一員として社会的なつきあいや義務を果たした場合にのみ得られるものとみなされてきたと言われている（佐々木 2010a, 2010b）。

民意見を反映させることが可能になることから、住民自治による地下水管理を担保する制度として重要性が高いと考えられる。

なお、日野市（12条4項）と岐阜市（21条1項1号および同条2項2号）の各条例でも説明責任規定があり、地下水影響工事の施行者に対して、当該工事によって地下水の水質や水位等に影響を与えるおそれのある場合に、影響を与えうる区域の住民に対する説明義務を課しているが、いずれも行為の中止やその他の必要措置あるいは制裁規定が課されるのは工事による悪影響の発生後である。事前的な許可要件として説明義務を課す西条市条例に比較すれば、よりソフトな説明義務と言えよう。

市民参加の観点から、天龍村条例で見られた苦情処理に関する規定にも言及しておきたい。苦情処理制度は、行政が住民の不平・不満等を受け付けて何らかの対応をする仕組みであり、行政・政策に対する住民の監視とそれに対する民意のフィードバックを促進しうる制度と言える。しかし、自治体事務に関しては法律や条例に根拠を置く一般的な苦情処理制度はなく、個別の法律・条例で対応しているに留まる。分析対象とした地下水条例等においては、地下水の採取に苦情処理に関する規定を設けていたのは天龍村条例のみであった（24条）。本条例のような苦情処理のシステムは、地下水に関する行政サービスの充実化につながるものと期待される。

地下水保全の政策形成や事業実施における市民・利害関係者の参加は地下水ガバナンスの核心的な要素であり、今後地下水条例によってその法的基盤が一層整備されていくことが望まれる。

4. 地下水の法的性格に関する規定

地下水の法的性格についてこれまでに様々な学説が展開されてきたのは、第1章4節2項で既に述べた通りである[58]。では、地下水条例は地下水の法的性格を、具体的にどのように位置づけているのか。

分析対象とした102件の地下水条例のうち、23件の条例が地下水を「公

58）第4章3節2項（6）では、基礎自治体の地下水の法的性格に関する認識について述べているので、関連して参照されたい。

水」、「公共水」、「共有物」、「共有資源」、「公共の財産」、「市民共有の貴重な財産」、「共通の財産」などと定義しており、地下水に公水的な性格を付与していることがわかった (No. 59)。例えば秦野市条例は、「地下水が市民共有の貴重な資源であり、かつ、公水であるとの認識に立ち」地下水保全に取り組むと掲げている (1条)。地下水を公水と定義している23件とは、東京都日野市、同小金井市、同板橋区、同国分寺市、神奈川県座間市、同秦野市、新潟県田上町、石川県金沢市、長野県佐久市、同佐久穂町、同安曇野市、同軽井沢町、同松川村、京都府長岡京市、同大山崎町、京都府城陽市、福岡県赤村、長崎県大村市、同南島原市、熊本県、熊本県熊本市、同阿蘇市、沖縄県宮古島市の各条例である。

あるいは、地下水を公水と定義する明確な条文を持ち合わせていない場合でも、地下水配分のあり方に、公共的性格が見て取られる規定があった。それは、ひとつには地下水の私的利用に対する公共的利用を優先する、又は優遇するための規定 (No. 61・46件) である。例えば上市町条例1条や島本町条例1条の2などでは、地下水利用における生活用水の優先権を明確に定めている。その他、規制対象とする井戸の定義から公共用途の井戸を除外したり、公共用途 (水道事業用途、消防用途その他非常用途、地域によっては消雪用や農業用途など) での地下水利用にかかる各種規制を免除したり緩やかにする措置が設けられている[59]。また、公共用途での利用可能性を担保するために、公共用途と競合又は相互干渉するおそれのある地下水採取に制約を課す措置 (No. 62) が12件の条例で見られる。具体的には、井戸設置の許可基準として公共用水設備からの一定距離の確保を課すなどの方法があった[60]。

---

59) 規制が除外または緩和される条件として「首長が必要と認めた場合」としか記述がない規定は曖昧性回避のためここに含めず、公共用途について規制を免除または緩和すると明記されている場合に限って集計した。なお、ビル用水法においても、国や都道府県による建築物用地下水採取については、国又は都道府県と都道府県知事の協議成立をもって、都道府県知事の許可があったものとみなすと定められている (5条)。

60) ただし、条例または条例施行規則の条文において、公共用揚水設備からの一定距離確保が設置許可基準として明記されている場合に限って集計した。それらの条文中に許可基準に関する記載がない場合や、公共用揚水設備からの一定距離確保を旨とした基準が明記されていない場合は、集計の対象から省いた。

公共的地下水利用の優先に関して特に特徴的なのは、沖縄県内各市町村の条例である。例えば宮古島市条例は、渇水時における市水道用水の他利用に対する優先を定めたうえで (2条3項)、水道水源、地下ダム、発電所などの市長が指定する「公共的地下水利用施設」(9条1項) の取水区域内において地下水採取の許可申請がなされた場合には、市長は当該施設管理者と事前協議せねばならないことを義務付けている (13条2項)。宮古島で公共的地下水利用施設の概念が初めて打ち出されたのは1987年制定の地下水保護管理条例においてであり (小川 1990)、当該条例は国営土地改良事業による農業用地下ダムの建設に際して、地下ダムの貯留水の保全に当たって第三者の採水行為を規制する必要があり、それに新たな条例が必要となるとして定められたものであった (新見 2004)。首長による地下水利用基本計画の策定 (10条1項) に際しても、公共的地下水利用施設の管理者との協議を義務付けている (同条3項)[61]。公共的地下水利用施設は地下水利用基本計画において指定され、第3次計画では、水道水源 (管理者＝市)、地下ダム (管理者＝市)、発電所 (管理者＝沖縄電力)、製糖工場 (管理者＝製糖会社) などが指定されている (宮古島市 2011)。糸満市条例においては、地下水利用基本計画の中で公共的地下水利用施設を指定し (3条2項3号)、設置許可申請のあった揚水設備の採水地点が当該施設と同一の地下水流域内にあるときは、当該施設の管理者に対して事前協議を行うことを市長に義務付けている (8条2項)。こうした公共的利用の優先方針は、かつての米国民政府による水資源管理方針を受け継いだものであり[62]、他条例では見られない独特の方法である。

---

61) 1987年の地下水保護管理条例では、地下水利用基本計画を定めようとするときには公共的地下水利用施設の所有者、すなわち国への協議義務があった。これは、基本計画が国の利益を侵害しないようにするための配慮であったとする見方もある (小川 1990)。その後、地下水保護管理条例が廃止され、2009年に新たに制定された地下水保全条例においては、公共的地下水利用施設の所有者ではなく管理者への協議が義務付けられるようになった。
62) かつて宮古島では、米国民政府によって統一的な水資源管理が目指され、住民や農民への水の公平な配分、権威ある行政機関による正しい配水とその維持、水源の保護管理が指示された。それに基づきアメリカ陸軍工兵隊がマスタープランを策定し、民政府によって事業が実施されることになった。しかし、地方自治を侵すものとして各市町村

以上のように、地下水を公水と位置づける条例や、地下水の配分権限を地方自治体がもち私的利用に対して公共的利用を明確に優先する条例が見られることは、条例によって地下水が公水化していることの表れであると推察される。特に水循環基本法の制定以前は地下水利用権の法的性格が曖昧で、解釈が定まってこなかった。そうした中で条例が地下水を公の財産として法的に位置付け、公的管理を積極的に推し進めようとしてきたものと理解できよう。小澤（2013）は、地下水土地構成部分説[63]をとれば、地下水条例は法律によらない土地所有権の制限であり違憲性が問題になりうるが、そういった議論はどこにも聞かれないことから、現実として地下水が土地構成部分であるとはもはや理解されていないと述べている。また、秦野市における井戸新規設置訴訟[64]のように、地下水を公水として理解する方向性に親和的な裁判例も現れている。こうしたことからも、条例が独自に地下水を公水化していく傾向は今後も広まる可能性がある。

ただし、地下水を公水とする条例が存在する一方で、地下水利用の規制にあたって、財産権を尊重する旨の規定（No.60）を設けている条例も12件存在する。条例の運用にあたっては関係者の所有権やその他の権利を尊重しなければならないとする規定（例えば座間市条例4条）や、揚水設備の設置許可条件を附す際に不当な義務を課してはならないとする規定（例えば城陽市条例9条、昭和町条例6条3項）などがそれに該当する。座間市および城陽市は地下水公水規定と財産権尊重規定の両方を併せ持っていることから、安易に純粋な公水説に立って財産権侵害の程度を考慮しないとするには抵抗が残る状況

の強い抵抗にあい、代替的に住民基盤組織である「宮古島上水道組合」が組織され、1965年には地下水保護管理条例が制定された。条例の権限は上水道組合がもつこととなった。条例は地下水資源の保護管理と飲料用水、かんがい用水および工業用水の合理的確保を目的として掲げ（第1条）、その目的の達成にあたっては「飲料用水の供給を優先するものとする」（第2条）と明記するものであった。これらの経緯に関しては、宮古島上水道組合（1967）、柴崎他（1975）、小川（1990）、宮古島上水道企業団（1996）に詳しい。

63) 第1章4節2項を参照。
64) 第1章コラム②を参照。

があるのかもしれない。

第4節　結論：条例による地下水の「公水」化と国家法の課題

　本章では、わが国の地下水保全管理に関する法制度的対応の現状を理解するため、法制度として重要な役割を果たしてきた地下水条例に着目し、その規定内容を詳細かつ網羅的に把握することを目指した。分析の結果見えてきた地下水条例の特徴を、表3-4に要約して示した。

　分析の結果、国家法による地下水採取規制は対象とする地域や地下水利用の種類が限定的であるのに対し、多くの地下水条例はそれを限定していないこと、規制対象とする井戸の種類もより広範であること、過剰採取による地下水障害を未然防止するための規定が充実していることがわかった。また、行政区域内に数種類の区域を設けてそれぞれに異なる規制を課すなど、各地域の状況に合わせたきめ細かな対策が条例によって講じられていることも明らかとなった。さらに、採取量の測定・報告義務や報告内容の一般公表、地下水位の測定・監視義務、採取による地下水への影響評価義務など、用水二法に比較して多様かつ厳格な措置が多く見られた。

　採取規制のみならず、合理的利用、地下水涵養、地下水影響工事対策、災害時利用、景観保全、生態系保全など、国家法の存在しない領域についても、地下水条例によって様々な規定が設けられている。例えば合理的利用については、地下水利用者による合理的利用計画の作成義務、大口採取者による地下水管理責任者の選任など、採取者自身による取組を求める規定も見られた。採取規制と車の両輪をなす涵養対策については、具体的措置を定めた条例は多くないものの、一部には地下水涵養域での開発行為規制や、地下水利用者に対する涵養計画の作成義務など、独自の政策が講じられている。地下工事に関しても、地下水への影響を対象とした特別法が存在しない中、届出や事前協議の義務、工事施行中の水質調査義務、汚濁水の浄化措置義務など地下水への悪影響の抑制・防止を目的とする規定が存在した。災害時利用については、井戸設置者に対する飲料水確保への協力要請、井戸設置者による災害時の採取制限等に関する規定が見られた。さらに、地下水そのものに

表 3-4 地下水条例の主な特徴

ポジティブな特徴	課題
・用水二法に比較して 　・規制対象となる地下水の用途や井戸の規模・種類が広範 　・未然防止のための措置が充実 　・採取規制のための政策手段が多様 ・区域によって異なる規制を設けるなど、地域ごとの状況に応じた細やかな規制内容 ・水濁法に対する上乗せ・横出し機能を有していたり、より厳格な汚染者負担を課す条例も存在 ・国家法が存在しないが地下水保全上重要な領域（地下水影響工事対策、節水・合理的利用、地下水涵養、災害時利用、景観・生態系保全等）を条例がカバー ・市民参加や主体間連携の推進を規定する条例も存在 ・地下水を「公水」等と定義する条例が一定数存在するほか、地下水を公共性の高いものとみなす条例が相当数存在 　→地下水条例による地下水の「公水」化 ・地下水利用協力金制度を定める条例が一部に存在、そのすべては公水条例 ・一部には、水量・水質の両面含め、地下水保全管理上重要な領域を網羅的にカバーする先進条例が存在	・水質保全に関する規定を有する条例は少ない 　→水量・水質両面からの地下水保全管理を目指した地下水条例の充実が期待される ・温泉、天然ガス、河川水など既存の権利関係が存在する領域は多くの場合地下水条例の対象外とされている 　→地下水とつながっている水を含む、水循環の保全をいかに法的に担保していくかが問われる

留まらず、そこに存在する生態系も含めた総合的な水環境の保全を志向している条例も存在した。

　汚染対策について定めている条例は少なかったが、これは水濁法はじめ水質保全に関連する国家法が既に存在しているためと考えられる。そうした中、一部の条例は水濁法に対して上乗せ・横出しの機能をしている。さらに、汚染発生時には汚染の原因を引き起こしたと想定しうる関係者に連帯責

任を求めるなど、厳格な汚染者負担原則を定める条例も見られた。

　加えて、地下水保全管理の推進体制についても、地下水保全のための計画策定、都道府県や周辺市町村との連携促進といった行政体制の整備・構築にかかる規定や、公募市民参加型の地下水保全審議会の設置や市民活動の支援など、市民参加促進のための規定を有している条例も見られ、地下水ガバナンスの重要な要素であるアクター間連携の制度基盤として、条例が機能しつつあることが示唆された。また、地下水利用協力金制度を定めている例もわずかながら存在した。財源調達と費用負担配分は多くの地域が直面する困難であることから、協力金制度の導入要因と他地域への普及可能性は今後の調査課題として重要であろう。

　以上のように地下水条例は、地下水保全管理の制度の網を広げ、かつ網の目を細かくする役割をしている。しかしながら、多くの条例は過剰採取対策の規定に留まっており、水量と水質の両面からの総合的な保全、河川や温泉等との統合的な保全、市民参加、生態系や景観保全への配慮、財源調達といった、水循環保全や地下水ガバナンスの観点から重要な要素を含んだものは限定的であり、その意味では発展途上にあると言えるであろう。

　一方で強調しておきたいのは、規定内容が特に充実した、総合的な地下水保全管理条例が一部に存在していることである。本研究が分析対象とした中でそれに代表的なのは、神奈川県秦野市、同座間市、岐阜県岐阜市、愛媛県西条市、熊本県および同熊本市、沖縄県宮古島市の各条例である。これらの条例は、調査・監視、行政計画、過剰採取対策、汚染対策、湧水や景観の保全、地下水影響工事対策、涵養対策、合理的利用対策、行政間連携、市民参加等に関して全般的に規定を設けて総合的管理に取り組んでいる。また、東京都日野市条例は、東京都環境確保条例による地下水揚水規制や水濁法による水質汚染対策といった、国・都道府県レベルの法が必ずしも十分に適用されない地下水涵養、災害時利用、用水保全、景観保全、生態系保全、市民参加といった重要な領域をカバーする内容となっており、国家法や都道府県条例との相互補完による総合的な保全管理が志向されていると見受けられる。そして注目すべきは、これらの先進条例のうち西条市条例以外は、地下水を「公水」として定義していることである。

これら公水条例は、他の条例に比較して、地下水の公的管理や市民参加にかかる政策を積極的に規定している傾向がある。例えば秦野市条例は、井戸設置を原則禁止とし、地下水汚染に対しても徹底的な汚染原因者の責任と負担を求めている。座間市条例は市内全域を水源保護地域と定めて開発行為を規制するとともに、地下水政策の意思決定に市民意見を反映するための公募委員の設置を定めている。熊本市条例は地下水涵養指針を設け、開発行為者や大規模採取者に地下水涵養対策の実施を求めている。また、大規模採取者に対しては節水計画の作成と実施状況の報告を義務付け、その内容の公表を定めている。熊本県は、大規模採取者に対し採取による地下水への影響評価、影響がある場合の回避・低減措置の検討を義務付けているほか、地下水利用状況と水位等の報告、報告をしない場合の許可取消や採取停止命令等を科している。宮古島市条例では、渇水時における生活用水の他利用に対する優先を定め、特定対象事業者に対して事前協議と水道水源保全協定の締結義務を課している[65]。また、東京都板橋区・小金井市・日野市・国分寺市の各条例は、市民参加に関する充実した規定を有している。そして、地下水協力金制度を規定している秦野市、座間市、長野県安曇野市、京都府大山崎町の各条例はいずれも公水条例である[66]。

また、明確に地下水を公水と解釈する旨の規定がなくても、地下水の配分権限を地方自治体がもち、私的利用に対して公的利用を優先する等の規定が相当数の条例で見られた。地下水条例は国家法に先立って地下水の「公水」

---

[65] 小川（2004）は、宮古島市条例のような生活用水優先原則や、秦野市条例のような汚染者による浄化措置義務は、地下水が当該地域において公水化していることの積極的な指標であると述べている。

[66] 協力金制度は、理論的には河川水の水利使用料と同様に公水使用権に対する特権料と捉えることができ、地下水が公水であるか私水であるかを識別しうる制度であるという見方もなされている（遠藤浩他 1975）。遠藤浩他（1975）において雄川一郎と塩野宏は、地下水採取料の性格に関して、雄川「地下水で採取量を取るとしたら、そういう考え方（採取料を一種の特権料と捉える考え方）以外にはむずかしいでしょうね。」、塩野「特権料になると、その特権が公水使用権という形でつながってくるわけですか。」、雄川「公水使用権と考えた方がすんなりいきますね。」、塩野「公水か私水かのきめ手の一つはいまの特権料にかかっているようにも思われるのですが（後略）」というやり取りがなされている（p.40、括弧内は筆者による補足）。

化を進めてきたものと考えられる。

　一方で、公水条例を含む相当数の地下水条例において、既存の国家法により権利関係の規定されている温泉、天然ガス溶存地下水、河川流水もしくは河川法が適用又は準用される河川区域内の井戸は適用除外とされている。水循環保全の観点からは、それらにかかる個別法による権利関係の設定や規制と地下水条例との効果的な連結が確保されなければならず、今後の課題と言えよう。また、財産権の尊重規定を盛り込んでいる条例も一部見られ、地下水規制が財産権侵害に相当することへの懸念が残っている可能性が示唆される。長らく続いてきた水循環の分断的管理と地下水の法的性質に関する解釈の未確立が、自治体による総合的な地下水保全管理の不安材料となっているのかもしれない。水循環基本法は地下水を含む水を「国民共有の貴重な財産であり、公共性の高いものである」と定め（3条2項）、「水循環の過程において生じた事象がその後の過程においても影響を及ぼすものであることに鑑み」、流域の水循環が総合的かつ一体的に管理されなければならないと謳っている（3条3項）。この理念を実現するためには、条例によって地下水の「公水」化と公的管理制度の整備が進められてきたという事実を踏まえ、自治体による創意工夫に富んだ挑戦を促し支えられるよう、国家的な水循環政策ビジョンの提示と個別法制度の整備を進めていかねばならないであろう。

第4章

基礎自治体における地下水保全管理の実態

第1節　ローカルな現状理解の必要性

　地下水保全管理の主体として、ローカルの主体を中心に据えることは妥当であろう。管理の基本単位である地下水域や帯水層は各地に特有の賦存形態・循環形態を有するのであり、また、地下水と人々のかかわりのあり方も地域ごとに多様であるため、各地域が特有の条件に沿って、地下水保全管理に対する制度的対応を行っていくことが重要だからである（相場 1984；中原他 2010）。

　一方で、地域による自主的・個別的な対応に任せる場合、地域間に対応程度の格差が生み出されることが懸念される。例えば水質については、水質汚濁防止法 15 条により都道府県知事の水質常時監視が定められており、法定受託義務となっているが、地盤沈下等を含む水量の側面については法律に基づく環境基準がなく、自治事務としての取り扱いになっている。そのため、特に水量管理については、ナショナル・ミニマムが確保されないまま地域の自主性に委ねられている状態である。特に 1990 年代以降の地方分権によって、地方自治体による環境行政の余地は拡大された。それにより地域環境の自治的管理のための条件整備が進んだ側面もあるが、他方で、地方自治体の環境行政に対する国家的支援が縮小された面もある[1]。こうした状況におい

ては、自主性・裁量性を活かして各地の状況に即した環境対応を展開する地域と、環境志向が低かったり、環境行政のための十分な資金的・人的資源を欠いていたりする地域との間に格差が生まれる可能性がある。地下水の国民の生命・生活基盤としての重要性、そして現代における地下水問題の多様化・多面化を考慮すれば、「やる気のある地域がやれば良い」というわけにもいかないであろう。

　しかしながら、地域における地下水管理の現状が一体どうなっており、そこにどのような課題があるのかについての把握は、未だ十分でない。前章では地下水条例の内容把握に試みたが、地下水を利用しながら地下水保全のための条例等を有していない自治体も相当数存在するのであり、そうした自治体の実態については利用可能な情報が見当たらない。効果的な地下水保全管理のためにはナショナルとローカルの整合的な連結・連携が必要であり、そうした体制を構築するためにはローカルの現状をより正確に理解しておくことが要される。本章はこうした問題意識に基づき、自治体を対象とした質問紙調査を行い、自治体がどの程度まで地下水保全管理の対策を行っているのか、対策の実施にあたってはどのような課題を抱えているのか、そして、公的管理のあり方を規定する地下水の法的性格についていかに認識しているのかといった実態を把握することを主目的とする。

　以下では次の順で議論を進める。第2節では研究方法、すなわち調査の対象と方法、質問紙調査を構成する設問の意図、および集計と分析の方法について述べる。続いて第3節では、質問紙調査の結果を記述するとともに、それに基づく考察を行う。最後に第4節では、調査の主要な成果と限界について述べて結論とする。

---

1) 例えば三位一体の改革では、自治体における地盤沈下や地下水質のモニタリング財源となっていた環境監視調査等補助金が一部を除き廃止された。平成16年度に廃止され、補助事業の原資については平成17年度より地方自治体に税源移譲された。

第 2 節　質問紙調査

1. 基礎自治体を対象とした質問紙調査

　今回の調査で対象としたのは基礎自治体である。むろん、複数市町村にまたがる地下水域や帯水層の保全管理においては都道府県の役割が期待されるが、基礎自治体も住民のニーズにより近接した行政主体として重要な役割を果たしてきた。実際、市町村が県に先立って地下水条例を制定したり、地下水域を共有する市町村同士が連携して調査や保全対策を実施するなど制度整備を牽引してきた例も見られる。

　本調査では、水利用における地下水依存度が比較的高いと想定される市町村として、上水道（簡易水道、専用水道含む）の年間取水量のうち平成22年（2010年）度末時点水道統計調査に基づく地下水使用率が35％以上の都道府県（表4-1）に属する計563市区町村に絞り、政令指定都市行政区を区別しない548市町村を対象として質問紙調査を実施した。調査期間は2014年12月1日から12月19日で、各自治体の「地下水保全・環境業務ご担当者様」に対して、配布を郵送により、回収を郵送または電子メールにより行った。

2. 9つの主要な設問

　質問紙調査の主要項目である9つの項目について（表4-2）、各設問の意図と内容は次の通りである。

(1) 地下水に関する問題の発生状況

　地下水に関する主な問題の発生状況の把握程度を明らかにするため、水位低下に関する問題として「地盤沈下」、「地下水位の低下（「地下水位低下」と略記、以下同様）」、「水道水源井戸の井戸枯れ（水源井戸枯渇）」、「住民の生活用井戸の井戸枯れ（生活用井戸枯渇）」、「温泉泉源の枯渇（温泉泉源枯渇）」、および

表 4-1 上水道における地下水使用率が 35％以上の都道府県

県名	人口 (1,000 人)	市区町村数	上水道					
			人口 (1,000 人)		年間取水量 (100 万 m³)			
			計画給水	現在給水	地表水	地下水	その他	地下水使用率 (%)
鳥取県	589	19	530	483	67	0.1	66	1.1	98.5
熊本県	1,817	50	1,487	1,340	165	12	134	18	81.2
高知県	764	34	644	570	83	23	61	-	73.5
岐阜県	2,081	42	1,979	1,779	248	16	178	55	71.8
徳島県	785	24	808	675	110	41	67	2.8	60.9
福井県	806	17	767	697	103	13	62	28	60.2
栃木県	2,008	26	2,083	1,819	257	86	144	27	56.0
三重県	1,855	29	1,892	1,810	265	35	148	82	55.8
島根県	717	19	599	523	70	8.9	39	22	55.7
愛媛県	1,431	20	1,336	1,220	159	61	87	11	54.7
山梨県	863	27	753	667	116	40	63	13	54.3
静岡県	3,765	45	3,854	3,577	543	90	291	163	53.6
宮崎県	1,135	26	1,065	1,004	142	63	71	7.6	50.0
鹿児島県	1,706	43	1,434	1,327	178	61	87	30	48.9
和歌山県	1,002	30	1,048	897	157	77	70	11	44.6
群馬県	2,008	35	2,172	1,873	309	90	114	104	36.9
長野県	2,152	77	2,174	1,913	297	94	104	99	35.0
平均	1,432	563*	1,369	1,243	179	38	109	36	63.6

注：水道統計調査「都道府県別上水道、簡易水道及び専用水道の状況（平成 22 年度末）」に基づき作成。人口データは平成 22 年度人口統計から引用した。市区町村数は財団法人地方自治情報センター「地方公共団体情報システム機構」(https://www.j-lis.go.jp/spd/code-address/jititai-code.html) の平成 26 年（2014 年）3 月 20 日時点における情報を用いた。表中の＊印は平均値ではなく合計値を示している。

「湧水地の減少や湧水量の減少（湧水減少）」の 6 項目を、水位回復に関する問題として「地下水位の向上や回復に伴う地下構造物の浮き上がりや地盤の

表 4-2　9 つの主要質問項目

- 基本情報（自治体名、回答者の所属部署名、地下水保全・管理業務の担当部局）
1. 地下水に関する問題の発生状況
2. 水位低下問題に対する対策の実施状況
3. 水位低下対策の実施にかかる課題や障害
4. 硝酸性・亜硝酸性窒素汚染対策の実施状況
5. 硝酸性・亜硝酸性窒素汚染対策の実施にかかる課題や障害
6. 地下水の法的性格に関する認識
7. 他自治体と連携した地下水保全の取組
8. 地下水保全管理における市民参加のための取組
9. 国または県に求める施策・役割

液状化（地下構造物の浮上・液状化）」を、生態系・景観に関する問題として「湧水公園などの親水空間や地下水・湧水に関わる歴史的景観等の損失（景観等の損失）」および「地下水位低下・湧水の減少や水質悪化に伴う生態系の損失・破壊（生態系の損失・破壊）」の 2 項目を、水質汚染に関する問題として「揮発性有機化合物による水質汚染（揮発性有機化合物汚染）」、「重金属による水質汚染（重金属汚染）」、および「硝酸・亜硝酸性窒素による水質汚染（硝酸性窒素汚染）」の 3 項目を設けた。実際の地下水問題はより多様であろうが、今回の調査は大まかな状況把握が目的のためこれらに限定した。それぞれの発生状況について「発生している」、「将来的な発生が懸念される」、「以前は発生していたが現在は沈静化している」、「発生したことがなく懸念もない」、「把握していない」という 5 項目から選択を求め、選択は単回答とした。

(2) 水位低下問題に対する対策の実施状況

（1）で示した水位低下に関する問題 6 項目のうち、ひとつでも「発生している」を選択した自治体を対象に、水位低下問題に対する対策の実施状況を尋ねた。対策内容としては、過剰採取対策として「地下水（温泉・天然ガスかん水除く）の過剰揚水対策（地下水揚水対策）」、「温泉の過剰揚水対策（温泉対策）」、「天然ガスかん水の過剰揚水対策（天然ガス揚水対策）」、「地下水専用水

道による過剰揚水対策（地下水専用水道対策）」の 4 項目、雨水浸透策として「公共施設・事業所・住宅等における雨水浸透施設の設置推進（雨水浸透施設の設置）」、農地の水源保全対策として「農地の転用防止・抑制対策（農地転用防止・抑制）」、「農地の耕作放棄防止・抑制対策（耕作放棄防止・抑制）」、「農業用排水路の設置や改修時における地下水保全対策（農業用排水路の地下水保全）」、「田畑への湛水対策（田畑への湛水）」の 4 項目、林地・緑地等の水源保全対策として「水源林における開発行為に対する地下水保全対策（水源林開発行為対策）」、「水源林の手入れ不足防止・抑制対策（水源林の手入れ）」、「扇状地・近郊緑地等の開発行為に関する地下水保全対策（緑地開発行為対策）」、「外国法人による水源林買収対策（水源林買収対策）」の 4 項目、河川の水源保全対策として「河川改修・河川敷整備・砂利採取に関する地下水保全対策（河川改修時の保全）」、「ダム建設・取水に関する地下水保全対策（ダム建設・取水時の保全）」の 2 項目、そして「その他」の合計 16 項目を設けた。それぞれの対策の実施状況につき、「実施済・実施中」、「準備中・検討中」、「中止・中断」、「予定なし」の中から選択するよう求めた。選択は単回答とし、「その他」を選択した場合には内容を具体的に記述するよう求めた。

(3) 水位低下対策の実施にかかる課題や障害

　(2) と同様の自治体を対象とし、水位低下問題について対策を実施する際に課題や障害となる事項を尋ねた。選択肢として、「必要な科学的データの不足」、「施策立案・実施のノウハウ不足」、「予算・資金不足」、「人員不足」、「行政内部の他部局との調整が困難」、「議会の理解が得られない」、「首長の理解が得られない」、「企業・事業者の理解が得られない」、「住民の理解・関心が得られない」、「周辺の他自治体との調整が困難」、「国や都道府県の理解が得られない」、「都道府県との役割分担が不明確」、「国の法制度などの制度的な制約」、「財産権・温泉権・水利権等の権利に抵触するおそれがある」、「単独で実施しても効果がない」、「目標設定と施策評価が困難」、「専門知識の不足」、「その他」の 18 項目を設けた。選択は複数回答可とし、「その他」を選択した場合には内容を具体的に記述するよう求めた。

(4) 硝酸性・亜硝酸性窒素汚染対策の実施状況

硝酸性窒素および亜硝酸性窒素に対しては1999年に環境基準が設定され、同時に水質汚濁防止法の有害物質としても指定された。水質汚濁防止法による地下水質の常時監視規定（15条・16条・17条）に基づき、地方自治体によって常時監視が取り組まれているほか、工場・事業場排水の地下浸透規制（12条3項、13条、13条2項）、汚染原因者に対する汚染地下水の浄化措置命令（14条の3）なども定められている。また、家畜排せつ物法による家畜排せつ物の適正処理、都道府県による施肥基準などの規制も存在する。しかしながら、硝酸性・亜硝酸性窒素は地下水の環境基準超過率が最も高い環境基準項目となっており（環境省 2009a）、水質に関する問題の中でも特に今後の動向を注視せねばならない。そこで、(1)で「硝酸性窒素汚染」が「発生している」と回答した自治体に対して、対策の実施状況を尋ねた。対策内容として「汚染地における土地利用規制（『土地利用規制』）」[2]、「過剰施肥対策・肥料成分の改善対策（『過剰施肥対策』）」、「家畜排泄物の適正処理（『家畜排泄物処理』）」、「生活排水・雑排水の適正処理（『生活排水処理』）」、「汚染土壌の撤去・汚染地下水の浄化（『汚染浄化』）」、「その他」の6項目を設け、それぞれの対策の実施状況につき、「実施済・実施中」、「準備中・検討中」、「中止・中断」、「予定なし」の中から選択するよう求めた。選択は単回答とし、「その他」を選択した場合には内容を具体的に記述するよう求めた。

(5) 硝酸性・亜硝酸性窒素汚染対策の実施にかかる課題や障害

(4)と同様の自治体を対象とし、硝酸・亜硝酸性窒素汚染について対策を実施する際に課題や障害となる事項を尋ねた。選択肢は(3)と同様の18項目を設けた。選択は複数回答可とし、「その他」を選択した場合には内容を具体的に記述するよう求めた。

---

[2] 例えば「横浜市生活環境の保全等に関する条例」は、第七章「地下水、土壌及び地盤環境の保全」62条の3において、特定有害物質又はダイオキシン類による汚染状態が規則で定める基準に適合していない土壌の使用を原則禁止しており（1項）、土地所有者に対し、そうした使用のための土地の譲渡等を禁止している（2項）。

(6) 地下水の法的性格に関する認識

　地下水の法的性格については様々な見解が存在する[3]。民法 206 条および 207 条を根拠に地下水利用権を土地所有権に附随すると解釈するのか、あるいは、水循環基本法 3 条 2 項で述べられているように「国民共有の貴重な財産であり、公共性の高いもの」と解釈するのか等によって、地下水保全管理のあり方は左右される。水循環基本法の理念を具体化する地下水法が制定されていない現在においては、各地域が状況に応じて個別に判断しているか、あるいは明確に認識されないままになっていると想像される。

　これに関する実態把握のため、地下水利用権の法的解釈について尋ねた。選択肢として、「地下水利用権は土地所有権に付随するものであり、他者の地下水利用権を侵害しない範囲においては、自由使用が認められるべきである」、「地下水利用権は土地所有権に付随するものであるが、その公共的性質を鑑みれば、公的管理のもとに置くべきである」、「地下水は公共物であることから、土地所有者による自由使用を原則とするのではなく、公的管理のもとに置くべきである」、および「その他」の 4 項目を設けた。以上の 4 項目のいずれも選択されていなかった場合は、「いずれも該当なし」として集計した。選択は単回答とし、「その他」を選択した場合には内容を具体的に記述するよう求めた。

(7) 他自治体と連携した地下水保全の取組

　地下水保全管理の基本単元は地下水域である。地下水域が複数の地方自治体の行政区にまたがっている場合は、それらの自治体およびそこに含まれる諸アクターが情報共有のもと連携して管理にあたることが求められる。例えば、一部の地域では、複数の自治体と地下水利用者を含む関係団体が地下水利用対策協議会を設立し、地下水の調査研究や適正利用を推進する取組が実施されてきた。1969 年には 7 地域の協議会によって地下水利用対策協議会連絡会が発足し、1976 年にはその発展的組織として全国地下水利用対策団

---

3) 第 1 章 4 節 2 項を参照。

体連合会が設立されている[4]。さらに近年では、地下水を利用する自治体や水資源保全に関心を有する自治体による緩やかなネットワーク組織の形成も観察される。本問ではこうした自治体間連携の動向を把握するため、他市町村と連携した取組を実施しているかどうかについて、「実施済・実施中」、「準備中・検討中」、「中止・中断」、「予定なし」の中から選択するよう求めた。選択は単回答とし、「実施済・実施中」あるいは「準備中・検討中」を選択した場合には内容を具体的に記述するよう求めた。

(8) 地下水保全管理における市民参加のための取組

　市民を含む利害関係者の参加は地下水ガバナンスの核たる要素である。しかしながら、既に地下水盆[5]管理のための水文地質構造調査、モニタリング、予測、データベースなどは高度な水準にあり、合理的な管理計画の設定は可能な段階に達しているにもかかわらず（古野1993）、それら技術的手法の発展に比べ、地域住民を含む利害関係者の参加を促しコンセンサスを形成する方法の開発は遅れている。市民参加による地下水域管理の前提としては、地下水の利用状況・水量・水質等に関する情報の公開が必要である。そのほか、自治体の意思決定における住民参加手法としては、新たな制度の創設などの重要施策について市民の意見を広く求め意思決定に反映させるパブリックコメントの制度が普及しているほか、イベントや講習会の開催などを通じて施策の素案作りの段階から市民意見を収集し、制度や事業の内容に反映させようとする試みも広まっている。各種審議会についても、委員の選任方法、審議会の中立性や審議過程の透明性を確保するため、市民委員の公募制や審議会の原則公開を定める自治体もある（大久保2000）。また、地下水保全に取り組むNPOや市民組織に対する経済的・技術的支援も、市民参加推進施策のひとつである。

　本問では、「地下水位や地下水質等に関するデータの広報誌やホームペー

---

4) 一般財団法人造水促進センター「全国地下水利用対策団体連合会（地団連）」http://www.wrpc.jp/chidanren/chid01.htm（2018年4月26日アクセス）

5) コラム①で述べた通り、本書ではgroundwater basinの訳語として「地下水域」を用いるが、ここでは引用元である古野（1993）に従って「地下水盆」とした。

ジ上等での公開（「水位・水質等に関するデータの公開」）」、「企業・事業者に対する地下水揚水量の公開義務づけ（「企業の地下水揚水量公開義務」）」、「行政による地下水保全施策の取組状況の評価と公開（「地下水保全施策の取組状況の評価・公開」）」、「地下水保全に関する市民向け講習会・勉強会・イベント等の開催（「市民向け講習会・イベント等の開催」）」、「市民による地下水保全の取組を紹介する広報誌やホームページ等の作成（「市民活動の周知・広報」）」、「地下水について学べる学習施設等の設置（「学習施設等の設置」）」、「市民による地下水保全活動への助成（「市民活動への助成」）」、「市民による地下水調査の実施（「市民による地下水調査」）」、「地下水に影響を与えるおそれのある公共事業や地下水保全施策の実施に際した市民向け説明会の実施（「公共事業等に際した市民向け説明会の実施」）」、「地下水に影響を与えるおそれのある開発行為に対する市民向け説明会の開催義務づけ（「民間開発行為に際した市民向け説明会の開催義務」）」、「地下水保全施策の立案・意思決定過程にかかわる市民参加の委員会や協議会等の設置（「政策過程における市民参加委員会の設置」）」、「地下水保全施策の策定に際したパブリックコメントの実施（「パブリックコメントの実施」）」、および「その他」の計13項目を設け、実施しているものを選択するよう求めた。選択は複数回答可とし、「その他」を選択した場合には内容を具体的に記述するよう求めた。

(9) 国または県に求める施策・役割

　地下水保全管理においては、基礎自治体レベルでは対応が困難な場合や広域行政での対応がより効率的な場合がままある。こうした場合、国や都道府県による補完的役割が求められる。ローカルなレベルで生じている課題や障害を把握し、それを上位の行政レベルで適切に補完して垂直的連携を確保することは、地下水ガバナンスの観点から重要である。そこで本問では、基礎自治体が地下水保全管理を行う上で県あるいは国のそれぞれに求める施策・役割について尋ねた。施策・役割の内容として、「地下水の保全や活用に関する広域的なビジョンや方針の提示（「広域的なビジョンや方針の提示」）」、「地下水機構を解明するための広域的な調査の実施（「地下水機構解明のための調査」）」、「地下水に関する詳細な環境基準の設定（「環境基準の設定」）」、「地下水

保全に関するガイドラインの作成など情報的支援の充実化（「情報的支援の充実化」）」、「地下水保全の施策立案・実施に関する専門的知識の提供（「施策に関する専門的知識の提供」）」、「地下水保全技術に関する研究開発の推進（「技術開発の推進」）」、「地下水税制度の導入」、「同一の地下水盆[6]を共有する他市町村との調整（「地下水盆を共有する他市町村との調整」）」、「地下水保全に関する広域連合など広域行政体制の構築（「広域行政体制の構築」）」、「地下水保全に関する財源移転と権限移譲（「財源移転と権限移譲」）」、「財政的支援の充実化」、「地下水保全にかかる事務・権限の市町村への移譲（「事務・権限の移譲」）」、「水循環基本計画の早期策定」[7]、「地下水の保全・管理における市町村の立場の法令上での明確化（「市町村の立場の法令上での明確化」）」、「関連する法律（河川法、温泉法、鉱業法など）の地下水保全の観点からの整理（「関連法の整理」）」、「関連する部局の担当者による協議の場の確保（「関連部局による協議の場の確保」）」、「地下水利用を総合的に規制する法律・条例等の整備（「地下水利用規制法（条例）[8]の整備」）」、「外国法人による水源地買収を規制する法律・条例等の整備（「水源地買収規制法（条例）[9]の整備」）」、および「その他」の19項目を設けた。選択は複数回答可とし、「その他」を選択した場合には内容を具体的に記述するよう求めた。

3. 条例制定の有無による比較

先述の通り、地下水保全管理に対する対応の程度には地域間の格差が存在すると想像される。特に情報がなく実態が不明なのは、地下水の保全に関す

---

6) コラム①で述べた通り、本書では groundwater basin の訳語として「地下水域」を用いるが、本調査の実施時には「地下水盆」を採用していたため、ここでは「地下水盆」のまま掲載している。
7) 水循環基本計画は2015年7月に閣議決定されたため、調査実施時点では未策定であった。
8) 国に求める施策・役割では「地下水利用規制法」、県に求める施策・役割では「地下水利用規制条例」とした。
9) 注8と同様に、国に求める施策・役割では「水源地買収規制法」、都道府県に求める施策・役割では「水源地買収規制条例」とした。

る条例等を有していない自治体の状況である。そこで、回答自治体を、地下水の保全に関する条例等を有しているグループ（「条例あり」）と有していないグループ（「条例なし」）に区分し、グループ別に各設問に対する回答をクロス集計して特徴の把握を行った。必要に応じてフィッシャーの正確確率検定（両側検定）を実施し、条例の有無による比較を行った。解析には SPSS Statistics 21 を用いた。「条例あり」と「条例なし」の区分については、国交省の公表している「地下水採取規制・保全に関する条例等（平成 23 年 3 月時点）」（国交省 2011）あるいは環境省の公表している「地下水採取規制に関する条例等 項目」[10] において、条例を制定している自治体としてリストアップされている場合には「条例あり」に、されていない場合には「条例なし」に、それぞれ区分した。なお、これら国交省と環境省のリストには、条例のみならず要綱、指針、要領、方針、計画等も含まれており、各条例等の目的も過剰採取規制や水道水源保全など多様であるが、本章の分析においてはそれらを特に区別せずに扱うこととした。

第3節　質問紙調査の結果と考察

1. 回収率と回答部署

　229 の自治体から回答を得た（回収率約 41.8%、有効回答数 223）。有効回答を得た 223 件の人口規模別内訳は、50 万以上が 4 件（1.8%）、30 万以上 50 万未満が 4 件（1.8%）、20 万以上 30 万未満が 8 件（3.6%）、5 万以上 20 万未満が 61 件（27.4%）、5 万未満が 146 件（65.5%）であった（表 4-3）。条例区分別内訳は、「条例あり」が 75 件（33.6%）、「条例なし」が 148 件（66.4%）であった（表 4-4）。

　回答部署は環境部局が 150 件（67.3%）と最も多かった。続いて住民・生活・福祉関係部局が 27 件（12.1%）、水道部局が 21 件（9.4%）であった。

---

10) 環境省「地下水採取規制に関する条例等 項目（平成 27 年 3 月 31 日現在）」http://www.env.go.jp/water/jiban/sui/index.html（2016 年 9 月 24 日アクセス）

表 4-3 回収数（人口区分別）

人口規模	回答自治体数（％）
50 万以上	4 （1.8）
30 万以上	4 （1.8）
20 万以上	8 （3.6）
20 万未満	61 （27.4）
5 万未満	146 （65.5）
合計	223 （100.0）

注：ただし、回答時点における各自治体の人口。括弧内は全回答数における各区分の回答数の割合を示す（小数点第 2 位以下は四捨五入。以下同様）。

表 4-5 回答部署

回答部署の分類	回答者数（％）
環境	150 （67.3）
住民・生活・福祉	27 （12.1）
水道	21 （9.4）
企画・総務・財政	7 （3.1）
土木・建設	5 （2.2）
経済・産業	4 （1.8）
農業	2 （0.9）
水専門	2 （0.9）
不明	5 （2.2）
合計	223 （100.0）

注：括弧内は全回答数における各区分の回答数の割合を示す。

表 4-4 回収数（条例区分別）

条例制定の有無	回答自治体数（％）
条例あり	75 （33.6）
条例なし	148 （66.4）
合計	223 （100.0）

注：括弧内は全回答数における各区分の回答数の割合を示す。

「地下水保全・環境業務」は、主にこれらの部局によって担われていることがわかる。その他は、企画・総務・財政関係部局が 7 件（3.1%）、土木・建設関係部局が 5 件（2.2%）、経済・産業関係部局が 4 件（1.8%）、農業関係部局が 2 件（0.9%）と分散していた。これは地下水利用の形態や地下水問題の様相が地域によって異なること、地下水に関連する国家法の所管省庁が様々であること[11]等が背景にあると推察される。また、水資源管理を専門に扱う部局（「水保全課」など）も 2 件（0.9%）とわずかながら存在した[12]（表 4-5）。

---

11) 例えば、ビル用水法や土壌汚染対策法は環境省、水質汚濁防止法や河川法は国交省、土地改良法は農水省、鉱業法は経産省、水道法は厚労省の管轄である。これについては第 1 章 3 節を参照。

2. 集計結果と考察

(1) 地下水に関する問題の発生状況

　地下水に関する問題の発生状況について尋ねた結果を図 4-1 に示した。

　「発生している」と「将来的な発生が懸念される」の合計数が最も多いのは硝酸性窒素汚染であり全体で 223 件中 48 件（21.5%）となった。同様に揮発性有機化合物汚染が 45 件（20.2%）と 2 番目に多く、3 番目が重金属汚染の 30 件（13.5%）であった。このように、水質汚染に関する 3 つの問題が全体で選択率の高い上位 3 項目を占めた。これは一見すると、水位や生態系・景観に関する問題に比較して水質汚染に関する問題がより多く発生しているか、あるいは発生が懸念されているという風にも捉えられるが、これら水質汚染に関する 3 つの問題を除くすべての項目については「把握していない」の選択率が最も高くなっていることから[13]、水質以外の地下水に関する状況は概して把握の程度が低く、それによって相対的に水質汚染問題の発生程度の高さが目立っている可能性もある。

　なお、すべての項目について「把握していない」の選択率を条例ありと条例なしのグループで検定したところ、地盤沈下（$p = 0.002$）、地下水位低下（$p = 0.0007$）、および湧水減少（$p = 0.001$）に有意差が認められた（$p < 0.05$）。これらの問題の発生状況については、特に条例等を制定していない自治体において把握の程度が低いと考えられる。水位・水量については法律に基づく環境基準が存在しておらず、監視やモニタリングにかかる法的強制力がないことがこの一因となっている可能性がある。

(2) 水位低下問題に対する対策の実施状況

　(1) で示した水位低下に関する問題 6 項目のうち、ひとつでも「発生し

---

[12] これらの分類は回答部署の名称から判断したものであり、実際の業務内容を調査したうえで分類したものではない。

[13] ただし、水源井戸枯渇については、条例区分にかかわらず、「把握していない」よりも「発生したことがなく、懸念もない」の方が選択率が高くなっている。

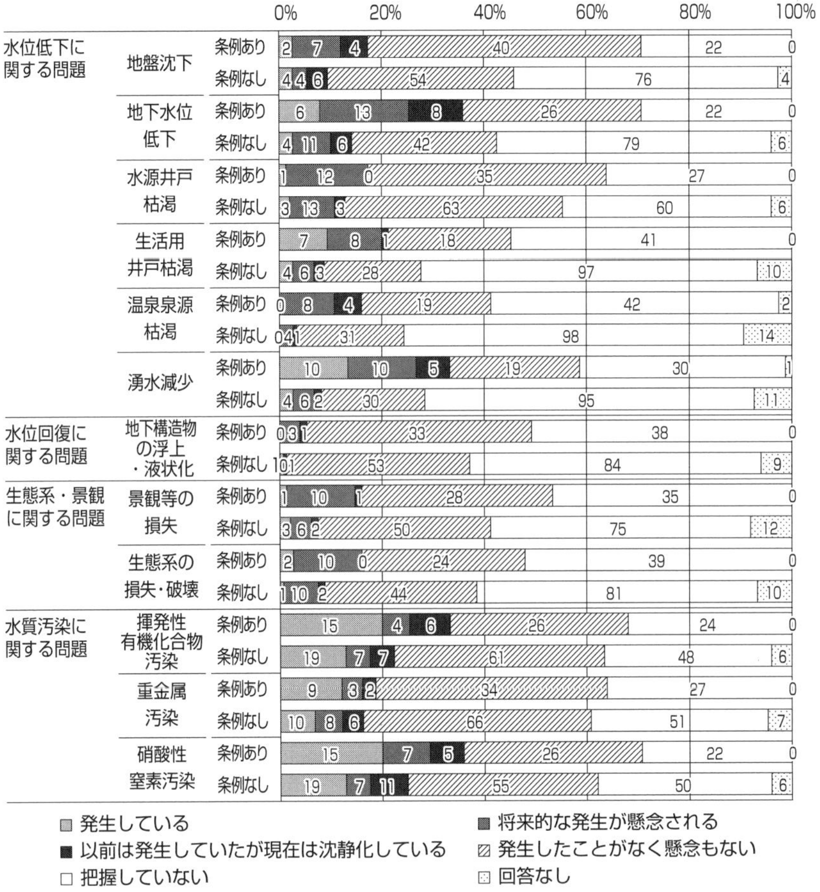

第 4 章　基礎自治体における地下水保全管理の実態　131

図 4-1　地下水に関する問題の発生状況

注：N = 223（条例あり = 75、条例なし = 148）。グラフのデータラベルは回答件数を表す。

ている」を選択した自治体は 223 件中 31 件（13.9%）であった。うち条例ありは 75 件中 18 件（24.0%）、条例なしは 148 件中 13 件（8.8%）であった。これらの自治体に対し、水位低下対策の内容を尋ねた結果を図 4-2 に示した。なお、「実施済・実施中」と「準備中・検討中」の選択数の合計が多かった順に示してある。

132

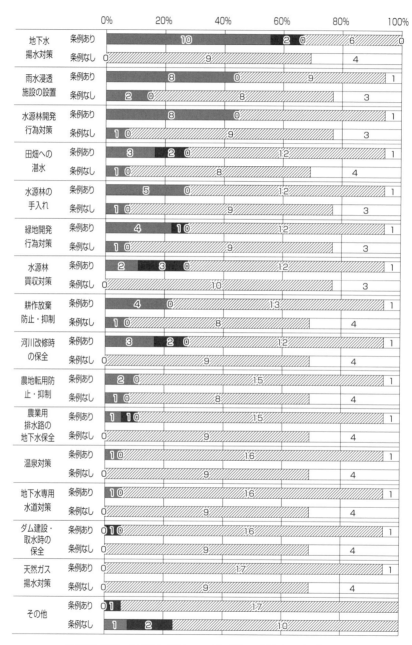

図 4-2　水位低下問題に対する対策の実施状況

注：N = 31（条例あり = 18、条例なし = 13）。グラフのデータラベルは回答件数を表す。

まず、温泉対策、地下水専用水道対策、ダム建設・取水時の保全、天然ガス揚水対策については、条例の有無にかかわらず、実施・検討している自治体がほとんど存在しなかった。

次に、これら4項目を除く全ての項目について「実施済・実施中」と「準備中・検討中」の合計数を条例ありと条例なしで検定したところ、地下水揚水対策（$p = 0.0001 < 0.01$）および水源林開発行為対策（$p = 0.045 < 0.05$）について有意差が認められた。特に地下水揚水対策については、条例ありでは18件中12件（66.7%）と6割を超える自治体が実施中または準備中であるのに対し、条例なしの自治体では一件も取り組まれていない。さらに、グラフ上では示されていないが、条例なしの自治体13件のうち7件（53.8%）はすべての選択肢について「予定なし」を選択した。つまり、これら7件の自治体では、水位低下問題が発生しているにもかかわらず対策が実施されていない。

なお、31件中4件（12.9%）が選択した「その他」の具体的内容としては、関係部局による対策会議の設置、地下水量や流動機構に関する調査、および地下水から他水源への取水転換等が挙げられた。

(3) 水位低下対策の実施にかかる課題や障害

(2) と同様の31件の自治体に、水位低下対策の実施に際して課題や障害となる事項を尋ねた結果が図4-3である。いずれの項目の選択率についても条例ありと条例なしで有意差は認められなかった（$p > 0.05$）。全体で最も多く選択されたのは「必要な科学的データの不足」で31件中19件（61.3%）がこれを選択した。続いて「施策立案・実施のノウハウ不足」（16件・51.6%）、「専門知識の不足」（15件・48.4%）、および「予算・資金不足」（14件・45.2%）も比較的多く選択された。このことから、専門知識や情報の不足、資金や人員といった基礎的な政策資源・キャパシティの不足が、水位低下対策の実施に際した主な課題となっている。

「財産権・温泉権・水利権等の権利に抵触するおそれがある」が31件中11件（35.5%）選択されたことも注目される。地下水が土地所有権に付随するという法的解釈、あるいは温泉権や水利権などの既存法による権利関係

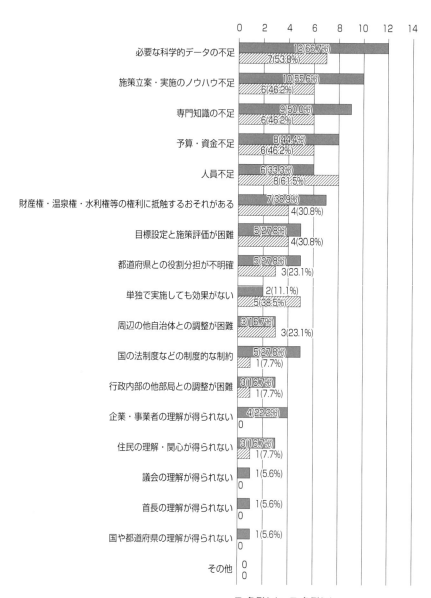

図 4-3 水位低下対策の実施にかかる課題や障害

注：N = 31（条例あり = 18、条例なし = 13）。グラフのデータラベルは回答件数と、回答件数の各条例区分の全体数に対する割合を表す。

が、一部の自治体で公的管理の障壁となっている[14]。

(4) 硝酸性・亜硝酸性窒素汚染対策の実施状況

(1)で示した水質低下に関する問題のうち、硝酸性窒素汚染が「発生している」と回答した自治体は 223 件中 34 件 (15.2%) であった。うち条例ありは 75 件中 15 件 (20.0%)、条例なしは 148 件中 19 件 (12.8%) であった。これらの自治体に対し、硝酸性窒素汚染対策の実施状況を尋ねた結果を図 4-4 に示した。なお、「実施済・実施中」と「準備中・検討中」の選択数の合計が多い順に示してある。

まず、条例の有無にかかわらず、全体で「実施済・実施中」と「準備中・検討中」の合計数が最も多かったのは生活排水処理であり、34 件中 16 件 (47.1%) が実施していた。続いて、家畜排泄物処理が 13 件 (38.2%)、過剰施肥対策が 12 件 (35.3%) であった。汚染浄化や土地利用規制に取り組んでいる自治体はほとんどなかった。硝酸性窒素汚染の浄化技術は導入コストが高く汚染原因者の特定も容易でないなど課題が多いことが（環境省水・大気環境局 2009a）、この一因と推察される。

次に、6 項目のすべてについて「実施済・実施中」と「準備中・検討中」の合計数を条例ありと条例なしで検定したところ、いずれの項目の選択率についても有意差は認められなかった（$p > 0.05$）。地下水揚水対策の実施状況は条例制定の有無により差があるが（本節 (2)）、硝酸性窒素汚染対策の実施状況には差がないのは、硝酸性・亜硝酸性窒素には水質汚濁防止法に基づく環境基準が定められており、自治体による監視と対策が実施されているためであると考えられる。

(5) 硝酸性・亜硝酸性窒素汚染対策の実施にかかる課題や障害

(4) と同様の 34 件の自治体に、硝酸性・亜硝酸性窒素汚染対策の実施に

---

14)「財産権・温泉権・水利権等の権利に抵触するおそれがある」を選択した愛媛県の某市からは、「本市では気候変動により河川流量が低下しており、それが地下水位低下の原因になっていると考えられている。その対策としてダム利用による河川流量の調整を検討しているが、水利権が障壁になり実現が難しい」という旨の記述が得られた。

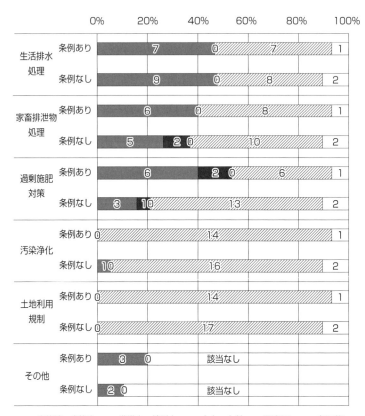

図 4-4 硝酸性・亜硝酸性窒素汚染対策の実施状況

注：N = 34（条例あり = 15、条例なし=19）。グラフのデータラベルは回答件数を表す。

際して課題や障害となる事項を尋ねた結果が図 4-5 である。いずれの項目の選択率についても条例ありと条例なしで有意差は認められなかった（p > 0.05）。特に選択率が高かったのは「予算・資金不足」、「専門知識の不足」（いずれも 34 件中 16 件・47.1%）、「施策立案・実施のノウハウ不足」（15 件・44.1%）、「必要な科学的データの不足」、「人員不足」（いずれも 14 件・41.2%）であり、水位低下対策と同様、専門知識や科学的データ、予算・人員・ノウハ

第 4 章　基礎自治体における地下水保全管理の実態　137

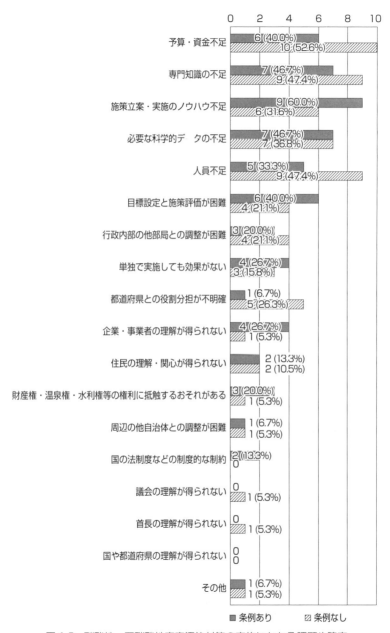

図 4-5　硝酸性・亜硝酸性窒素汚染対策の実施にかかる課題や障害

注：N = 34（条例あり = 15、条例なし = 19）。グラフのデータラベルは回答件数と、回答件数の各条例区分の全体数に対する割合を表す。

ウといった政策資源の不足が主要な課題であることがわかった。なお、条例なしの自治体では「都道府県との役割分担が不明確」が19件中5件（26.3%）と条例ありに比べて選択率が高くなっており、政府間の垂直的連携が十分でない可能性が示唆されている。

(6) 地下水の法的性格に関する認識

全223件の自治体に対し、地下水の法的性格に関する認識について尋ねた結果を図4-6に示した。全体で見ると、「地下水利用権は土地所有権に付随するものであり、他者の地下水利用権を侵害しない範囲においては、自由使用が認められるべきである」とする回答が223件中95件（42.6%）と最も多かった。

しかしながら、条例区分別に見ると条例ありと条例なしで違った傾向が表れた。条例なしの自治体では、「地下水利用権は土地所有権に付随するものであり、他者の地下水利用権を侵害しない範囲においては、自由使用が認められるべきである」が148件中71件（48.0%）と最も多かった。一方、条例ありの自治体では当該項目の選択率は75件中24件（32.0%）で条例なしの自治体に比べて有意に低かった（$p = 0.031 < 0.05$）。条例ありの自治体の選択率が最も高かったのは「地下水利用権は土地所有権に付随するものであるが、その公共的性質を鑑みれば、公的管理のもとに置くべきである」の75件中34件（45.3%）であり、条例なしに比べて有意に高かった（$p = 0.002 < 0.05$）。「地下水は公共物であることから、土地所有者による自由使用を原則とするのではなく、公的管理のもとに置くべきである」の回答数は、条例ありで7件（9.3%）、条例なしで8件（5.4%）といずれも低く、有意差は認められなかった（$p = 0.272 > 0.05$）。

以上のことから、基礎自治体の一般的傾向として地下水利用権は「土地所有権に付随するもの」と解釈されている。ただし、条例ありの自治体では「公共的性質をもつため公的管理すべき」という認識が強く、一方、条例なしの自治体では「土地所有権に付随するため自由使用が認められるべき」という認識が強い。

別の側面から見れば、「土地所有権に付随するため自由使用が認められる

第 4 章　基礎自治体における地下水保全管理の実態　139

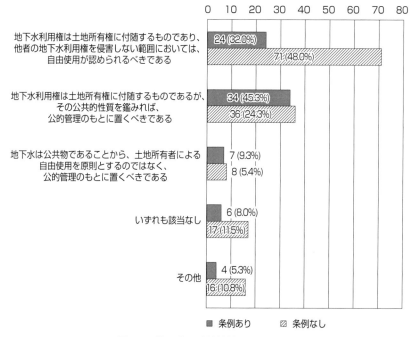

図 4-6　地下水の法的性格に関する認識

注：N = 223（条例あり = 75、条例なし = 148）。グラフのデータラベルは回答件数と、各条例区分の全体数に対する割合を表す。

べき」という認識を持ちながらも、地下水条例を制定して公的管理に取り組んでいる自治体が 24 件（32.0%）存在する。これらの自治体と、「土地所有権に付随するが公的管理すべき」という認識で条例を制定している 34 件（45.3%）や「公共物であるから公的管理すべき」としている 7 件（9.3%）の自治体とで、条例等の規定や諸施策に違いが出るのかは興味深い。

「その他」を選択した 223 件中 20 件（9.0%）のうち、具体的な記述が得られた 17 件の内容を条例区分別に示したのが表 4-6 である。条例なしの自治体では、「検討したことがない」や「方針が決まっていない」など法的性格について明確な認識がないとの回答が 9 件あった（表 4-6 中の No. 9）。また、

県条例の理念上は地下水は公水とされているが、実務上は理念通りにいっていないと回答した自治体もあり（No.7、No.8）、理念と現実のギャップがうかがわれた。さらに、水循環基本法の制定により地下水は「公共性の高い水」と定められたものの、詳細の定まらない現状では土地所有権に付随すると解釈しているという見解もあった（No.6）。

(7) 他自治体と連携した地下水保全の取組

全223件の自治体に対し、他自治体との連携による地下水保全の取組の実施状況について尋ねた結果を図4-7に示した。223件中26件（11.5%）の自治体が「実施済・実施中」と回答し、うち条例ありの自治体は75件中18件（24.0%）、条例なしの自治体は148件中8件（5.4%）で、条例ありの自治体の方が有意に実施率が高かった（$p = 0.0001 < 0.01$）。また、3件（1.3%）の自治体が「準備中・検討中」と回答した。

「実施済・実施中」あるいは「準備中・検討中」を選択した自治体における具体的取組の内容を表4-7に示した。調査対象とした17の県のうち、長野県、山梨県、静岡県、岐阜県、熊本県、宮崎県および鹿児島県において、複数市町村による協議組織や連絡会の設置が確認された。山梨県と静岡県、宮崎県と鹿児島県では県境を超えた取組が実施されている。静岡県等で見られる地下水利用対策協議会は戦後の工業用地下水の過剰採取対策として開始されたものであり、地盤沈下やその他の地下水障害を未然防止するため、官民一体で地下水保全を図ろうと進められた取組である。静岡県岳南地域や大井川地域等の地下水利用対策協議会では、地下水採取事業者を含む会員から会費を徴収し、それが地下水保全対策事業の費用や協議会の運営費として充てられている。地下水利用対策協議会は、自治体間の水平的連携、および行政と民間セクターによる協働の具体的な仕組みとして注目される（遠藤崇浩 2018b）。また、会費を徴収し地下水保全事業の財源とする手法は、地下水税制度などに比較して導入しやすいと推察され、財源調達手法としての機能も興味深い。

長野県佐久地域における地下水等水資源保全連絡調整会議の取組も先導的な事例である。佐久地域の市町村と水道事業者が協同して佐久地域周辺の地

第 4 章　基礎自治体における地下水保全管理の実態　141

表 4-6　地下水の法的性格に関する認識（「その他」の回答内容）

No.	回答内容
	条例あり
1	法的解釈を待つ。（M 村）
2	県の認識と同様で県の条例に基づき適切に対応している。（S 市）
	条例なし
3	本市では、地盤沈下、水位低下等の深刻な課題はないので、地下水保全に関する条例を制定し地下水採取制限を実施しているわけではないので、ある程度は自由使用が認められるべきという考え方もできる。しかし、地盤沈下時の問題を考えた場合は、公的管理の下に置くべきという考え方もできる。現在、地下水について法的な定義はないので、地下水の法的な考え方は視点により変わるので、判断することは難しい。（M 市）
4	地下水利用に対して、一定の規制が必要である。（A 市）
5	「地下水利用権は土地所有権に付随するものであり、他者の地下水利用権を侵害しない範囲においては、自由使用が認められるべきである」の考えを基本とするが、地盤沈下、その他の公害等の発生のおそれがある場合には、県の権利下に置かれるべきである。（E 市）
6	水循環基本法が昨年制定されたが、詳細が定まっていない現状では地下水利用権は、土地所有権に付随するものと認識している。（毎年のように渇水対策を行っている）本市の水運用は、地域住民や農業関係者等の節水協力によりどうにか成り立っているというのが実情である。こうした中では、本市として地下水の法的性格について言及するような状況ではないと考えている。（M 市）
7	県においては「地下水は公共物であることから、土地所有者による自由使用を原則とするのではなく、公的管理のもとに置くべきである」という考え方をこれからしていく方向性で考えているところであり、本市としてもそれに追随する形で考えているが、現状としては「地下水利用権は土地所有権に付随するものであり、他者の地下水利用権を侵害しない範囲においては、自由使用が認められるべきである」という考え方で業務遂行している。（K 市）
8	県の地下水保全条例の改正が実施され地下水は公共水と位置づけられている。ただ公的管理までは難しいと思われる。だからといって使いすぎはできない。節水等を呼びかけ、水の大切さの意識付けを行いたい。（K 町）
9	検討したことがない／自治体としての方針が決まっていない／明確な認識がない等（9 件）

注：回答内容は原文ママで表記した。ただし明らかな誤字脱字等は筆者により修正した。

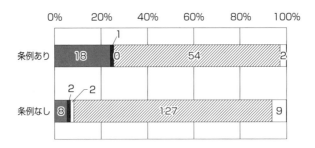

図 4-7 他自治体と連携した地下水保全の取組の実施状況
注：N = 223（条例あり = 75、条例なし = 148）。
グラフのデータラベルは解答件数と、各条例区分の全体数に対する割合を表す。

下水や水資源を保全していくための協議組織であり、佐久地域全体の市町村で地下水を公水であると認識し、地下水を「地域共有の貴重な財産」と位置付けた条例の整備に取り組んでいる。実際に佐久市、佐久穂町は 2012 年、軽井沢町は 2013 年に地下水条例を制定しており、いずれも公水規定を有している（巻末表 3-3, No. 59 を参照）。なお、佐久地域の 12 市町村は 2018 年 8 月 27 日に「佐久地域流域水循環協議会」を設立し、今後流域水循環計画の策定に取り組むこととなっている[15]。地下水に関する流域水循環計画[16]の先進例になると期待され、今後の動向が注目される。

その他、長野県信濃町・中野市・飯綱町では複数市町村による共同での揚水規制が行われている（三市町上水道土橋地区深井戸水源調整会議）ほか、熊本県では熊本地域 11 市町村による地下水保全管理計画の策定などの事例が存在する。また、水資源保全全国自治体連絡会のように、地下水・水資源の保全

---

[15] 佐久市「佐久地域流域水循環協議会設立会議」https://www.city.saku.nagano.jp/kurashi/gesuido/ryuikimgt/saku-basin.html （2018 年 11 月 2 日アクセス）
[16] 流域水循環協議会および流域水循環計画については第 5 章 4 節を参照のこと。

第 4 章　基礎自治体における地下水保全管理の実態　143

表 4-7　他自治体と連携した地下水保全の取組（「その他」の回答内容）

実施地域	種別	事業名称	内容
長野県	協議組織・連絡会	水資源保全対策北信地域連絡会議	・長野県が主導 ・各地域における地下水等水資源の規制・保全対策に関して検討し、一定の方向性を出すために関係市町村を含めた連絡会議を設置
		アルプス地域地下水保全対策協議会	・同一の地下水盆を共有する松本地方の 11 市町村（松本市、塩尻市、大町市、安曇野市、麻績村、生坂村、山形村、朝日村、筑北村、池田町、松川村）および県で、地下水保全に関する統一的なルールづくりや、地下水位、賦存量、水質等の調査を実施 ・2013 年 2 月設立
		佐久地域地下水等水資源保全連絡調整会議	・外国資本による森林買収の危機等を背景とし、佐久地域の自治体と水道企業団（佐久市、小諸市、東御市、小海町、川上村、南牧村、南相木村、北相木村、佐久穂町、軽井沢町、御代田町、立科村、佐久水道企業団、浅麓水道企業団）で地下水利用規制やその他の地下水保全策を研究するとともに、佐久地域の地下水賦存量調査にも取り組む ・地下水等水資源を保全するため、佐久地域全体の市町村で地下水・湧水を公水であると認識しその保全に努めており、地下水を「地域共有の貴重な財産」と位置付けた条例を整備 ・講演会開催、水資源保全サミット（全国の自治体との情報交換会・2013 年 5 月）開催 ・計画期間：2012～2016 年度
	揚水規制	三市町上水道土橋地区深井戸水源調整会議	・飯綱町土橋地籍の深井戸の使用に際して、信濃町・中野市・飯綱町で「揚水量協定書」を締結 ・揚水量の制限、年 1 回の検討会への報告・事前協議等を定めている
山梨県・静岡県	協議組織・連絡会	岳南地域地下水利用対策協議会	・高度成長期に発生した地下水障害に対処するための国・県・市・商工団体および地下水利用者による官民協調組織で、地下水の水源である富士山周辺の自治体による協議会 ・事務局は富士市産業経済部産業政策課 ・会員は揚水量（静岡県条例に基づく）に応じた会費を支払い、それを財源とした地下水保全事業（揚水量・ポンプ口径・ストレーナーの位置等の規制、新設井戸の設置等に係る調整審議、地下水位・塩水化・湧水量調査の実施、涵養事業への参加等）を実施 ・1967 年 2 月設立。2014 年 4 月 1 日現在で会員数は 202（富士市 131、富士宮市 57、静岡市 14）

表4-7 他自治体と連携した地下水保全の取組(「その他」の回答内容)続き

実施地域	種別	事業名称	内容
静岡県	協議組織・連絡会	黄瀬川地域地下水利用対策協議会	・高度経済成長期以降水の使用量が年々増加し、過剰採取による地下水位の異常低下や塩水化などが発生したことを背景に、水源の保全・涵養と地下水の適正で合理的な利用を広域的に推進し用水の安定供給を図るため、沼津市・三島市・清水町・長泉町の二市二町と地下水採取者等により設立 ・井戸の届出依頼・審議、地下水位・湧水量等の調査等の事業を実施 ・1974年設立
		大井川地域地下水利用対策協議会	・静岡県地下水の採取に関する条例に基づき、静岡県中部地区の大井川流域4市1町(島田市、焼津市、藤枝市、牧之原市、吉田町)と地下水採取者により組織された協議会 ・広域連携による地下水利用の適正化、水源保全、調査研究、採取者との連携・協調等を推進 ・会員から会費を徴収して地下水保全事業の財源に充当 ・県条例に基づく揚水設備の設置及び変更に係る届出に際した調整審議や、地下水位や塩水化の調査等を実施 ・1969年設立
		中遠地域地下水利用対策協議会	・地下水採取者により、地下水採取の適正化の推進、水使用の合理化の推進、地下水源の保全、調査及び研究、相互の連絡及び協調等に関する取組を実施。具体的には地下水位・水質の調査や森林整備活動等 ・1972年設立
		東富士地域地下水利用対策協議会	・裾野市、小山町、御殿場市と共に組織 ・地下水利用についての意見交換、および静岡県東富士地域の湧水地点について合同調査事業等を実施
		静岡県東部五市四町地下水汚染防止対策協議会事業	・沼津市・熱海市・三島市・御殿場市・裾野市・函南町・清水町・長泉町・小山町の5市4町で構成。静岡県企業局を参与とする ・協調してトリクロロエチレン等の化学物質による広域的な地下水汚染を防止し、地下水の保全を図る目的 ・地下水等水質調査、関係団体の実施した地下水等水質調査結果の取りまとめ、有機塩素系溶剤使用事業所の調査・指導、および調査結果の公表等を実施 ・1989年設立

表 4-7 他自治体と連携した地下水保全の取組（「その他」の回答内容）続き

実施地域	種別	事業名称	内容
岐阜県	協議組織・連絡会	岐阜地区地下水対策協議会	・通産省「地下水利用適正化調査」（1970年度）で岐阜地区が過剰揚水の指摘を受けたことを契機に、広域的な地下水対策を図るため3市4町を会員として設立 ・1983年からは概ね日量千立方メートル以上地下水を汲み上げる企業等に参加を求め、2017年9月時点で県3部局、6市3町、34団体の計44団体で構成 ・地下水揚水量や地下水位等の調査を実施するとともに、地下水の適正かつ合理的な利用の推進を図る ・1975年設立
熊本県	協議組織・連絡会	白川中流域水田湛水事業	・地下水涵養域である白川中流域の転作水田で営農の一環として行われる湛水に対し、助成金を交付し地下水涵養を推進する事業 ・財源は熊本市や企業からの助成金 ・熊本市、大津町、菊陽町、地元4土地改良区、JA菊池、JA熊本市東部支店で構成する「水循環型営農推進協議会（以下、営農推進協議会）」が、農家に対して転作水田での湛水の普及・指導を行う ・各農家は営農推進協議会に湛水の申し込みをし、営農推進協議会がとりまとめて、市に助成金交付を申請。市は一括して営農推進協議会に対して助成金を交付し、営農推進協議会を通じて助成金が農家に支払われる ・2004年開始
熊本県	協議組織・連絡会	公益財団法人くまもと地下水財団	・熊本地域では、主に市町村長等を理事とする(財)熊本地下水基金（以下「基金」）、民間を主会員とする熊本地域地下水保全活用協議会（以下「活用協議会」：事務局は熊本市）、熊本県知事及び11市町村長で構成される熊本地域地下水保全対策会議（以下「対策会議」）において、個々に地下水保全対策の検討や事業を実施してきた ・しかしながら、地下水量の減少や水質の悪化傾向が続いたことから、2009年5月の「対策会議」において新たな地下水保全組織設置の検討を開始。2010年10月の会議において、まずは行政が地下水採取量に応じて一定の負担金を拠出することにより率先して保全に取り組むとともに、事業主体として「基金」を母体とする公益財団法人を設立することで合意 ・その後「活用協議会」において、新たに設立される公益財団法人に事業等を移管するなど統合することが決定され、2012年に「公益財団法人くまもと地下水財団」設立

表4-7 他自治体と連携した地下水保全の取組(「その他」の回答内容)続き

実施地域	種別	事業名称	内容
熊本県	水源林保全	水源かん養林整備事業	・地下水保全を目的に、1989年度より地下水涵養域の菊池郡大津町や阿蘇郡西原村などで森林整備を実施 ・「熊本市水源かん養林整備方針」を策定し、森林整備についての基本的方針を取りまとめ。地下水涵養域の森林および白川・緑川の流量確保に寄与している森林はすべて「水源かん養林」として位置付け。白川・緑川上流域の5町2村で広域的に取組(熊本市水保全課2005)
熊本県	広域計画	熊本地域地下水総合保全管理計画	・熊本県と熊本地域11市町村で、地下水保全対策を総合的に推進するため「熊本地域地下水総合保全管理計画」(計画期間:平成21～36年度)を2008年に共同で策定 ・第1期行動計画では、涵養対策、節水対策、水質保全対策の実行可能なものから取り組むとともに、行動基盤となる県民、事業者等の地下水保全意識の普及・啓発に取り組んだ ・第1期計画の成果をふまえ、2014～2018年度までの5年間を対象とする第2期計画を策定 ・第2期計画では、涵養、節水、水質保全、地下水保全の普及・啓発、地下水の活用に取り組む
宮崎県・鹿児島県	協議組織・連絡会	都城盆地地下水保全対策連絡協議会	・地下水盆を同一とする1市8町(宮崎県都城市、三股町、山之口町、高城町、山田町、高崎町、高原町ならびに鹿児島県財部町および末吉町)の地下水保全担当部署・水道事業担当部署で組織 ・都城盆地の浅井戸の水質分布と要因調査、水道水源の硝酸態窒素の水質監視、汚染地域における硝酸態窒素の連続観測等の調査を実施 ・水道水源配水量調査、浅井戸水質調査箇所の確認(調査箇所情報、地図データ等の更新)等、各市町における行政データの収集及び活用 ・1995年設立
全国	情報交換	水資源保全全国自治体連絡会	・佐久市長が提唱し国内の30市町村長等が呼びかけ人となった ・地域共有の貴重な財産である地下水が健全に循環し、水源地域の適正な土地利用により保全を図るとともに、その利用を安定的に維持回復するための会員相互のネットワークを確立し、情報の交換と共有を進める目的 ・水資源保全に関する条例の制定状況調査、水資源保全の推進に係る事業の実施、勉強会の開催などを実施 ・2014年7月設立

のための全国規模のネットワーク組織もあり、地下水を利用する自治体間の情報交換と相互交流が取り組まれるようになっている。

(8) 地下水保全管理における市民参加のための取組

全 223 件の自治体に対し、地下水保全管理における市民参加推進のための取組の実施状況について尋ねた結果を図 4-8 に示した。「地下水位や地下水質に関するデータの広報誌やホームページ上での公開」が 223 件中 43 件 (19.3%) で取り組まれているが、その他の取組の実施率は条例等の有無にかかわらず低く留まっており、市民参加推進の取組みは不十分な状況にあると推察される。ただし、条例ありと条例なしを比較すると、市民向け講習会の開催 ($p = 0.018$)、市民参加委員会の設置 ($p = 0.000$)、市民活動の広報 ($p = 0.001$)、パブリックコメントの実施 ($p = 0.012$)、および企業に対する揚水量公開の義務 ($p = 0.037$) についてはいずれも有意差が認められ ($p < 0.05$)、条例を制定している自治体の方が多く実施している。

(9) 国または県に求める施策・役割

全 223 件の自治体に対し、地下水保全管理を行う上で国に求める施策・役割について尋ねた結果を図 4-9 に、都道府県に求める施策・役割について尋ねた結果を図 4-10 にそれぞれ示した。

まず、国に求める役割についてである。条例区分にかかわらず全体で見ると、広域的なビジョンや方針の提示が 223 件中 86 件 (38.6%) と最も多く選択された。地下水の利用形態と問題の様相が多様化・複雑化する中、地下水の保全と持続可能な利用に対する国としての方針や戦略の具体的な明示が求められている。また、情報的支援の充実化 (77 件・34.5%) や財政的支援の充実化 (64 件・28.7%) も多く挙げられた。データや専門知識、ノウハウ、資金等の不足が地下水保全対策実施の障壁となっていることから (本項 (3) および (5))、各地域の状況に応じた施策展開を促進するための情報的・技術的・財政的支援の充実化が必要である。また、水源地買収規制法の整備 (77 件・34.5%)、および地下水利用規制法の整備 (63 件・28.3%) の選択率も比較的高かった。外国資本等による森林買収、飲料水生産や地下水専用水道の拡大な

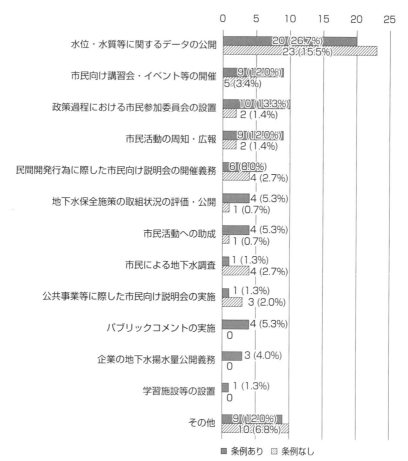

図 4-8 地下水保全管理における市民参加のための取組

注：N = 223（条例あり = 75、条例なし = 148）。グラフのデータラベルは回答件数と、回答件数の各条例区分の全体数に対する割合を表す。

ど様々な問題が各地で報告される中、個々での対応には限界があると考える市町村が少なからず存在しており、早期の国家的体制の整備が求められていると見受けられる。

「その他」を選択した 3 件（1.3%）のうち、具体的な記述が得られたのは

第 4 章　基礎自治体における地下水保全管理の実態　149

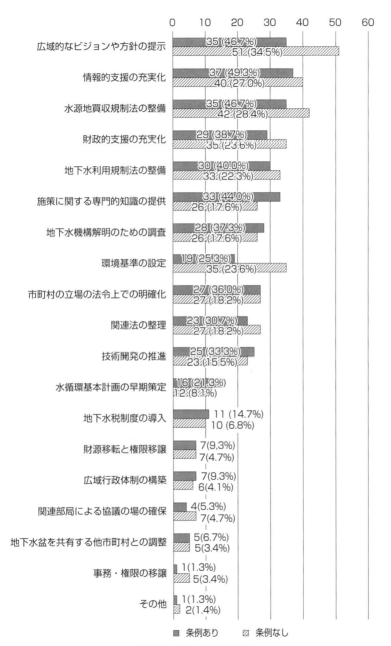

図 4-9　国に求める役割

注：N = 223（条例あり = 75、条例なし = 148）。グラフのデータラベルは回答件数と、回答件数の各条例区分の全体数に対する割合を表す。

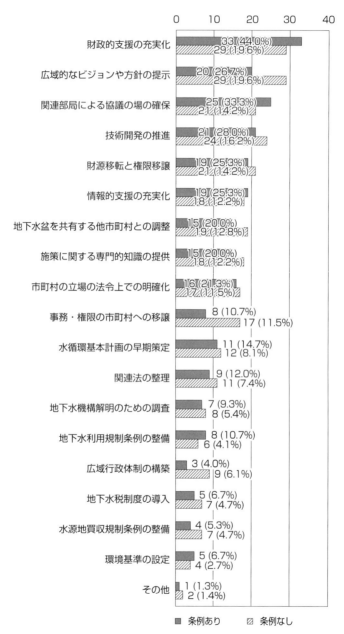

図4-10 都道府県に求める役割

注：N = 223（条例あり = 75、条例なし = 148）。グラフのデータラベルは回答件数と、回答件数の各条例区分の全体数に対する割合を表す。

2件であった。うち1件は山梨県の某市であり、「本市の水源は富士山であり、広域的な視点で対策を講じる必要がある。だが、一自治体の対応では根本的な解決に至らないため、国や県にリーダーシップをとって欲しい」という旨の回答であった。もう1件は鳥取県の某市であり、「水は国の重要資源である。水源地は広範囲にわたり存在するため、単独市町村で対応するのは非効率であるから、国の責任において管理すべきである」という旨の回答であった。

次に、県に求める役割についてである。財政的支援の充実化（223件中62件・27.8％）が最も多く選択され、続いて広域的なビジョンや方針の提示（49件・22.0％）、関連部局による協議の場の確保（46件・20.6％）、技術開発の推進（45件・20.2％）、財源移転と権限移譲（40件・17.9％）が最も選択数の多い上位5項目となった。また、34件（15.2％）が地下水盆を共有する他市町村との調整を選択した。市町村間の仲介・調整を担い、広域的観点から保全体制の構築を導く重要な役割が都道府県には期待されている。

第4節　基礎自治体の現状と求められる支援

本章では、基礎自治体における地下水問題の把握状況、地下水保全管理に関する取組の実施状況、および地下水の法的性格に関する認識等を把握すべく調査を実施した。また、特に地下水に関する条例等を有していない自治体の情報を得るため、条例等の有無による比較分析を行い、それぞれの特徴を明らかにすることを試みた。以下では、得られた成果を整理しつつ今後の地下水保全管理の推進にかかる展望を述べて結論とする。

まず、基礎自治体の全般的傾向として、水質に関する問題に比べて、水量に関する問題の発生状況に関する把握の程度が低い。特に条例等をもたない自治体では、地下水位低下、湧水減少、および地盤沈下に関する把握程度が低く、対策も十分に実施されていない。中には、問題が発生していながら何らの対策も実施できていない自治体も存在する。

水質と水量の問題にこうした差が表れるのは、水質には各種法律に基づく

環境基準が設定されているのに対し、水量については設定されておらず、各自治体の自主的対応に任されていることが一因になっていると推察される。つまり、ナショナル・ミニマムの確保されている水質については一定の監視とそれに基づく対策が行われているが、水量については、独自に対応してきた自治体とそうでない自治体との間で格差が存在する可能性がある。

対策の実施を妨げている主な要因は、科学的データや情報の不足、施策立案・実施にかかるノウハウや専門知識の不足である。そのため、対策の根拠となるデータの整備、および地下水保全に関連するガイドラインの整備などにより情報的支援を一層充実化することが求められる。これまでにも各省庁から様々なガイドラインやマニュアル、パンフレット等が公表されているので、普及・活用が期待される[17]。

とはいえ、言うまでもなく地下水の利用状況、地下水問題の発生要因と有効な対策、および各地域の有する問題解決能力は様々に異なることから、どこでもガイドラインどおりにできるというものではない。各地域の状況を適切に補うため、大学・研究機関等の専門家による支援や広域行政によるサポートを充実化させていくとともに、既存の体制の限界を補うためのステークホルダーの参画と協働、すなわち地下水ガバナンスの構築が期待される。現状では市民参加の取組は不十分な状態にある。気候変動や生態系損失といった不確実性の高い問題、地域外資本による地下水開発が各地で不安視される中、ステークホルダー間の連携・協働は今後の地下水保全管理において中心的に取り組まれるべき課題として認識されねばならないであろう。

資金調達も対策実施の障壁となっている。水源保護や地下水涵養対策等の事業は、実施から効果の発現までに長期を要し継続的な投資が要される場合がある。市町村に対する財政的支援措置を検討するのに並行して、各地域で自律的に走らせることのできる財源調達の仕組みも探求していかねばならない。管見の限り、地下水税制度が既に実施されている地域は国内では見当たらないが、協力金制度等による資金調達や、地下水利用者と協議会を構成し会費を地下水保全事業の財源に充てる例などが見られる。加えて近年では、

---

[17] これまでに公表されている主なガイドラインやマニュアル等については、第1章の表1-1にまとめたので参照されたい。

地下水・湧水やその景観を観光資源化し観光収入を得る地域もある。各地の状況に応じ、様々なオプションの成立要件と適用可能性を広く検討していく必要がある。

　さらに、今後水循環基本法に基づく既存法の改正・解釈変更や、個別法あるいは付随する制度の整備を行っていくに際しては、財産権・温泉権・水利権等の権利への抵触のおそれが、一部の地域にとって地下水保全管理の対策実施にかかる障壁になっていることを考慮せねばならない。財産権の関連でいうと、条例等を制定していない自治体では、「地下水利用権は土地所有権に付随するものであり、原則的に自由使用が認められるべき」という認識が最多となっている。この立場をとる場合、予防的な地下水保全対策や利用者負担金の徴収といった施策には消極的にならざるを得ないであろう。また、特に条例等を有していない自治体においては、地下水利用権の法的性格について明確な認識がない場合もある。地下水に関して顕著な問題が生じたことがないと、地下水利用権の法的解釈の検討がアジェンダに乗らず、その重要性が認識される機会がないのかもしれない。しかしながら、地下水障害の影響はしばしば不可逆的であるため、予防的な措置が不可欠である。有限な地下水をどう使い、誰が保全管理するのか、そのための制度を検討するうえで地下水利用権の解釈は不可欠な考慮事項となる。地下水は「公共性の高いもの」であるという水循環基本法の理念は、それ自体では、現場における公的管理の根拠としては薄弱と捉えられている側面がある。

　なお、「地下水利用権は土地所有権に付随し、土地所有者の自由使用が認められるべき」という認識に立った場合、近年関心の高まっている外国資本等による森林・水源地買収への対策も、消極化されることが危惧される。わが国では農地以外の土地の売買規制が設けられていないうえ、利用規制も実態上緩く、地籍調査の完了率も49％と低い。さらに地方分権一括法（2000年）の施行以降は、国土利用計画法に基づく土地売買届出が各都道府県に移譲された。そのため国は本制度の捕捉率を把握しておらず、各自治体における届出の状況についても十分なチェックを行えていない状況にある[18]。林野

18）吉原祥子（2012）「地下水規制をはじめた自治体　国と自治体の役割分担を考える」
　https://www.tkfd.or.jp/research/land-conservation/a00873（2018年6月12日アクセス）

庁は 2016 年における外国資本による森林買収の事例について、都道府県を通じて調査を行い、北海道、神奈川県、長野県、静岡県、および福岡県で合計 29 件・202ha の買収があったことを報告しているが、その利用目的は多くの場合「未定」や「不明」とされている[19]。そのため 2010 年頃から、各自治体が水源保全条例の制定等でもって個別的に対策を講じてきた[20]。水循環基本法にも、土地所有者の責務に関する規定は盛り込まれなかった。特に地下水利用への依存度が高い自治体にとって、地下水の水源地が開発や転売の危険にさらされるのは看過できない事態であるが、土地の所有や利用に対する規制には、私権制限の観点から消極的になる自治体も少なくない[21]。むろん、土地を取得したからといってその土地の直下の地下水を支配できるわけではなく、重要なのは水源地の土地買収規制というよりむしろ水資源の収奪行為規制であり（小澤 2013）、無用な不安を煽るのは適当でない。ただし、未だ相当数の自治体が「土地所有者による地下水の自由使用が認められるべき」という立場に立っており、また、地下水の採取規制や保全のための法制度を制定していない状況下においては、ローカル・レベルでの地下水保全管理を推進するうえでの自治体の責任・権限・立場を明確化し、対策の実施を人的・技術的・財政的に支援し強化していくことが、国としての急務なのではなかろうか。

　最後に、本調査の限界と残された課題について述べておく。今回の調査および分析では、各市町村の社会経済的条件、地理的条件、水利用における地

---

19) 林野庁（2017）「外国資本による森林買収に関する調査の結果について」www.rinya.maff.go.jp/j/press/keikaku/170428.html（2018 年 5 月 26 日アクセス）
20) 2018 年 5 月には森林管理における市町村の主体的役割を明確化し、公的主体による関与を強化する「森林経営管理法案」が参議院本会議で可決・成立した。これにより、外国人・外国法人等に対しても「自然的経済的社会的条件に応じた適切な経営又は管理」の責務（第 3 条）が与えられることとなったが、市町村における実施法制の整備は今後の重要課題となっている（喰代 2018）。これについては第 1 章 2 節 3 を併せて参照されたい。
21) 吉原祥子（2012）「地下水規制をはじめた自治体 国と自治体の役割分担を考える」東京財団政策研究所、https://www.tkfd.or.jp/research/land-conservation/a00873（2018 年 6 月 12 日アクセス）

下水依存度の違いなどによる傾向の違いを考慮できなかった。より正確な実態把握のためには、市町村の特性による詳細な比較分析を行う必要がある。また、市町村のみならず都道府県も不可欠に重要な地下水管理主体であるが、都道府県について扱うことができなかった。都道府県における地下水管理の現状把握と、都道府県と市町村の役割分担に関する検討は重層的な地下水ガバナンスの構築に向けた重要な作業である。これらの追加的調査により各地の特性が詳細に把握できて初めて、様々な地下水管理政策のオプションが有効に機能しうる条件や、地下水ガバナンスの構築に向けた実践的な課題が見出せるようになるであろう。

第5章

求められる地下水ガバナンス

第1節　地下水ガバナンスに対する社会的要請

　地下水ガバナンスの構築は今や国際的課題となっている。第1章でも言及した通り[1]、2008年12月の第63回国連総会においては世界で初めての国際地下水法として「越境帯水層法典（the Law of Transboundary Aquifers）」の草案が審議され、満場一致で採択された。国連では2002年に地下水の法典化作業が開始され、2008年にはUNESCO-IHPと国連国際法委員会（UN International Law Commission）によって19か条から構成される越境地下水条約草案が作り上げられ、同年の国連総会でそのすべてが採択された[2]。本法案は、世界中のあらゆる地域において地下水は人類の生命を支える重要な資源であるということを認識し、淡水資源に対する需要の増加と地下水資源の保護の必要性を考慮したうえで、地下水資源の開発・有効活用・保全・管理・保護を確実に実施していくことを謳っている（A/63/10）。また、石油や天然ガスと同様に地下水も「共有自然資源（shared natural resources）」であるとい

---

[1] 第1章4節3項。
[2] UN Educational Scientific and Cultural Organization "UN General Assembly adopts resolution on the Law of Transboundary Aquifers." http://www.unesco.org/water/news/transboundary_aquifers.shtml（2016年7月11日アクセス）

う認識に立ち、同一の帯水層が分布する国家間が"aquifer state"として互いに協力し、適切な保全管理の任にあたることを義務と定めた（田中正 2015a）。

2011 年には、GEF、FAO、世界銀行、UNESCO-IHP、IAH が共同プロジェクトとして"Groundwater Governance - A Global Framework for Action"（2011-2014）を開始した（以下 Groundwater Governance Project：GGP、または「地下水ガバナンスプロジェクト」と表記）。これまでの「地下水管理（Groundwater Management）」から「地下水ガバナンス（Groundwater Governance）」への展開を目指していくためのベストプラクティスの発掘、および地下水ガバナンスの理念とガイドラインの構築に取り組み始めたのである（UNESCO-IHP 2012；田中正 2015a）。

本プロジェクトの第一フェーズでは世界が 5 つの地域に区分され、2012 年 4 月から 2013 年 3 月にかけて地域ごとの会議（Regional Consultations）が実施され、各国の有する科学的知見や政策の現状等がレビューされた。5 つの地域とは、①北アメリカ・ヨーロッパ・中央アジア・コーカサス、②ラテンアメリカ・カリブ地域、③アラブ諸国、④サブサハラアフリカ、そして、⑤アジア・太平洋地域である。アジア・太平洋地域会議では、各国の地下水資源管理に関する問題点やガバナンスの構築に向けた方策等が討議された。その中で、日本を含むアジアの国々に共通する地下水ガバナンスの問題として指摘されたのが、地下水管理に関わる行政組織の非効率性、すなわち縦割りや重複構造をもつ管理体制であった。そして、縦割り構造を打開した「一つの調整機関（one coordinate function）」による直接的な調整とファシリテーションの必要性が唱えられた（Tanaka 2014）。各地域会議の結果はハイレベル専門家会議にかけられ、各国・各地域の経験を集約し、世界的な地下水ガバナンスの現状を報告する"Global Diagnostic on Groundwater Governance"として統合された。そこでは、地下水資源への依存とプレッシャーの増大が着実に進行しているにも関わらず、大半の国には地下水資源を適切に管理するための能力が備わっておらず、地下水ガバナンスは不十分な状態にあることが指摘された。"Global Diagnostic"を基礎として、各国、各地域、および越境レベルにおける 2030 年までの地下水ガバナンスのビジョンである

"Shared Global Vision for Groundwater Governance 2030 and A call-for-action"、および制度・政策のガイドラインである"Global Framework for Action to achieve the vision on Groundwater Governance"が2015年に公表された（FAO 2015a, 2015b）。現在ではUNESCOを中心として、地下水ガバナンスの構築による効率の高い地下水保全施策と事業展開の確立が取り組まれている（田中正 2014a, 2014b, 2015a：UNESCO-IHP 2012）。

　こうした国際的潮流を受け、わが国においても今後の地下水保全管理体制にガバナンスの考え方を取り入れようとする動きが見られている。例えば水循環基本法においては、関係者相互の連携および協力（8条）、水循環政策本部の設置（22条）などガバナンスの観点から重要な規定が盛り込まれ[3]、2015年7月に閣議決定された水循環基本計画では、地下水の保全と利用に関し関係者間の連携調整を行うための組織として「地下水協議会」の設置推進が定められた（第2部3（2）イ）。また、環境省が2016年に発表した『「地下水保全」ガイドライン』では、「これまでの地下水管理手法は、地盤沈下防止という目標に対して揚水量を規制する公害防止の観点から行われており、これからは、地下水域の総合的な保全・管理を行うガバナンスの考え方

3）水循環基本法案が国会提出前であった2012年11月16日の国土交通省国土審議会水資源開発分科会（第11回）において、田中正特別委員（筑波大学名誉教授）が"Groundwater Governance"プロジェクトについて言及したうえで、「今までは、地下水に関しても水資源に関しましても、いわゆるマネジメントを中心に行ってきたんですが、マネジメントをするためには、まずガバナンスをしっかりさせなければいけないということです。逆を言いますと、そのガバナンスがきちっとできていれば、マネジメントはできるんだという思想といいますか、理念であると思います。そういう意味で、水循環基本法案は、その基本理念にも水の公共性とか、流域を1つとして見ていかなければいけないなどが揚げられており、これは、非常に重要な理念だと思います。それから、（中略）水循環政策本部を内閣府に設置する、そこである意味、一義的に水資源政策を行う。これはまさしくガバナンスの基本をなすものであるということで、これは日本のガバナンスとしてもそうですけれども、世界に誇れるガバナンスの非常に重要な枠組みになっていると思います。そういう意味で、世界の動きと歩調を合わせる意味で、これはぜひとも日本で、国会で承認していただけるような流れをつくっていく必要があるだろうと思います。」（原文ママ）と述べ、ガバナンス概念を今後の水循環保全に取り入れることの重要性を提言している（国土交通省国土審議会水資源開発分科会 2012, pp. 27-28）。

で見直す必要がある。」(環境省水・大気環境局 2016, p. 46) と述べられている。

　以上のように地下水保全管理におけるガバナンスの構築を重視する世界的潮流があり、わが国でもその考え方を今後の施策・体制に反映しようとする動きが見え始めている。しかしながら、「地下水ガバナンス」の議論は注目されるようになって間もないこともあり、そもそも地下水のガバナンスとは何であって従来の地下水管理とどう違うのか、なぜ地下水保全管理にガバナンスの議論が必要とされるのかといった基本的な論点について認識が共有されているとは言えない。そこで本章では、地下水保全管理に「ガバナンス」を導入する意義やその概念について検討する。加えて、わが国の地下水ガバナンスの現状について、前章までの議論やいくつかの事例に基づき大掴みに論じてみたい。

第2節　ガバナンス概念の導入

1. ガバナンスとは何か

　「ガバナンス」の辞書的意味は「統治方式、管理法、支配、統治」であり、「舵を取る」という意味をもつ古代ギリシャ語の kubernan とラテン語の gubernāre が語源とされている (Simpson and Weiner 1989)。諸方面で「ガバメントからガバナンスへ (from government to governance)」の変化が唱えられるようになったのは 1980 年代であり (新川 2012)、現在では相当な領域においてガバナンスの議論がなされている。企業統治論における「コーポレート・ガバナンス」、開発経済学の分野における「グッド・ガバナンス」のほか、近年では企業や環境分野等におけるリスク対処の最適化を目指す「リスク・ガバナンス」(盛岡 2012；飛田 2010)、IT 活用の規律にかかる「IT ガバナンス」(後藤 2009) などその使用領域は派生的に拡大しており、「『百家争鳴、百花繚乱』の趣さえある」(中邨 2004, p. 2)。

　地下水ガバナンスとの関連で政治・行政学分野のガバナンスに着目すれば、総じて政府の統治能力の低下、市民社会の諸アクターの力量の充実、超

国家組織の伸張を背景として新たな統治概念が求められるようになったことを背景としている（市川顕・香川 2005）。伝統的には、公共サービスの提供や様々な社会問題の解決は政府（ガバメント）によって担われてきた。ところが、1970 年代以降の低成長、そして 1980 年代から 1990 年代末にかけて顕在化した様々な国際的課題、すなわち冷戦の終結、中央主権的計画経済体制の崩壊、福祉国家の財政危機、国際債務の悪化と貧困問題の深刻化といった問題は、国家の役割に対する既存の認識を揺るがした（本間 2012）。そして、ガバメントによる一元的統治の限界を打開するために、ノン・ガバメントの主体、すなわち企業、非営利組織、市民といったアクターがそれぞれの統治能力（ガバナビリティ）を発揮させ、公共的問題の解決を担う形態に注目が集まるようになった。このような、政府と非政府の多様な主体の連携による統治が「ガバナンス」と呼ばれ、「ガバメントからガバナンスへ」の移行が各方面で耳目を集めたのである（Rhodes 1997）。1988 年にガイ・ピーターズ（B. Guy Peters）とコリン・キャンベル（Colin Campbell）を編集者とする学術誌"Governance"が発行されたことなどを契機に、政治学・行政学分野でガバナンスが急速に注目されていった（中邨 2001）。

　行政学・政治学分野のガバナンスについては多様な学説が存在するが、2 つの代表的なアプローチとして「社会中心（Society-centric）アプローチ」と「国家中心（State-centric）アプローチ」がある（Pierre and Peters 2000, p. 29）。

　社会中心アプローチでは、国家は中心的なアクターではなく、多様なアクターの一つとして扱われる。そして、国家や社会の様々なネットワークやパートナーシップに見られる調整や自己統治が注目される（Pierre 2000）。それゆえ社会中心アプローチにおいては、公的部門と私的部門の境界が不鮮明なものとして論じられる（Bell and Hindmoor 2009, p. 3）。社会中心アプローチの代表的論者であるローズ（R. A. W. Rhodes）は、1997 年の著作"Understanding Governance"において、「ガバナンスとは、独立性、資源の交換、ゲームのルール、および国家からの著しい自律性を特徴とする、自己組織的で、組織横断的なネットワークである」と述べている（Rhodes 1997, p. 15）。ローズは、いわゆるウエストミンスターモデル、すなわち強力な執行部と中央集権体制を有する政府による一元的統治から、国家からの自律

性、公共・民間・ボランタリーの各セクターを包括する組織間の相互依存性、ネットワークの構成員間の相互作用等を特徴とするガバナンスへの移行を論じる。そこでは、ヒエラルキー型や市場型のガバナンスと構造を異にする、ネットワークによる調整機能が重視される (Rhodes 1996, 1997)。近年では、社会中心アプローチの深化形として、ガバナンス・ネットワークの概念を中心に据えた「ガバナンス・ネットワーク研究の第二世代」と呼ばれる展開が見られている (Sørensen and Torfing 2007; 西岡 2012)。

　一方、国家中心アプローチは、社会中心アプローチに対する批判的立場として生まれてきたものである (西岡 2012)。これは、多様なアクターによるネットワークが国家に代替するとする社会中心アプローチのガバナンス論を批判し、国家や政府が依然として主要な政治的アクターであり、ガバナンスに最も強い影響力を有すると捉える立場である (Pierre and Peters 2000)。代表的論者であるピーターズは、市民や民間セクター自らによる「舵取り (steering)」やネットワークによる自己調整はしばしば困難であると指摘する (Peters 1998, 2000a)。ピーターズによれば、ガバナンスには、目標の設定と優先順位の決定、紛争の解決、学習と適応の過程、正統性確保のための公的なアカウンタビリティといった要素が備わっていなければならず、①政策の一貫性と調整、②指揮中枢の必要性、③希少な公的資源の優先順位の決定、④国際競争に果たす役割という点で、国家は唯一のアクターであるとされる (Peters 2000b)。

　両者のアプローチは、政府による統治機能の低下を克服するガバナンスの主体をどう捉えるのか、すなわち自己組織的ネットワークによる統治なのか、あるいは政府の再構築と舵取りなのかという点に大きな違いがある。

　他方、最近では国家中心アプローチと社会中心アプローチの理論的接合が図られており (西岡 2012)、2012 年には国家中心論者のピーターズ＆ピーレと、社会中心論者のソレンセン＆トルフィングの共著により『インタラクティブ・ガバナンス』が発表された。彼らは、インタラクティブ・ガバナンスを「一連のアイディア、ルール、および資源の動員・交換・活用によって、共通の目的を形成・促進・達成するため、様々な利害関係を有する多数の社会的・政治的アクターが相互作用する複雑な過程」として定義し

(Torfing et al. 2012, p. 14)、それは次の3つの重要な特徴を有すると述べている。第一に、インタラクティブ・ガバナンスは一組の多少ともフォーマルな、直線的な諸制度よりも、むしろ複雑なプロセスに注目するものである。第二に、そのプロセスは、多様な利害関心と選好が存在する中で、共通目的を明確化し追求しようとする集団的な願望によって突き動かされるものである。第三に、そのプロセスは、政府・市場・市民社会の多数のアクター間の交渉と相互作用により共通目的が形成・達成されるという意味で、脱中心的 (decentered) である (Torfing et al. 2012, pp. 14-15)。ここでは、政府はメタガバナンス (Meta-governance) としてインタラクティブ・ガバナンスを導くよう機能する。そして、インタラクティブ・ガバナンスもまた、政府の役割や機能に変化を及ぼす (Torfing et al. 2012, p. 4)。このように、アクター間の相互作用によるガバナンスを中心に論じつつも、ガバメントとの双方向性を重視した議論が展開されるのである。

　ガバナンス論の系譜や潮流の全体をここで紹介することは到底できないが、上記の通りガバナンスの捉え方については多様な議論が存在し、統一的見解が存在するものではない。そのため地下水のガバナンスを考える上でも、それが意味するところについて一定の共通理解を形成しておかねば、認識の混乱が招かれるおそれがある。

　なお、ガバナンス論は環境分野においても活発に議論されてきた。環境ガバナンス論の背景にも、やはり各国政府だけではグローバルに広がる複雑な環境問題を解決できず、これまでの統治形態と異なるガバナンスの機能に注目せざるを得ないという問題がある (宮川・山本清 2002; 坂口 2006)。わが国では、行政学者の宇都宮深志が1995年の早い段階で環境ガバナンスについて論じた。宇都宮は、生物中心主義的な21世紀型の環境理念を実現していくうえでの、新たな政策や意思決定の枠組みを環境ガバナンスと呼んでおり、ガバメントの役割は、中心となってすべてのものを行うという役割から、市民、NGO、事業者などの自主的活動を支援する触媒的役割へとシフトすると論じている (宇都宮 1995)。また、『環境ガバナンス論』の著者である松下和夫は、国連グローバル・ガバナンス委員会での議論や、国際関係論におけるガバナンス論等を参照しながら、より望ましい環境管理に向けて多様な主

体が協働する動態を捉える概念として環境ガバナンスを論じている。そこでは、環境ガバナンスが「上（政府）からの統治と下（市民社会）からの自治を融合し、持続可能な社会の構築に向け、関連する主体がその多様性と多元性を活かしながら積極的に関与し、問題解決を図るプロセス」と定義されている（松下・大野 2007）。松下による環境ガバナンス概念は、国家間のグローバルな関係から、複数国間のリージョナルな関係、そして一国内・一地域内に存在する政府・企業・市民等のナショナルないしローカルな主体間関係まで、幅広いレベルのアクターをガバナンスの主体として捉えるべき点を強調している。

2. 政府か、市場か、コミュニティか

地下水は共用資源としての性質を有している。ある利用者が地下水収支を共にするエリアに新規参入すれば、他のすべての利用者が利用可能な地下水ストックは減少する。そのため、更に深い井戸を掘るか、新しく別の採取可能地点を見つけるなどしなければならず、地下水利用に要する追加的なコストが発生する。新規参入した利用者は、他の利用者の採取コストのことなどは考慮せず、私的便益を最大化するだけの利用をしようとする。これが連鎖すると再生可能な範囲を超えてしまい、究極的にはすべての利用者が地下水を利用できない状態になる。このように、利用ルールが不在の場合にはいわゆる「共有地の悲劇」が生じる。「共有地の悲劇」論争の嚆矢となったのは、生物学者である G. ハーディンが 1968 年にサイエンス（Science）誌に寄稿した "The Tragedy of the Commons"（Hardin 1968）である。すなわち、複数人が共有している牧草地では、各牧畜業者が自らの利益の最大化を求め家畜をふやそうとする。合理的な各牧畜業者は、家畜をふやすことで得られる限界便益が、牧草地が荒れることで被る限界損失を上回る限り家畜の数をふやそうとする。その結果、過剰放牧により牧草が枯渇し、結局は自らの家畜にも牧草を食べさせられなくなってしまう。つまり「共有地の悲劇」とは、個々人が合理的行動を行った結果、全体には不合理的な結果が導かれてしまうという「社会的ジレンマ」（Dawes 1980；Ostrom 1998）の命題である。

伝統的な新古典派の考え方では、「共有地の悲劇」は希少資源の私有制が欠如しているために起こるとする。すなわち、共有地制度のもとでは市場メカニズムが十分に働かないのであり、分割私有化によって費用と便益を内部化することで、資源のより効率的な配分が可能になるとする。新古典派的発想のもとでは、私有制か国家権力による統制かという二者択一の問題提起が行われ、国家権力による統制がもたらす様々な弊害を根拠に、共有地を分割私有化し市場メカニズムを間接させて初めて私的合理性と社会合理性が矛盾なく統合されるという主張が展開される（宇沢 2000）。

　しかし、現実に存在する多くの共有地には、分割私有化か国家権力による統制かという二者択一のアプローチがあてはまらない場合が多く存在する。つまり、ハーディンのいう「共有地の悲劇」は人々の間で内部化されていない開放利用資源（open access resources）における悲劇なのであり（間宮 2002）、実際には、管理のための様々な規則やルールを内包する「コモンズ」が多く存在する。P. ダスグプタは、ハーディンの議論はコモンズの歴史的展開の事実を誤認していると批判し、伝統的に共同利用されてきた資源は「誰にでも」開かれた資源であったのではなく、多くの場合は地縁や血縁などに基づく利用権が存在し、コミュニティによる管理体制が敷かれていたと指摘した（Dasgupta 1993）。ダスグプタのいうような、コミュニティによって伝統的に共同管理されてきたコモンズの実例は世界各地で多く報告されている（McCay and Acheson 1987）。米国の政治学者 E. オストロムは、1980 年代にカリフォルニアの地下水域の調査を実施した際、その利用者たちが自主的な利用ルールと共同の管理組織を設けていることに注目し、世界各地におけるコモンズの自主的管理の実例分析を行った[4]。そして、コモンズの長期存続を可能にする制度的要件を「設計原則」（Design principle）として抽出した（表5-1）（Ostrom 1990, p. 90）。コモンズ管理のための制度およびその構成要素に

---

4) オストロムは彼女の代表的著作である "Governing the Commons" において、コモンズの管理について既に多くのケース・スタディが実施され、資料が豊富にあるにも関わらず、それらの統合的研究がほとんど実施されていないことに気が付いたと述べている（Ostrom 1990）。そして、それら世界各地のコモンズ管理にかかるケース・スタディを統合化し、コモンズの成功条件を解明するのに試みた。

表 5-1　オストロムの設計原則

1	明確に定義された境界
2	地域固有の条件に適合した利用や規制のルール
3	集合的意思決定の仕組みの存在
4	監視体制の存在
5	違反者に対する段階的制裁のルール
6	紛争解決のためのメカニズムの存在
7	自治に対する最低限の権利の保障
8	（より大きなスケールの資源の一部である場合の）入れ子構造の資源管理体制

Ostrom（1990）より作成。翻訳は筆者による。

ついてはその後も盛んに研究がなされている（Agrawal 2002；室田・三俣 2004）。こうして米国のコモンズ論は、ハーディンや新古典派的発想による私有化・公有化二元論とは異なる道、すなわち共同体による自主的・自律的な資源管理の道を見出していった（井上 2009）。

　では、地下水の管理に関して、分割私有化による市場での管理、強制力を有する政府による統制、コミュニティによる自主的管理という3つのアプローチを考えてみよう。まず、地下水を分割私有化した場合には、私的所有権によって共有資源が細分化され、非効率な結果が招かれてしまうことが容易に想像される。地下を流れる地下水そのものを厳密に分割私有化することはできないが、わが国の場合、民法 206 条および 207 条、ならびに明治 29 年大審院判例[5]を根拠に地下水は土地所有権に附随するものとして一般的に解され、その意味において地下水は分割私有化されてきた。その結果地下水は過剰利用され地盤沈下や井戸枯れなどの地下水障害が各地で発生した。ある地下水利用権者が過剰に地下水を利用し、それが他の利用権者の地下水利用に悪影響を及ぼした場合、過剰利用した利用権者が損害賠償の義務を負うという損害賠償責任ルールに基づく資源配分（コースの定理に基づく解決）は、ある地下水利用による他の地下水利用への影響に関する因果関係の証明の困

---

[5] 第1章4節2項および巻末表2を参照。

難性、私的交渉や裁判にかかる時間的・金銭的コスト等の取引費用の高さなどから、現実には成立しないと考えられる。

　そこで、強制力を有する政府による公的管理に一定の役割が求められるが、政府もまた十分でない。政府はしばしば資源利用の抑制量に関する最適な配分について情報を有しておらず、非効率な結果が導かれうる。法や行政機構が整備され経費を支出して環境政策が実施されるにもかかわらず、環境政策上の目標が達成されない事態は、環境政策における政府の失敗として知られている（植田 2007）。また、官僚自身が独自の目的をもつことや、政治過程のインセンティブ問題により、場合によっては政府の活動が直接的に持続可能な発展を妨げることもある（諸富他 2008）。わが国では、政府が行ってきた地下水採取規制や水質汚染物質の使用規制といった各種対策が一定の成果を上げてきた。しかしながら、多くの場合は問題が起こってからの後追い的対応であり、対策には多大な時間とコストを要してきた。加えて、近年では地下水問題の様相が複雑化し、地下水の保全と利用にかかる政策ニーズが多様化しており、単独のガバメントによる対応に限界が見え始めている。

　では、コミュニティによる自治的管理についてはどうか。わが国では、地下水の大規模開発技術が登場するようになるまでは、湧泉や井戸を共同利用する利害関係者が自主的なルールを設け、自治的な管理をなしていたことが知られている。例えば、江戸末期に濃尾平野の輪中地帯で開始された株井戸制度は、オストロムの設計原則のうち8つ目の「入れ子構造の資源管理体制」を除いたすべてを明確に満たしていたことが指摘されている（遠藤崇浩 2015）。株井戸のように、地下水がその利用エリアと利用者が限定的で「境界の明確な」コモンズである場合には、エリア内での利用者同士によるルールの取り決めによって持続的に管理していくことが想定可能である。

　しかし、現代においては多数の利用者が地下水域を共有しており、境界が不明確な場合が多々ある。地下水の利用者集団が大きくなるほど、M. オルソンの説いた集合行為問題が発生しやすくなる（Olson 1965）。つまり、地下水の持続的利用という集合財（collective goods）を獲得するため、ある個人が地下水の使用を低減するなり止めるなりしたとすれば、その個人は地下水利用によって得られる便益が減少し、代替水源を確保するためのコストを負う

ことになる。一方で、集団が大きくなればなるほど、その費用負担に見合うほどの便益を集団財から受け取り得る見込みは小さくなる。そうして誰も地下水利用を低減・停止しようせず、他者が地下水利用を減らしてくれることを期待するフリーライダーとなる。そのような利用者が多く出現すると、地下水の持続的利用という集団目標は実現されなくなる。

地下水の掘削技術が発達して採取可能地点や採取可能量が増えるにつれ、地下水域を共有する利害関係者の数は増える。利害関係者はひとつのコミュニティや行政区の内部に留まらない。わが国には地方自治体の行政区を越えて流動する地下水が存在するし、他国には国境を跨いで流動する越境地下水も存在する（谷口 2011）。また、地下水の状態は涵養域の土地利用や地表水利用の制度などの様々な外部要因により影響を受ける。オストロムの設計原理でいえば（表5-1）、「明確に定義された境界」（項目1）は現実的には設定しえない場合が多く、そうした場合には「監視体制」（項目4）や「違反者に対する段階的制裁のルール」（項目5）の運用に膨大なコストがかかる。

以上のことから、地下水の保全と持続可能な利用を実現していくためには、政府、市場、コミュニティによる管理のいずれか単独では心もとないのであり、それらの相互補完が求められる。

第3節　地下水ガバナンスの概念と現状の概観

1. IWRMとガバナンス

水ガバナンスのあり方については、統合的水資源管理（Integrated Water Resource Management：IWRM）を目指す国際的潮流の中で盛んに議論されてきた歴史がある。IWRMは、水資源を開発の対象としてしか捉えていなかった時代から、水資源と水環境を保全し管理する時代へと移行する中で誕生した概念であり、1992年の「水と環境に関する国際会議」で採択されたダブリン宣言に端を発する。ダブリン宣言では、水の有限性の認識、水資源管理のプロセスにおける利害関係者の参加、水資源の経済的価値などに関する理

念が提示され、それらは同年の地球サミットで採択された「アジェンダ21」にも引き継がれた。その後、水問題にかかる効果的な開発援助の実現を目的として世銀やUNDPにより設立された「グローバル・ウォーター・パートナーシップ（Global Water Partnership：GWP）」の技術諮問委員会は、IWRMを「不可欠に重要な生態系の持続可能性を損なうことなく、公平に経済的・社会的厚生を最大化するため、水、土地、およびそれに関連する資源の開発と管理を協調的に促進するプロセス」と定義している[6]。IWRMは水資源政策のパラダイム・チェンジを担う諸原則を包摂する概念であり、望ましい水資源管理のビジョンや方法を検討する際の世界共通の鍵概念となっている（松岡2004）。

　IWRMの実現は水資源管理をめぐるガバナンスの転換を必要とする。IWRMで求められる利害関係者の連携、水・土地・農業などの関連分野の統合、生態系の保全といった多様な政策目的の実現は、従来の縦割り構造をもつ政府によるトップダウン的統治では達成しえない（諸富2011）。そのため、水資源管理に関するあらゆる要素を統合しつつ、全体として効果的な水資源管理を実現する体制が構築されねばならない。GWP技術諮問委員会の報告書では、IWRMにおいて統合されるべき要素は「自然システム（Natural system）」と「人間システム（Human system）」の2つからなるとされている。自然システムの統合とは、淡水管理と海域管理の統合、土地利用と水管理の統合、「緑の水（蒸発や蒸散によって大気に戻る水）」と「青の水（河川・湖沼・地下水帯水層等に留まる水）」の統合、地表水管理と地下水管理の統合、水量管理と水質管理の統合、そして上流と下流の利害の統合などが具体例として挙げられている。一方人間システムの統合としては、水資源の主流化、国の政策策定における領域間統合、水資源開発のマクロ経済的影響の考慮、統合的政策立案、経済セクターの意思決定への働きかけ、計画・意思決定プロセスにおけるすべての利害関係者の参加、水管理と廃水管理の統合などが含まれる（Global Water Partnership Technical Advisory Committee 2000）。地下水ガバナンスはIWRMの議論を継承するものであり、関連領域の主体や政策の連携・統合

---

[6] Global Water Partnership "What is IWRM?" http://www.gwp.org/The-Challenge/What-is-IWRM/（2016年8月13日アクセス）より。翻訳は筆者による。

を核とする概念である。

2. 地下水ガバナンスとは何か

(1) 地下水ガバナンスに関する先行研究

「地下水ガバナンス」を主題とする研究[7]は1990年代後半頃から見られる。だが、初期の先行研究においては、地下水ガバナンスの捉え方や定義が明確に示されていない場合が多く、従来の地下水マネジメントや政府主体の地下水管理と明確に区別していない場合も散見される。地下水ガバナンスの概念とフレームワークについて議論したFoster et al.（2010）のように、その定義や評価枠組みが議論されるようになったのはごく最近のことである。

後に詳しく紹介する「地下水ガバナンスプロジェクト（GGP）」等を契機として地下水ガバナンス研究推進の機運が高まる中、世界各地の地下水保全事例をガバナンスの観点から分析した研究が続々と発表されている。例えばVarady et al.（2016）は、各国の地下水ガバナンスの事例を分析して傾向やパターンを把握し、ベスト・プラクティスや先進事例を導出している。ナショナル・レベルの地下水ガバナンスに注目したものとしては、例えば、持続的地下水管理法（Sustainable Groundwater Management Act）をはじめとするカリフォルニアの地下水管理制度を分析したKiparsky et al.（2017）がある。また、南アフリカにおける地下水ガバナンスの状態を評価したPietersen et al.（2012）、南アフリカ水資源・衛生省（Department of Water and Sanitation）を題材に、良い地下水ガバナンスの構築に向けた国の役割についてバックキャスティング手法に基づき探求したSeward（2015）、1994年の水政策改革を

---

[7] 学術文献調査データベースの中でも主要なもののひとつであるEBSCO Discovery Serviceを用い、検索条件として、①表題・副題あるいは抄録に'groundwater governance' or 'governance of groundwater'が含まれており、かつ②'governance'をサブジェクト（主題）に含んでいる、③2017年12月31日までに発表された、④査読付きの、⑤英語あるいは日本語で書かれた文献（学術誌掲載論文、会議録、報告書、一般情報誌およびその他の文献を含む）という6つを設定して文献の検索を行った。最終検索日は2018年3月7日である。

通した南アフリカの地下水資源開発と地下水管理の変化をガバナンスのフレームワークを用いて評価した Adams et al.（2015）、南アフリカにおけるシェールガス開発のための地下水管理についてガバナンスのフレームワークを用いて分析した Pietersen et al.（2016）など、南アフリカを対象とした研究が複数存在する。その他、地下水の過剰採取問題が発生しているチュニジアにおいて、地下水制度とマネジメントの現状を評価して問題点を明らかにした Frija et al.（2014）、ラオスにおける地下水関連の知見や地下水管理の現状を論じた Pavelic et al.（2014）、インドにおける地下水管理を①科学的側面、②参加に関する側面、③規制に関する側面の3つで捉え、地下水ガバナンスの課題を抽出した Kulkarni et al.（2015）等がある。

　ローカル・レベルを対象とした研究も様々に存在しており、例えばアメリカでは、サンベルトに位置する3地域を事例とし、地下水利用者による協働ガバナンス（collaborative governance）の影響要因を検討した Megdal et al.（2017）、中心的な農業地帯であるオクラホマ州シマロン郡およびニューメキシコ州ユニオン郡におけるセンターピボット灌漑の持続可能性を調査した Wenger et al.（2017）などがある。また、カナリア諸島における地下水資源の不確実性とその管理を論じた Custodio et al.（2015）、中央スペインの2つの隣接する帯水層を事例にソーシャル・キャピタルと地下水のセルフガバナンス（自主統治）の関係性を分析した López-Gunn（2012）などのスペインを対象とした研究や、オーストラリアとコスタリカの特定地域における事例の比較分析により、持続可能な地下水ガバナンスと空間計画に貢献しうるアクター参画の条件を考察した Cuadrado-Quesada（2014）、南アフリカのケープタウンにおける地下水管理を、①科学的プロセス、②ガバメントプロセス、③社会プロセスという3つのガバナンス要素から分析した Colvin and Saayman（2007）、パキスタンのバローチスターン州における地下水政策を評価し、地下水マネジメントを改善するための方策について検討した Khair et al.（2015）、インドのアーンドラ・プラデーシュ州において農業用地下水利用への影響要因を調査した Meinzen-Dick et al.（2016）、同じくアーンドラ・プラデーシュ州における参加型の地下水管理制度を評価した Reddy et al.（2016）など、各地に事例研究が存在する。

加えて、地下空間および地下資源と地下水を連結させたマネジメントについて論じた Van der Gun et al.（2016）、都市の水供給において地下水ガバナンスの改善が果たす役割を論じた Howard（2015）、ガバナンス構築による越境地下水管理問題の改善を論じた Albrecht et al.（2017）、地下水ガバナンスに関連する国際法や国際的な行動計画等をレビューし、そこに含まれる理念や原則を分類して相互間に存在する相違点や対立関係を論じた Conti and Gupta（2016）、地下水のマネジメントと保護に向けた水関連法の課題を論じた Mechlem（2016）など、ガバナンスの特定の側面を掘り下げた研究も進められている。

　日本では流域ガバナンスの研究が先行的に実施されてきたが（例えば、大塚 2008：和田他 2009）、そこでは地下水は必ずしも明示的に扱われてこなかった。地下水ガバナンスを扱っている、あるいはそれに言及している研究は田中正（2014b, 2015a, 2016, 2018）、上野（2016）、遠藤崇浩（2018b, 2019）、谷口（2015）、千葉（2016, 2018a, 2018b, 2018c, 2019）、八木信一・武村（2015）、八木信一他（2016）、八木信一・中川（2018）、八木信一（2019）などに限られており、今後一層の研究の進展が求められている。こうした中、日本地下水学会では 2017 年に「地下水ガバナンス等調査・研究グループ」が立ち上げられ、持続可能な地下水の保全と利用に関するガバナンスの学際的研究が実施されており、今後の動向が注目される。

(2) 地下水ガバナンスの定義と含意

　先述の通り、地下水ガバナンスの定義や評価枠組みが議論されるようになったのは最近のことである。ガバナンスの概念自体が多義的なこともあり、地下水ガバナンスの定義は確立しておらず、様々に異なった視点や立場から提起されている（Kataoka and Shivakoti 2013; Van der Gun et al. 2016）。

　地下水ガバナンスの定義を明確に述べている数少ない既往研究の中で、代表的なものとして、複数の文献で引用されている定義を表 5-2 に示した。Foster et al.（2010）の定義は、人類のみならず地下水に依存する生態系への配慮が明確に含まれている点に特徴がある。Foster et al.（2010）の定義に含まれる共同行為（collective action）は、政府、非政府組織、研究機関、民間セ

表 5-2 先行研究における地下水ガバナンスの定義

引用元	地下水ガバナンスの定義	当該定義を採用している文献
Foster et al. (2010)	地下水ガバナンスは、人類と地下水に依存する生態系のために、社会的に持続可能な地下水資源の利用と効果的な保護を推進するための、責任ある共同行為である	・Kulkarni et al.（2015） ・FAO（2016） ・Van der Gun et al.（2016）　など
Varady et al. (2012)	地下水ガバナンスとは、責任、参加、情報公開、透明性、慣習そして法規範の適用によって地下水資源を管理するプロセスである。それは、様々な行政措置と、異なる行政レベル－そのうちひとつはグローバル・レベルであると想定される－の層内および層間の意思決定を調整する手段でもある	・Meinzen-Dick et al.（2016） ・Pietersen et al.（2016） ・IGRAC（※）　など
Megdal et al. (2014)	地下水利用にかかる法、規制、および慣習の包括的なフレームワークであり、公共セクター、民間セクター、そして市民を巻き込むプロセスである	・Varady et al.（2016） ・Albrecht et al.（2017）　など

※ IGRAC "Groundwater Governance" https://www.un-igrac.org/areas-expertise/groundwater-governance（2019年1月5日アクセス）

クター、市民等の複数アクターによる協働を示唆している（Van der Gun et al. 2016）。Varady et al.（2012）の定義には、情報公開やステークホルダー参画といった民主主義的な手続きと、異なる行政レベルの各層内および各層間における調整・連携が含意されている。Megdal et al.（2014）は、地下水ガバナンスはステークホルダー参画のプロセスであると同時に法や慣習といった制度の包括的枠組みでもあると述べている。

以上の定義やIWRMの議論を踏まえると、地下水ガバナンスには①多様

なアクターの参画（地下水やその関連領域に何らかの利害関係を有する多様な主体の参画とそれを確保するための体制）、②重層性（ローカル・ナショナル・リージョナル・グローバルの各層内および各層間における水平的・垂直的な連携）、③法制度・政策の連携・統合（地下水やその関連領域に関する法制度・政策の効果的な連結）が含意されると考えられる。この解釈を前提とし、本書では、地下水ガバナンスを「多様なステークホルダーが垂直的・水平的に協働しながら、科学的知見に基づき、地下水の持続可能な利用と保全に関して意思決定し、地下水を保全管理していく民主主義的プロセスである。同時に、地下水とその関連領域における法制度的・政策的対応の包括的なフレームワークである」と定義しておく[8]。

とはいえ、現場で地下水の調査や政策の立案・実施に携わる行政・企業の方々に「こうした抽象的な定義を並べられても、結局よくわからない」と思われてしまっては、地下水ガバナンスの社会実装も進まないであろう。そこで、私見ながら、地下水ガバナンスの含意について具体的な解釈を述べてみたい。

わが国における従来の地下水保全管理は、各部署・組織が個別独立性を保ち、自らが所管する地下水の管理業務を定型化された方式のもとで専門的に行う形態が大半であったのではなかろうか。担当部署が井戸の設置許可制度をつくり揚水量を規制しつつ水位を監視する、環境部署が地下水汚染原因物質の使用を規制しつつ水質を監視する、といったやり方である。こうした方式は、地盤沈下抑制を目的とした水量規制や揮発性有機化合物による水質汚染防止といった従来型の地下水課題の解決に相当程度貢献してきた。

しかしながら、時代が進むにつれ、地下水を取り巻く社会の様相は多面化している。グローバルな気候変動による水資源・水環境への影響（谷口2005）、地下水に依存する生態系の損失といった不確実性の高い問題は、政策的対応を適宜変更・改善していく柔軟性と、市民やその他の関係者に対する説明責任の遂行を要求する。また、硝酸性窒素汚染のような広域的な面源汚染問題、都市開発や農業の衰退による地下水涵養量の減少、東京都で見ら

---

[8] この定義は、日本地下水学会「地下水ガバナンス等調査・研究グループ」における地下水ガバナンスの定義（千葉 2018a、2018b、2019）に修正を加えたものである。

れている地下水位の上昇による地中構造物の浮き上がりや漏水など、従来の規制的手法が必ずしもそぐわない問題も各地にあらわれている。

　加えて、地下水の用途は地域によって様々であり、飲用、上水道、工業用、農業用、消雪・融雪用、災害対応といった消費型用途での利用から、文化や景観の形成、観光資源や環境教育題材としての利用、生態系保全といった非消費型用途でのニーズまで多岐に渡る。従来の地下水保全管理は消費型利用を想定した対策が中心的であったが、近年では、非消費型利用も含めた多様な機能を保全管理すべき対象と捉え、様々な用途間で調整・連携を図ることが求められるようになっている（千葉 2019）。例えば、地下水を地域産業やまちづくりに活かしたいとか、ブランディングして売り出したいという行政ニーズもあるだろう。また、CSR（企業の社会的責任）やCSV（共有価値の創造）として規制遵守に留まらない積極的な地下水保全対策を実施しようとする企業も見られるようになっている。「使うな、汚すな」に留まらない、より高次元の環境配慮が公民問わず新たなニーズとして生まれてきているように思われる。

　こうしたニーズの多様化は、地下水と地表水、都市開発、農業、エネルギーといった他セクターとの境界の流動化、課題に対処すべきレベルのローカル・ナショナル・グローバルへの重層化を求めるのであり、従来の一元的アプローチのみでは十分に対応できなくなっている。実際多くの国において、政府によるトップダウン的対応は、制度と資源の境界の不一致、水質と水量の分断、地下水と地表水の分断、生態系と水保全の分断といった様々な問題を抱えていることが指摘されている（López-Gunn and Jarvis 2009）。地下水ガバナンス論は従来のトップダウン的なやり方を否定するものではなく、それだけでは問題への対応に過不足が出る領域や、単なる問題対処に留まらず新たな価値を創造したい領域について、代替的な形態を模索しようと意図するものである。つまり、マルチレベルのスケールにおける政府・非政府の様々な主体が各々の機能・役割を発揮しながら相互に協調し補完し合う形態によって、行政や単独の主体のみでは十分に対応できない課題やニーズに取り組んでいこうとするプロセスが、地下水ガバナンスである。

　留意せねばならないのは、意思を主張できない者の存在である。それは将

来世代の人々であり、あるいは自然、動植物である。地下水ガバナンスを考えるときには、声をもたない将来世代の人々や生態系・動植物の生命・生活への配慮を現在の意思決定に組み込むこと、すなわち持続可能性を含意することが不可欠である。

　異なる立場や利害関係をもったものが、ともに目指すべき「地下水の持続可能な利用と保全」という目標に向けて、一定のルールの中で互いに意思を表明し、意思決定を行っていく。そうしたプロセスを繰り返す中で、個々のアクターが単独で動いていたときよりも、より目標達成に近づいていくことを目指す。こうした一連のプロセスが、地下水ガバナンスなのではなかろうか。

(3) ローカル・ガバナンスの重要性

　地下水ガバナンスは水ガバナンスの一部であるが、留意せねばならないのは、地下水のガバナンスは地表水のそれに比較してより複雑で達成困難な特徴を抱えているということである。地下水は地表水に比べて採取可能地点が散在している。また、さく井技術の発達によって個々のユーザーによるアクセスが容易化している。そのため地表水よりも私的利用に供されやすく、ステークホルダーの数と種類が多い。こうした「ユビキタス」な特徴のもとでは、国家による一元的規制はしばしば困難である。また、地下水の流動機構や挙動の正確な科学的評価は容易でないうえ、地下水は不可視であり、保全管理の必要性が誰の目にも明らかな形で現われるわけではないので、意思決定や合意形成が困難である（Mukherji and Shar 2005；Ross and Martinez-Santos 2010；Wijnen et al. 2012；Adams et al. 2015）。

　地下水の保全と持続可能な利用のためには、地下水と水循環系全体の影響関係を踏まえながら、地下水域の管理を基本とすることが必要となる。そのため、地下水ガバナンスとしてはローカル・ガバナンスが特に重視される。ローカル・ガバナンスとは、公共セクターとしての地方自治体によるガバナンス、民間営利セクターとしての企業によるコーポレーション・ガバナンス（企業による地域貢献としての統治への参加）、そして民間非営利セクターであるNPOやコミュニティ集団によるコミュニティ・ガバナンス（市民による統治

への参加）という3つの活動領域が相互行為を交わし、交渉しあい、協働しあいながら対抗的な相補性をかたちづくっていくものであるとされている（山本啓 2005）。地下水ガバナンスを考えていくうえでは、このローカル・ガバナンスを中心としつつ、ナショナル、リージョナル、グローバルの各層内・各層間の相互作用による統治、すなわちマルチレベル・ガバナンス[9]による制御が念頭に置かれる。

今後、地下水域に含まれるローカルの利害関係者、すなわち地方自治体、事業者、各種団体、住民などが一層重要な役割をもつことになる。高度経済成長期の地盤沈下など深刻な地下水問題が相当程度沈静化したのは、もちろん、国による全国規模での地下水調査や用水二法をはじめとする各種法律に基づく取組の功績でもあるが、国による規制の届かない範囲に地下水保全制度の網の目を拡げた、地方自治体による努力の所産である側面も大きい。そして、地方自治体によるそうした制度整備の陰には、地下水保全運動に取り組んだ市民の存在や、自治体と協定を締結するなどして自主的に地下水管理に取り組んできた企業の努力がある。わが国において既に相当程度存在しているローカル主体の地下水保全管理体制は、地下水ガバナンスの展開に向けて強力な地盤となるであろう。

---

9) 主体の重層性を考察する分野として理論的検討が蓄積されてきたのは、マルチレベル・ガバナンス論である（Bache and Flinders 2004）。マルチレベル・ガバナンスは、1990年代以降の欧州において、国家から地方への分権、そしてEUという超国家組織への権限移譲が進展し、EU、国家、そして地域という異なるレベルの諸アクターが相互連携を深める状況を背景に登場した議論である。政策の多様化が進み、地方の特殊事情と超国家的な課題に同時に対応していかねばならない中で、政策への参加主体もマルチレベル化していった。こうした、重層的な主体が政策決定に参加している状態を特徴的に捉えている（Hooghe and Marks 2001）。

3. 国際機関による「地下水ガバナンスプロジェクト（GGP）」と日本の現状

(1) GGP による地下水ガバナンス評価

「地下水ガバナンスプロジェクト（GGP）」は、世界各国の専門家・実務家の知見を集約した、地下水ガバナンスに関する総合的な国際的研究として現時点で唯一のまとまった成果である。

GGP では、地下水ガバナンスは、（ⅰ）アクター（Actors）、（ⅱ）法・規制・制度の枠組み（Legal, regulatory and institutional frameworks and their application）、（ⅲ）目標・政策・計画（Goals, policies and plans）、（ⅳ）情報・知識（Information and knowledge）という4つの構成要素（components）によって捉えられており（FAO 2016, pp. 11-14）、この4要素に基づき地下水ガバナンスの現状や課題が評価されている。ここではそれら各要素の含意を説明するとともに、GGP による地下水ガバナンス評価の結果を概説する。

(ⅰ) アクター

1つ目の要素は、地下水ガバナンスに参加しているアクターとそれらアクター間の相互作用に関するものである。アクターとは、地下水の利用や保全管理に直接・間接の利害関係を有する人々や組織であり、公民を問わず、例えば水利用者、井戸所有者、水供給業者、水保護団体、行政機関など多様なアクターが存在する。こうしたアクターないしステークホルダーの参画は地下水ガバナンスの核心的な要素である。

GGP では、Regional Consultation が行われた地域ごとにアクター参画の現状が報告されており、その様相は多様である。例えばサブサハラアフリカでは、一般的に開発のほうが保護よりも優先されており、地下水管理については国あるいは政府の出先機関が主体でステークホルダー参画は進んでいないが、中には村レベルの委員会組織などが存在している国もあると報告されている。ただし、そうしたローカルな組織と上位の管理組織との垂直的連携は取られていない（FAO 2016, pp. 91-92）。アジア地域については、例えば

フィリピンでは地下水マネジメントに関連して 16 もの機関が存在し、業務が重複していたり責任の所在が分断されていたりする[10]。また、マレーシアでも特定の地下水マネジメント組織が存在せず、いくつもの関係省庁に割り振られている[11]という。一方、タイやベトナムでは天然資源・環境省（Ministry of Natural Resources and Environment）内に地下水担当部局が設置されており、ここが地下水のガバナンスを主に管轄し、関連部署との調整業務を担っている（FAO 2016, p. 92）。

こうした国ごと・地域ごとの違いはあるが、世界的な一般的傾向としては政府が地下水の管理権限を有しており、トップダウン方式で地下水管理が行われている場合が多い。そして、ステークホルダー参画が乏しかったために政策が失敗した事例が各地で見られるとし、この問題は'Global Diagnostic'を通した共通課題であると指摘している。

ステークホルダー参画が限定的である主な原因は、参画を推進するための制度体系の欠如にあるとし、地下水にかかる利害関係を明確化したうえで、意識啓発事業や透明性と説明責任の確保等のボトムアップ式アプローチを推進し、連携・協力を促進することが極めて重要であると主張している。そして、アクターの中でも、特に中心的役割を果たすのはローカルの主体であると述べている。

加えて、政治的コミットメントとリーダーシップ、そして十分な権限と政策資源を有した行政機関の存在が、効果的な地下水ガバナンスに不可欠であると強調している。特に政治家や意思決定者たちは地下水保全管理に対し意識が低い場合が多いと述べ、彼らに対する適切な情報提供や意識啓発の重要性を指摘している。また、地下水管理組織はしばしば財源不足の状態にあるとし、明確なマンデート、科学的知見や情報へのアクセス環境、十分な資金・人員・設備等のキャパシティを有し、なおかつ政治的なサポートとステークホルダーからの支持を得られる地下水管理の専門機関を置くのが最も望ましいとして、組織体制の強化・確立の必要性を唱えている。

---

10) Tabios（2012）より引用されている。
11) Suratman（2012）より引用されている。

（ⅱ）法・規制・制度の枠組み

2つ目の要素は、慣習法・成文法にかかわらず、地下水に関連するあらゆる法律に関するものである。GGPによると、地下水に関する法的枠組みの整備はしばしば不十分で、その実効性にも問題があることが多い。大半の国は地下水に関連する法律や規制を有しており、典型的な内容として、地下水利用権の設定や汚染行為規制等が含まれているが、一般的に規制の程度は十分でなく、従来の規制の網にかからない地下水利用の急激な拡大も見られると述べられている。

さらに、多くの国では異なる制度的措置が分散的・断片的に存在しており、状況の変化に応じた更新が十分になされていない場合もある。また、水量の管理権限は国家に帰属しているが、水質の管理は異なる複数機関に所管されているなど、量管理と質管理の分離傾向もしばしば見られると指摘している。

地下水の所有権・利用権のあり方に関しては、多くの国は個人による過剰採取を防ぐため政府に帰属させているが、ローカルな地下水利用の慣習が残る地域も存在し、慣習上の権利を無視することで法律の実効性が低下してしまう場合が見られている。こうした問題も含め、法律による規制レジームと地下水の所有権・利用権の設定の際には、ローカルな文脈を慎重に考慮すべきことが強調されている。

（ⅲ）目標・政策・計画

3つ目の要素は、地下水ガバナンスの目標や原則、およびそれらを実現していくための政策や計画にかかわる。目標とは、例えば経済成長、持続可能性の達成、環境保護、公平性や効率性の達成、あるいは貧困削減などといった公共政策の目標と、地下水保全管理の目標との連結を意味している。原則とは、例えばIWRM原則や予防原則、汚染者負担原則などであり、地下水保全管理のあり方に通底するものである。

多くの場合、地下水保全管理の目標は公共政策目標と連結されておらず、地下水政策は一貫性を欠いているが、一部にはそれらを連結できている国や、IWRM原則を地下水政策に組み込んでいる国、関連領域と政策や計画

を統合させている国が存在している（FAO 2016, p. 19）。そして、持続可能な地下水マネジメントを達成するためには幅広い政策統合が重要であると指摘し、特に都市衛生、土地利用、エネルギー、鉱業といった地下・地中利用に関係するあらゆるセクターと地下水との連結を考慮し、それを政策や計画に反映すべきことを強調している。

　また、地下水の採取規制は存在するが行政機関がその監督能力を有していなかったり、汚染行為に対する賦課金制度は存在するが金額設定が低すぎたりなど、実効性を有さない政策も散見される。中には、農業用水の過剰採取を抑制するため灌漑の効率性を向上する措置を取ったら、却って灌漑面積が拡大してしまった事例もあるという。こうした失敗は、政策の立案・実施過程におけるステークホルダー参画の不十分さに起因すると指摘している。

　さらに、施策の実施に必要な財源が多くの国で不十分であり、モニタリング、科学的情報の普及、ステークホルダーによるプラットフォーム構築などの事業に対する、公共支出や投資の充実化を主張している。また、価格調整や補助金などの経済的インセンティブの導入や、民間セクターへの移譲も含む役割分担の見直しについても、一層検討していくことが望ましいと述べている。他方、既存の補助金やその他の経済的インセンティブが却って地下水の過剰利用や汚染を引き起こす原因になっている場合があるので、総合的かつ厳密な点検が必要であると指摘している。

(ⅳ) 情報・知識

　4つ目は、地下水に関する様々な情報と知識の集積、およびその共有・普及に関する項目である。地下水は不可視であるため利害関係者間で問題認識のあり方や価値観に差が生じやすく、保全や持続可能な利用のための合意形成が難しい。そのため、一層充実した情報と科学的知見の整備により、地下水を「可視化」することが必要になる。

　しかしながら、一部の先進国を除く大半の国々では地下水に関する情報や知識が整備されておらず、特にアフリカやラテンアメリカ・カリブ海地域では、水文地質学的情報は断片的に存在しているのみか利用可能な状態にないと評価している。また、地下水の水位・水質、揚水量、湧出量、塩水化の程

度等に関する総合的で継続的なモニタリングは、限られた地域でしか行われていない。さらに、モニタリングのための地域的あるいは全国的なネットワークを有している国でも、項目が限定的である場合が多い。こうしたモニタリングの不備は、効果的な地下水マネジメントの推進を阻む主因であると指摘する。

　GGP は、情報や科学的知見の収集のみならず、それらを共有しアクセス可能な状態にすることも、地下水ガバナンスに不可欠な要素であると強調している。適切な情報が得られて初めて意思決定者たちは適切な判断を行い得るし、ローカルなステークホルダーは地下水の危機を認識し、自らの利害や価値観を明確化することが可能になる。現状では、相当数の国々がデータや情報の共有化に向けて多大な努力をしており、特にインターネットポータルの活用を図っている。だが、まだ体系化されたデータベースが存在していない国々が大半であり、データは多数の機関・組織に分散していて中央のレポジトリに集約されていない状態にあるという。また、公開データとしてアクセス可能な状態になっていない場合も多く、たとえ公開されていても専門家向けのフォーマットになっていて、ローカルなステークホルダーや一般市民向けの情報システムや情報製品（本・パンフレット・DVD 等）は極めてまれにしか存在しないと指摘している（FAO 2016, pp. 121-123）。こうした状況を受け、データと情報の収集・整理業務を特定の機関に集約し、そこで必要なアセスメントやモニタリングを確実に行うことが、状況を改善する手立てになると提案している（FAO 2016, p. 144）。

　以上が GGP による 4 つの構成要素に基づいた世界的な地下水ガバナンスの現状評価の概要である。なお GGP では、地下水ガバナンスの状態を診断するための評価項目のサンプルが挙げられており、これはわが国で今後地下水ガバナンスの評価を進めるうえでも参考になると思われるので、表 5-3 として掲載しておく。

(2) GGP の強調事項と 2030 年ビジョン

　GGP の各種報告書では、全体を通して地下水ガバナンスの設計・運営上

表5-3 地下水ガバナンスの状態を診断するための評価項目の例

分類	評価項目
アクター	地下水ガバナンス・地下水マネジメントに役割を担っているアクターは誰か
	その中で、地下水マネジメント上の公式なリーダーシップを有しているアクターはいるか、いるとすれば誰か
	地下水に関する政治的リーダーシップはどのような利害関心を有しており、能力や質はどのようなものか
	そのリーダー的組織は、タスクの実行に必要な十分な能力・予算・知識を有しており、サポートを得られているか
	どのようなカテゴリーのステークホルダーが地下水マネジメントに関わっているか。また、どのような役割をしているか
	異なるアクター間の協力関係はきわめて良好か、普通程度か、乏しいか。あるいは存在さえしていないか
	アクターのグループ間で意識に違いは見られるか。何か継続的な活動が存在するか
枠組み（法的）	地下水マネジメントの基盤となる専門の法律が存在するか
	その法律はどのような側面を扱うものか（地下水の所有権・利用権、地下水採取、水質汚染など）
	採取規制や水質汚染に関してどのような規制が存在するか
	それらはどの程度実効性を有しているか
目標・政策・計画	対象地域の地下水マネジメントに適用可能な政策は存在するか
	存在する場合、それら政策の目的や対象とする課題は何か
	対象とするエリアや帯水層に関する地下水マネジメント計画は存在するか
	存在する場合、その計画はどのような課題を扱っているか。そこに含まれていないローカルな課題はないか
	政策とマネジメント計画は、地表水やその他の政策領域と連結しているか
	補助金を含む財政は持続可能な地下水利用を支えるものになっているか。逆に、損なうものになっていないか
知識・情報・認識	地下水システムの評価はどの程度まで実施されているか
	モニタリングデータは、どの程度、どういった項目（水位・採取量・水質 etc.）について存在するか
	どのようなモニタリング事業が継続的に実施されているか。そこでのモニタリングの項目と精度はどのようなものか
	データの収集・管理・普及について責任を有している組織はどこか
	その組織は十分な職員、予算、その他の職務遂行に必要な手段を有しているか

表5-3 地下水ガバナンスの状態を診断するための評価項目の例（続き）

	地下水に関するデータ、情報および知識は公に利用可能な状態にあるか。それはどのような形態においてか
	地下水に関する情報は行政機関や官民のセクター間で十分に共有されているか
ローカルの状況	地下水マネジメントの課題としてどのような問題が認識されているか。その中で、地下水ガバナンスの改善に向けたトリガーになり得るのはどれか
	対象地域の水文地質学的状況はどのようなものか
	対象地域における地下水の役割や経済的資源としての利用状況、重要性はどの程度か
	対象地域の全体的な社会経済的状況と、それによる地下水へのインパクトはどのようなものか
	水および地下水の開発・利用およびマネジメントはどのような段階にあるか
	国全体のガバナンスや政治的リーダーシップの状況は、地下水ガバナンスを促進するものになっているか
	地下水に関する国家的あるいは地域的なビジョンは存在するか
	大規模な都市は、地下水のガバナンスもしくはマネジメントに特定の役割を果たしているか。あるいは果たそうとしているか
	越境的な地下水管理問題は存在するか
	地下水に影響を与えうるマクロな経済政策、急速な都市化や経済成長などは存在するか

GGP "Global Framework for Action" Table3.1 (p.37) より作成。翻訳は筆者による。

の重要事項が指摘されている。中でも次の7点は度々強調されている。すなわち、①ローカルなステークホルダーの参画や、ローカルな文脈で実効性のある法的フレームワークの整備によって、文脈固有の（context-specific）事実を反映すべきこと、②公共政策目標と地下水マネジメントの統合および政治的なコミットメントの強化、③地下水マネジメントを担う行政機関の人的・資金的なエンパワメントと権限の強化、④コストとベネフィットの衡平な配分、⑤観測・モニタリング実施機関の特定と責任所在の明確化、⑥定量的目標と定性的目標の設定、⑦意思決定に対する科学的知見の反映である。

表 5-4 GGP による地下水ガバナンスの指導原則

第一　水の安全保障と生態系の健全性を確保するためには、地下水単独ではなく、地表水や他の水資源と適切な連携を取りながらマネジメントすべきである。

第二　地下水質と地下水資源は同時にマネジメントされるべきであり、それゆえに地下水マネジメントは土地利用管理と調和的になされるべきである。土地利用は地下水涵養に影響を与える主要な要因であり、地下水涵養域を汚染と劣化から保護することは急務の課題である。

第三　効果的な地下水ガバナンスのためには、廃棄物処理から水圧破砕法（ハイドロ・フラクチャリング）の実施に至るまで、通常の水政策にかかる意思決定では考慮されることのない領域も含め、地下空間におけるあらゆる活動との協治（co-governance）が求められる。

第四　地下水の保護管理計画を練り上げ実施していく際には、ナショナル・レベルとローカル・レベルの「垂直的統合」が必要である。

第五　農業、エネルギー、衛生、都市開発・産業、そして環境といった他セクターのマクロな政策との協調が求められる。これらの関連セクターにおける政策が、地下水の持続可能性の鍵を握っている場合が多々存在する。

FAO（2015a, p.5）より作成。翻訳は筆者による。

　また、地下水ガバナンスの指導原則として表 5-4 に示した 5 点が掲げられており（FAO 2015a, p.5）、地表水と地下水、農業と地下水といった関連セクターとの連携、ナショナルとローカルといった異なるレベルのアクター間の連携など、これまで個別的・分散的に存在してきた各主体や施策のネクサス（連関）を考慮し、そこに存在するコンフリクトを解決していくことが、地下水ガバナンスの核として含意されている。

　さらに、2030 年までに達成されるべきビジョンとして、表 5-5 に示した 5 つが掲げられている。こうした国際的なビジョンは、わが国で地下水ガバナンスにかかる中長期的および短期的なビジョンと目標を設定し、達成方策を検討していく際のメルクマールとして参照できる。

表5-5　GGPによる地下水ガバナンスの2030年ビジョン

1. 公的保護と責任体制の確立、ステークホルダーの継続的な参画、および地中水やそれに関連する資源の利用者を含む他セクターとの統合を可能にする、有効な地下水の法規制と制度的枠組みが実行されている。
2. 全ての主要な帯水層が適切に評価され、結果として得られた情報と知識が、最新のコミュニケーション技術を活用して共有されている。
3. 優先性の高い帯水層では、地下水のマネジメントプランが策定され、実行されている。
4. ローカル・ナショナル・インターナショナルの各レベルにおける地下水マネジメントの主体が、十分な資金を有し、キャパシティ・ビルディング、資源の量および質のモニタリング、そして需要管理の推進といった主なタスクを、供給サイドの対策と連結させながら確実に実行している。
5. インセンティブの枠組みと投資プログラムによって、持続可能で効率的な地下水利用と、十分な帯水層の保護が推進されている。

FAO（2015a, p.3）より作成。翻訳は筆者による。

(3) 日本の地下水ガバナンスの現状と展望：俯瞰的考察

　では、日本の地下水ガバナンスはどういった状態にあるのか。その正確な評価のためには、一定の枠組みのもとで地域ごと・地下水域ごとに詳細な実証研究が実施されねばならない。本書ではそこまでを目指さず、巨視的な把握を目的に、「地下水ガバナンスプロジェクト」の4つの構成要素（（ⅰ）アクター、（ⅱ）法・規制・制度の枠組み、（ⅲ）目標・政策・計画、（ⅳ）情報・知識）に基づき、わが国の地下水ガバナンスの現状と展望を試論してみたい。

（ⅰ）アクター

　わが国の地下水保全管理に関わる国、地方自治体、企業、市民といったアクターの中で、最大の役割を果たしてきたのは地方自治体であろう。国は水位・水質や地盤沈下の状況等について大規模な調査を継続的に実施し、地下水保全対策にかかる情報基盤を整備してきた。また、ガイドラインや技術資

料等の作成によって自治体や事業者による取組の推進を図ってきた。しかしながら、法制度整備の側面は十全でなく、地下水行政は複数省庁による縦割り構造の中で行われてきた[12]。そうした中で、深刻な地下水問題を経験した自治体を中心に各種対策が進み、現在では実に多様性に富んだ地下水条例が全国で制定されている[13]。

それら条例の中には、アクター参画の理念や具体的仕組みを有しているものもある。非政府アクターである企業・事業者や市民の地下水保全にかかる責務規定は多くの条例が有しているほか、事業者等による地下水採取量の情報公開[14]、市民活動に対する技術的・経済的支援[15]や地下水保全の功労者に対する表彰制度[16]、地下水保全にかかる審議会への公募市民の参加制度[17]などを定める条例もある。

日本では、1995年の地方分権推進法から1999年の地方分権一括法、小泉政権下の三位一体改革という一連の流れの中で、参加や協働に関する条例や方針の策定が行われていった。また、阪神淡路大震災を契機とする市民活動の活発化、1998年のNPO法施行、1999年のパブリックコメント制度設置、2001年の情報公開法施行等、市民参加や協働の推進に向けた国の動きが活発化した。現在ではあらゆる都道府県において協働に関する方針やガイドライン等が制定されている（早田 2017）。地下水保全管理における市民参画制度は現状として十分とは言い難いが[18]、こうした時代の流れの中で徐々に整備が試みられつつある。

また、企業は従来地下水の利用者ないし汚染者としての規制遵守が主な役

---

12) 第1章3節を参照。
13) 第3章を参照。
14) 例えば熊本県地下水保全条例29条では、特定採取者に対して採取量の測定と知事への報告義務を課し、知事はその報告概要を公表することを規定しており、市民への情報公開を地下水条例として担保した先進例である。第3章3節2項（3）③を参照。
15) 例えば日野市「清流保全－湧水・地下水の回復と河川・用水の保全－に関する条例」21条。
16) 例えば富士吉田市地下水保全条例16条。
17) 例えば国分寺市湧水及び地下水の保全に関する条例15条3項。
18) 第3章3節3（3）、第4章3節2（8）を参照。

割であったが、中には自治体と地下水保全にかかる協定を締結したり、地元の森林組合やNPO等との連携のもとで水源林保全の活動を実施したり[19]など、積極的な活動を展開しているものもある。自治体と事業者による「地下水利用対策協議会」もガバナンスの観点から注目される事例である。地下水利用対策協議会は、戦後の工業用地下水の過剰採取対策として、通商産業省（当時）の指導により各種政府機関と地下水利用者が共同で組織したものである（遠藤崇浩 2018b）。各地の事情に応じて、国の機関、都道府県、商工団体等様々なメンバーで構成されており、複数市町村が行政区を超えて形成している場合もある[20]。

さて、地下水保全管理に携わるアクターは少しずつ多様化しているようである（図5-1）。過剰揚水による地下水障害が各地で顕在化し、条例や法律による揚水規制が開始された1950年代頃は、国や地方自治体といった政府機関が地下水管理の主体であった。その後1960年代には、地下水利用企業と市町村が共同して地下水利用対策協議会を設立し、官民一体で自主的に地下水保全に取り組む事例が出てきた。さらに、環境基本計画の策定（1994年）を契機に「健全な水循環の確保」が重視されるようになった1990年代には、「熊本地域地下水総合保全管理計画（第1次）」のように、都道府県と市町村の連携による広域的な地下水保全計画の策定事例が見られるようになった。加えて、神奈川県座間市の地下水保全連絡協議会のように、地下水採取事業者と市民が地下水保全について協議を行う取組も見られるようになった[21]。そして、参加・協働の推進に向けた国の取組が活発化した2000年代には、マルチアクターによる連携事例が散見されるようになる。例えば福井県大野市では、2010年に市・県・国のみならず市民・企業・土地改良区等の参加も得た「大野市湧水文化再生検討委員会」が設置され、そこで検討さ

---

19) 例えばサントリーホールディングス株式会社の「天然水の森」事業では、全国の工場の水源涵養エリアで森林整備を行っており、整備している森林の面積は2013年時点で7,600haを超えている（山田 2013）。

20) 第4章3節2項（7）を参照。

21) この取組は座間市「地下水を保全する条例」で規定されている（31条）。第3章3節3項（3）を参照。

アクター 年代	政府			非政府	
	国	都道府県	市町村	企業・事業者	住民・市民団体
1950〜	工業用水法(1956)				
			大阪市地盤沈下防止条例(1959)		
1960〜	ビル用水法(1962)				
1990〜		地下水利用対策協議会 (1967〜)			
		熊本地域地下水総合保全管理計画(第1次) (1996)			
2000〜			座間市地下水保全連絡協議会(1999〜)		
		大野市湧水文化再生検討委員会(2010〜)			
			国分寺市湧水等保全審議会(2012〜)		
		くまもと地下水財団 (2012〜)			

図 5-1 地下水保全管理における多主体連携組織の登場

千葉（2019）を基に作成。

れた「越前おおの湧水文化再生計画」が翌年に策定された。また、東京都国分寺市の「湧水及び地下水の保全に関する条例」では、地下水及び湧水の保全に関する事項を検討する市長諮問機関「湧水等保全審議会」の委員5人のうち、2人以内を公募選出市民にすることが定められている（15条3項）[17]。くまもと地下水財団は、評議員会、理事会、監事のほか、県知事と市町村長による諮問機関「くまもと地下水会議」および主に民間事業者で構成される賛助会「くまもと育水会」の2つの任意組織から構成され、地下水会議には民間企業、NPOや市民組織、土地改良区の代表者もメンバーとして参加している（八木信一他 2016）。このように、公民の主体間の連携事例が各地で見られるようになっており、わが国の地下水保全管理においても、一元的規制のみならず多中心的なネットワークによるガバナンスが形成されるようになりつつあると考えられる（千葉 2019）。

第4章の調査から、地下水保全対策の実施にあたって、科学的データや情報の不足、施策立案・実施にかかるノウハウや専門知識の不足、そして財

源不足といった課題を抱えている自治体が相当数存在していることが判明した[22]。また、国と地方自治体[23]、都道府県と市町村[24]の垂直的連携にも課題を残している。こうした課題に対し上記のようなマルチアクターの連携体制をいかに築きうるのか、それが自治体による地下水保全管理の限界をいかに補完しうるのかが注目される。加えて、いかにしてマルチアクターの参画を促し合意形成を図るのかという問題には、多くの地域が直面するであろう。行政上の必要性、科学的知見、各種用水需要、生態系への配慮など、様々に異なる立場と利害関係が分散的・分断的に存在している状態から、それらをネットワーク化し新たな均衡点へと移行していくのがガバナンスのプロセスである。それを推し進める制度や仕組み、ガバナンスの転換点（tipping point）の所在の探求が、今後の地下水ガバナンス研究に残された重要課題である。ただし、多様なアクターの参加は、時によっては意思決定プロセスを複雑化し行政コストを膨張させる。多主体連携の功罪を実証的に示していくことも、地下水ガバナンスの社会実装推進に向けて求められるであろう。

コラム③　主婦が守った地下水

　大野市は福井県東部に位置し、九頭竜川上流の大野盆地とその北東および南西の山地部からなる。人口は 33,587 人（2018 年 12 月 1 日現在）[25] で、市域の総面積の 8 割を山地が占め、残りの盆地地帯に市街地が形成されている。豊かな地下水に恵まれている大野市街地では、現在も多くの家庭や事業所がホームポンプや水中ポンプを用いて地下水を利用しており、上水道普及率は 19.65％ と低く留まっている（2010

---

22) 第 4 章 3 節 2 項（3）および（5）を参照。
23) 例えば第 4 章 3 節 2 項（9）では、「広域的なビジョンや方針の提示」や「市町村の立場の法令上での明確化」などを国に求めている自治体が一定数存在した。
24) 例えば第 4 章 3 節 2 項（3）および（5）では、水位低下や硝酸性窒素汚染の対策実施にかかる課題として「都道府県との役割分担が不明確」であることを挙げた自治体が一定数存在した。
25) 大野市「市民の動き」http://www.city.ono.fukui.jp/shisei/profile/toukei/shimin-ugoki.html（2019 年 1 月 9 日アクセス）

年度末)。上水道や簡易水道の水源も地下水に依存しており、市の地下水揚水量の約 45％を水道用が占めている。また、市街地内では局所的に水面の浅い場所があり、そこでは古くから、地面を掘り下げて出た湧水を用いた共同利用の水汲み場や洗い場などが形成されてきた。その一つである泉町の「御清水（おしょうず）」は、環境省選定の「名水百選」に選ばれている[26]（写真 5-1）。

大野市は 1977 年に福井県下初の地下水保全条例を制定し、その後も「地下水保全管理計画」(2005 年)、「水のみえるまちづくり計画」(2006 年)、「越前おおの湧水文化再生計画」(2011 年) など地下水・湧水の保全と活用に関する制度を充実化させてきた。また、市、河川管理者、農用地等管理者、各種開発事業者、地下水利用者などのステークホルダーを包含した体制で地下水保全管理を行うための仕組みづくりも取り組まれている（大野市 2005）。こうしたことから大野は地下水保全の先進地域として知られており、環境省の『「地下水保全」ガイドライン』では、地下水ガバナンスの実践例として評価されている（環境省水・大気環境局 2016, p. 46）。

今でこそ先進地域と評される大野市であるが、はじめからそうだったわけではない。大野の地下水保全管理体制を転換させる大きな契機になったのは、地域の主婦たちを中心とした地道な住民運動であった[27]。

大野市では、1950 年代の電源開発の一環として、大野盆地南部の農業開発が行われ、真名川水系にもダムと発電所が建設された。その後 1960 年頃からは、繊維工業の発展によって揚水量が増加した。さらに 1970 年代には、冬季の消雪・融雪用途で地下水が大量利用されるよう

---

26) 環境省『名水百選』https://www2.env.go.jp/water-pub/mizu-site/meisui/data/index.asp?info = 37 （2014 年 9 月 11 日アクセス）
27) ここで述べる住民運動の内容は、筆者が 2014〜2017 年にわたって実施した大野市での現地調査において、元大野市市議会議員で大野の水を守る住民運動の創始者である野田佳江氏、および現大野市市議会議員の梅林厚子氏から聞き取った情報に主に基づいている。ただし、適宜、福井県大野の水を考える会（2000）、および野田（2001）に基づき補足した。

になった。これは、いわゆる「38（サンパチ）豪雪」[28]以降に冬季の雪対策として導入されたものであった。この頃から毎年冬になると家庭用井戸が枯渇するようになり、1977年1月には異常寒波と豪雪により市街地の約千戸の井戸が枯れたという。これに対し、家庭の台所を守る主婦たちが立ち上がって「地下水を守る会」を結成し、行政に融雪対策を求めるようになった（野田 2001）。

しかしながら、当時の大野の行財政界は、節水や融雪規制は時代の発展に背くのであり、井戸の枯渇は上下水道により代替すれば良いとして、地下水保全の道を探ろうとしなかったという。そこで、「地下水を守る会」は、屋根融雪による地下水揚水量の実態調査と、降雪と観測井戸の水位低下の因果関係を示す連動グラフの作成に試み、その結果をもって当時の市長に対策を求めた。これを契機に制定されたのが、県下初の地下水保全条例であった。この条例によって地下水融雪の禁止と工場揚水に対する循環装置の指導が開始された。だが、その後の市長交代により再び開発志向へと転向し、さらに、「56（ゴウロク）豪雪」[29]を機に県が地下水融雪を推進し、県道で大掛かりな道路融雪工事が行われたことで、大野市民の節水意欲も下がってしまったという。そして、大野の住民は再び井戸枯れに見舞われるようになった。

地下水を守る主婦運動のリーダーであった野田佳江氏は、根本的な構造変革の必要性を感じ、1983年に市議会議員選挙に立候補して当選、大野市初の女性議員となった。野田氏は、行政と市民が徹底的に話し合うこと、そしてそれを支える専門家の存在が必要であると考え、水収支研究グループの柴崎達雄氏[30]に支援を求める手紙を書いた。これをきっかけに、大野の水を守る運動は、柴崎氏ら専門家による強力な手助けを得るようになり、「主婦運動」を脱皮して、科学的な地下水

---

28) 1963（昭和38）年1月から2月にかけて、主に新潟県から京都府北部の日本海側と岐阜県山間部を襲った記録的豪雪のこと。その異常に多い雪の量と異常に長い降雪継続時間のために、大雪害が引き起こされた（石原 1963）。

29) 1980年12月から1981（昭和56）年3月にかけて、東北地方から北近畿までを襲った記録的豪雪のこと。38豪雪に勝るとも劣らぬ規模であったと言われている。

調査による実態解明、市民への意識啓発、政策提言活動へと幅広く活動を展開していった。大野市議会では、野田市の引退後も 3 代に渡りその血脈を継ぐ議員が擁立され、現在も市民を支持基盤とする主婦政治家が熱心な活動を続けている[31]。また、大野には地下水を守る活動を行う住民組織や市民団体も様々に存在している[32]。

このように大野市の地下水保全体制の背景には、四半世紀にわたって地道な活動を続け、地下水政策の形成過程に積極的に働きかけてきた市民の存在、それを支えた専門家たちの存在がある。これは第 6 章で取り上げる熊本地域でも同様である。政策過程におけるインフォーマルな部分は、記録が残されていなかったり整理されていない場合もままあり、なかなか表に出てこない。しかし、その理解に努めることは地下水ガバナンスを考えるうえで不可欠に重要である。

---

30) 柴崎達雄氏は、東京教育大学理学部地質学鉱物学科を卒業後、農林省技官として農林省農地局（本省）および九州農政局に勤務した。その後はフリーの地質コンサルタントとなり、1979 年から 1986 年までは東海大学に勤務、その後再度フリーとなり、1989 年から 1992 年まで国立インドネシア第四紀地質研究所所長を務めた。その後 1994 年から 1998 年まで新潟大学に勤務し、再び独立した（高橋保 2005）。水収支研究グループは、氏が世話係をしていた自主的な勉強会である（柴崎 1976b, p. 38）。構成メンバーは、応用地質あるいは土木地質の分野で働く主に 20 歳から 30 歳代前半の若手で、中央官庁や地方自治体の役人、民間コンサルタント、大学教員、学生など様々であった（柴崎 1976b）。
31) 当該議員によると大野市は地下水ガバナンスの実践例として評されているが、他方で冬期の地下水位低下、それに伴う湧水の涸渇や井戸枯れ等様々な課題も抱えており、2018 年 11 月には代表的な湧水地である泉町の御清水が涸渇する事態も生じたという。野田氏を継ぐこれら議員を中心に、そうした問題の改善が熱心に取り組まれており、最近では特に、1977 年の制定以降改正されておらず、大野の抱える諸課題に必ずしも十分に対応できなくなっている地下水保全条例の改正に向け働きかけが行われている。大野市議会議員に対する聞き取り調査より。2017 年 3 月 11 日実施（大野市内にて）、2019 年 1 月 8 日（メールでのやり取りにて）。
32) 現在の大野に至るまでの市民運動の過程は、大野の水を考える会（1987）、福井県大野の水を考える会（2000）、野田（2001）等に詳しく報告されているので参照願いたい。

写真 5-1 御清水（福井県大野市泉町）
一般財団法人水への恩返し財団事務局長・帰山寿章氏提供

(ii) 法・規制・制度の枠組み

わが国では、戦後工業地帯を中心に地下水枯渇と著しい地盤沈下が進行し、この対策として1956年に工業用水法が制定された。加えて、都市部では冷暖房や水洗便所等新たな用途の地下水利用が急速に増加し地下水障害の大きな要因となった。これを受けて、1962年には建築物用地下水の採取の規制に関する法律（ビル用水法）が制定された。これらのいわゆる用水二法は指定地域内での地盤沈下抑制に大きな効果をあげたが（地下水政策研究会1994）、指定地域は現に地盤沈下が進行している地域に限定され、他地域での未然防止を図ったものではなかったため、問題の根本的解決には至らなかった。その後も地下水に関する総合法は制定されておらず、河川法の定める河川水、温泉法の定める温泉水等それぞれの権利関係に従って個別的に管理されてきた[33]。

こうした国家法のあり方はローカルな地下水管理に影響を及ぼしてきた。

---

33) 地下水保全に関する主な国家法は第1章で表1-2としてまとめたので参照されたい。

例えば現場では、温泉掘削の影響により公営の源泉井戸の枯渇が懸念されたり[34]、水利権が障壁になって地下水量保全事業が思うように運ばなかったりする事態が生じているが[35]、地下水保全条例の多くは温泉や河川といった地下水とつながっている水を条例の枠組みから除外している[36]。

一方、第3章で詳しく論じた通り、自治体は独自の条例によって地下水保全管理対策を充実化させてきた。一部の条例では地下水を「公水」や「共有資源」等と定義し、公的管理すべきものと捉えている[37]。特に総合的な地下水保全管理を志向している秦野市、座間市、岐阜市、宮古島市、熊本市、熊本県等の各条例は地下水を公共の水として捉え積極的な公的管理を推進している[38]。国レベルでは、地下水は2014年の水循環基本法においてようやく「国民共有の貴重な財産であり、公共性の高いもの」（3条の2）と性格づけられたのであったが、地下水を公共のものとする法制度のフレームワークは、自治体によって先導的に形成されてきたのである。総合的な国家法の不在と自治体による独自条例の先導性は、わが国の地下水法制度に関する大きな特徴のひとつと言えよう。

地方自治体による「誂え物」の地下水法制度は、地下水域単位における地域主導の地下水ガバナンス体制を築くうえで、強力な支柱となるであろう。今後も各地域が創造性を発揮し、特有の状況に応じた法制度整備を進めていくことが期待される。

ただし、その際には若干の懸念も存在する。それは、民法206条および207条に基づいて地下水は土地所有権に附随すると長らく解釈されてきたこと、そして、地下水採取規制は財産権・温泉権・水利権等の権利に抵触する可能性があるという認識が自治体に根強く存在していることである。「土地所有権に付随するものであるから自由使用が認められるべき」という認識は、特に地下水条例を有していない自治体で強い[39]。規制が財産権侵害に相

---

34) 第3章3節1項を参照。
35) 第4章3節2項（3）を参照。
36) 第3章3節1項を参照。
37) 第3章3節4項を参照。
38) 第3章4節を参照。

当してしまうかもしれないという不安があると、予防原則に則った事前的な地下水採取規制には慎重にならざるを得ないであろう。中には、県条例で地下水は公水と定められたが、実務上は私水として扱っているという市町村も存在した[40]。

そうした中、地下水と温泉を一体的に規制する例[41]や、秦野市の井戸新規設置訴訟[42]のように地方自治体による独自の地下水規制の合憲性を認めていると捉え得る判例も出てきている。地域主導の地下水ガバナンスを推し進めるためには、地方自治体の自主性と自立性が十分に発揮されるよう[43]、地下水条例が依って立つ法的基盤を確立していくと同時に、関連する法制度間の矛盾や間隙を洗い出し、国と地方自治体、都道府県と市町村における法制度の垂直的連携を図ることが重要である。

(ⅲ) 目標・政策・計画

わが国には、地下水条例のほか、地下水保全管理にかかる調査、目標設定、体制、資金管理、具体的な施策や事業等について扱った行政計画や戦略が各地に存在する。地下水を中心とした計画としては、例えば秦野市地下水総合保全管理計画、座間市地下水保全基本計画、野々市市地下水保全計画、箱根町地下水保全計画、安曇野市水環境基本計画、金沢市地下水保全計画、大野市地下水保全管理計画、五泉市地下水保全管理計画、川崎市地下水保全計画、西条市地下水保全管理計画、熊本市地下水保全プラン、熊本地域地下水保全管理計画等が挙げられる。また、水環境保全や治水・利水等について総合的に定めた水循環計画や水環境基本計画等の中に地下水保全管理を位置づけている場合や、環境基本計画の中で地下水に関する定めを設けている場

---

39) 第4章3節2項(6)を参照。
40) 第4章3節2項(6)を参照。
41) 第3章3節1項を参照。
42) 第1章コラム②を参照。
43) 地方自治法1条の2は「住民に身近な行政はできる限り地方公共団体にゆだねることを基本として、地方公共団体との間で適切に役割を分担するとともに、地方公共団体に関する制度の策定及び施策の実施に当たって、地方公共団体の自主性および自立性が十分に発揮されるようにしなければならない」と定めている。

合もあり、様々な種類と様相を呈している[44]。

　これら条例や計画に含まれる政策手法も多様である。従来の地下水管理は、用水二法を中心とする地下水採取規制や、水質汚濁防止法を中心とする有害物質の使用規制のように、直接規制が中心であった。こうした規制的手法は、行政上の環境目標を権力的な「強制」によって実現しようとする点に特徴があり、対象とする問題が人間の生命・生活に直接・間接の損失をもたらしうる問題であり、その原因除去が目指される場合に実効的に機能しうる（岩﨑 2006）。

　しかしながら、今日の複雑化した地下水問題には、規制的手法のみでは対応が困難になっている。例えば硝酸性・亜硝酸性窒素汚染は必ずしも違法とは言い難い通常の事業活動や日常生活が原因で、かつ汚染が面源的で原因者が特定しづらい。また、気候変動や生態系損失によるリスクなど不確実性の高い問題への対応も求められるようになっている。加えて、地盤沈下・水位低下や水質汚染が一定程度沈静化した近年では、保全だけでなく積極的な利活用のニーズも生まれており、規制的手法が馴染まない局面が各地で出てきている。

　こうした状況に対応してか、各地の条例や計画を見ていると、より多様な政策手法が展開されるようになっていると見受けられる。表5-6 は、各地で実施されている地下水量の保全政策を、その目的と政策手段に従って分類したものである。1950～1960 年代に制定された初期の地下水条例や用水二法で採用されている政策（図中の網掛け部分）[45]は、過剰採取の抑制・防止を目的とした揚水規制を中心とする、原因者に対するコントロール手段が主であった。その後 1970 年代以降各地で制定された条例や計画においては、政策の目的が地下水涵養、災害時利用などへと広がり、政策の手段も契約・自発性に基づく手段や基盤的手段へと展開した。さらに、先進自治体（例えば神奈川県秦野市、東京都日野市、福井県大野市、熊本県熊本市等）では、地下水・湧水に関連する景観・生態系の保全や、地下水の観光資源化や地下水を活用し

---

44) 地下水や水循環に関する様々な計画の事例については内閣官房水循環政策本部事務局（2016）を参照されたい。
45) ただし用水二法は採取状況の測定・報告義務は規定していない。

表 5-6 地下水量保全の政策手段分類

政策手段の分類		政策の目的		
		過剰採取対策	節水	涵養
原因者をコントロールする手段	直接的手段	揚水量規制 井戸規模規制 採取状況の測定・報告義務	節水設備の設置義務 地下水利用計画・節水計画の作成義務（熊本県・熊本市・津島市）	水源保護区域内での開発行為規制（座間市）
	間接的手段		節水設備の設置助成	涵養設備の設置助成
契約・自発性に基づく手段	直接的手段	地下水利用対策協議会	個人・企業井戸での節水設備設置 地下水利用対策協議会	個人・企業井戸での涵養設備設置
	間接的手段	地下水利用協力金	地下水利用協力金	湛水協力農家への助成金支払い（熊本市）
公共機関自身による活動手段	直接的手段	自治体間の地下水保全協定	公共施設等での節水設備設置 雨水・再生水利用の推進 上水道の有効率の向上 他水源への転換	公共施設等での涵養設備設置 道路等の透水性舗装の推進 河川等整備時の地下水涵養に配慮した工法の選定 水源林・緑地・休耕田等の保全活用
	間接的手段		節水技術の研究開発	涵養技術の研究開発
基盤的手段		①アクターに関わる政策：市民参加型審議組織の設置、環境教育・意識啓発 ②法・規制・制度に関わる政策：条例による地下水の公水化 ③目標・政策・計画に関わる政策：地下水保全に関する行政計画の策定 ④情報・知識に関わる政策：モニタリングと観測、地下水機構に関する調査		

災害時利用	景観・生態系保全	観光資源・ブランド化
災害時における個人・企業井戸の採取制限	水生生物に悪影響を与える開発行為等の禁止（日野市） 廃棄物等の投棄の禁止（日野市・東久留米市） 地下水採取許可条件への野生生物への配慮の組み込み（中能登町）	
災害時協力井戸の登録		
		水にかかわる食品・農産物のブランド化（大野市） 水にまつわる伝統文化活動や行事の支援（大野市）
消防水利の指定	湧水保全地域の指定（板橋区） 生態系保全施設の運営（大野市） 親水空間等の整備（秦野市等）	水にまつわる伝統文化や行事の記録・遺産登録（大野市・熊本市）
		地下水を活用した都市ブランドの形成・観光PRの推進（大野市・熊本市等） 水のボトリングとブランド化（大野市・熊本市・秦野市等）

事業、市民活動促進・支援事業、地下水開発行為に対する住民への説明責任

研究、データベースの構築と公開、普及啓発用パンフレット等の作成等

政策手段の分類は植田（1996, 1998, 2002）を参考に筆者作成。直接的手段にはいわゆる直接規制のほかに、公共機関自身の実施する環境保全活動や公害防止協定などが含まれる。間接的手段には、税、課徴金、排出権取引などの経済的手段のほかに、エコラベルやグリーン購入、公共機関自身によるグリーン調達や研究開発なども含まれる（植田 2002）。なお、基盤的手段はそれ自体で直接的に環境制御を行う手段ではなく、直接的手段や間接的手段の情報的基盤となることで間接的に環境負荷削減を助けたり、それを整備することで自発性に基づく環境負荷削減手段の導入が促されたりしうるものである。具体的には、コミュニティの知る権利法、環境モニタリング・サーベイランス、環境情報データベース、環境責任ルール、環境情報公開、環境アセスメント、および環境教育が含まれる（植田 1996, pp.105-111, 1998, pp.59-64）。

た都市ブランド形成など、問題への事後的対応や発生回避に留まらない、より価値創造志向の政策が採られるようになっており[46]、様々な政策の組み合わせ（ポリシーミックス）により多様化した政策課題の遂行が目指されるようになっている。

　ガバナンスの観点からもう一つ重要な要素は、水量と水質の統合、地表水と地下水の統合、農業・土地利用・森林整備・上下水道・エネルギー等の関連領域と水循環の統合といった、近接領域の計画や政策との連結・統合である。政策統合（policy integration）とは一般的に、異なる政策目的と手段を政策形成の初期段階から計画的に統合することであり、そのことによって政策間の矛盾を取り除き、共通の便益を生み出し、相互補強的な効果を期待するものである（松下 2014）。それは単なる政策の組み合わせではなく、政策決定プロセスや社会の認識枠組みの転換をも含意する（森晶寿 2013）。地下水ガバナンスの文脈でいえば、地下水に関連するあらゆるセクターが、「水資源としての地下水の持続可能な利用」と「水循環の一部としての地下水の保全」という両面を考慮し、時には既存の枠組みを変革しながら、自らの方針、中長期的な計画、そして個々の政策や事業の中に具体的に組み込んでいくことである。水循環基本法と水循環基本計画が制定され、流域水循環計画の策定が全国的に推進される中で、今後地下水保全管理にかかわる計画や施策を充実化させていく動きが広まっていくと見込まれる。その際には関連領域との統合化の視点を積極的に組み込んでいくことが求められる。

　とはいえ、従来異なる部署や機関によって個別的に管理されていた領域を、地下水を含む水循環の保全という目標のもとで調和させ統合していくことは容易でない。わが国では、水を取り巻く法律だけ見ても河川法や特定多目的ダム法のような治水・河川利水関連法、水道法や水道原水法といった水道関連法、土地改良法など農業用水関連法、水質汚濁防止法や土壌汚染対策

---

46) 八木信一（2019）は、地下水の社会的価値に関する3つの側面として、①社会的損失の発生、②社会的損失の回避、③社会的価値の創造を挙げており、①→②→③へと向かうにつれ、ガバメント以外のステークホルダーの関与が進んで地下水ガバナンスの程度が強まると同時に、ガバナンスの内容も事後対応から予防重視へと変化する傾向があると指摘している。本書の指摘はこれと親和的である。

法などの水質関連法、工業用水法、下水道法等多岐にわたるものが存在し、目的も所管も異なる諸法の下で政策や計画が講じられてきた。Conti and Gupta（2016）は、地下水に関連する国際法や行動計画は多様な場や文脈で議論されてきたため、それらに含まれる地下水の定義や領域、地下水保全の原則等は一貫しておらず体系化されてもいないと指摘しているが、これはわが国の状態にもよく当てはまる。

　こうした中、水循環基本法および水循環基本計画の制定と水循環政策本部の内閣への設置は、水政策の統合化と地下水ガバナンスの構築に向けて強力な足場を提供するであろう。水循環政策本部のもとには、水に関わる15省庁の局長クラスで構成される水循環政策本部幹事会が設置され、関係行政機関の連携が図られている。また、『経済財政運営と改革の基本方針2018』（骨太方針）に「健全な水循環の維持・回復」が位置付けられるなど、国家的な改革が着々と取り組まれている。むろん、法律の制定や省庁再編等がそれ自体で地下水ガバナンスに向けた統合を具現化できるわけではなく、統合化の理念を各省庁の基本方針や政策、さらには現場で地下水保全管理を担う自治体や地方行政機関の意思決定や具体的な制度にまで反映させるには、相当の時間と労力が要されるであろう。その間、水政策の統合化を推し進める推進力の芽を地域にできるだけ多く育て、成功事例を地道に増やし、ベストプラクティスを普及していかねばなるまい。既存の事例でも、地下水涵養域での開発行為規制[47]、温泉と地下水の一体的規制[48]、地下水と景観・生態系の統合的保全など[49]、関連領域と地下水保全とのリンケージを確保しようとしている条例が存在する。こうしたローカル発の取組と国による積極的な体制整備が結び合わされて初めて、厳々たる既存体制を打ち崩す推進力が生まれるのではなかろうか。

---

47) 第3章3節2項（7）を参照。
48) 第3章3節1項を参照。
49) 第3章3節2項（5）を参照。

コラム④　地下水協力金と地下水税

　地下水保全管理のための公共支出の不足は世界的傾向であり（FAO 2016）、わが国でも財源不足は地下水保全対策の実施に際した障壁のひとつとなっている。財源調達の手段として、わが国の一部の地域では、地下水利用にかかる協力金制度が導入されている。例えば神奈川県秦野市、同座間市、長野県安曇野市、京都府大山崎町の各地域では協力金制度が条例で規定されている[50]。

　協力金制度を早期に導入した神奈川県秦野市では、1960年代頃から人口増加と都市化に伴い地下水揚水量が増加し、その後農地開発や道路の舗装化等により雨水浸透面積が減少し、将来的な地下水枯渇が不安視されるようになった[51]。そして1974年の水道審議会で、「地下水保全にかかる費用は水道料金として市民が負担することになるが、地下水の流れを考えると地下水を利用している事業者にも負担を求めるべきである」とする意見が出され、市長がこれを直ちに採用し、水道局に施策の実現を要求した。水道局は地下水利用者会議を開催して事業者との調整にあたり、理解を求めるための説明回りも幾度にもわたって行った。そして、1975年には「地下水の保全及び利用の適正化に関する要綱」が制定され、市内27事業所と協定が締結され協力金制度が開始された。2012年度には協力金の総額は年間28,835,520円であった[52]。制度導入の背景には、条例による井戸掘削禁止後に進出した企業から、「禁止以前に進出した企業は井戸を掘って安価に地下水を利用しているのに、自分たちだけが高い水道料金を支払って同じ水を使うのは不公平である」という不満が聞かれていたこともあったという[53]。事業者による地下水利用量は、協力金制度導入前までは漸増傾向にあったが、導入後は協力金の値上げに伴って減少した（長瀬

50）第3章3節3項（1）を参照。
51）秦野市「地下水利用協力金について」http://www.city.hadano.kanagawa.jp/www/contents/1001000000639/simple/2705shiryo7.pdf（2016年6月30日アクセス）
52）秦野市提供資料より。

2010)。なお、使用水量を測るための量水器は市が設置する。ただし、利用者がそれを亡失または毀損した際には、損害額を弁償すべきことが義務付けられており（要綱第6条）、徹底した利用者負担の姿勢がとられている（本多 2003）。

　神奈川県座間市も早い段階で協力金制度を導入した自治体である。1963年・1967年に実施された調査では、台地部の急激な都市化による地下水涵養の減少、および芹沢水系の上流部における工業用水汲み上げの増加等による地下水の減衰が指摘された。工業用水の地下水揚水量は市上水道のそれをはるかに上回っていたため、主要な地下水利用企業と協定して対策を進めるべきという声が議会筋であがるようになった（寺尾 1974）。また、水道事業の赤字問題も背景にあった。1973～1977年度の市水道事業長期財政計画に基づく5年間の収支計算では、約5億円余の赤字が出ると日本水道協会が診断し、水道料金等適正化審議会が赤字解消に必要な水道料金の値上げ率を認めた。さらに同審議会は、「市民の生活用水の確保には貴重な地下水を永続的に利用すべく、市内企業者の地下水汲み上げに対し、合法的な規制および基地供給水源に対する対策を講じる必要がある」として、「加入金」制度を導入し赤字の約半分をこれによって補填するよう答申した。そして1973年9月に共産党市議団によって「座間市地下水資源保全に関する条例案」が上程され、その後「地下水資源使用税」の実現を市に要求した。採取企業による地下水利用者協議会の場での検討、水道局による事業者への説明回りを経て、1974年3月に工業用水として地下水を大量採取している企業に「水資源利用者協力金」を求めることが決定され、同年4月から実施される運びとなった（寺尾 1974）。

　これらの地下水利用協力金は、地下水の採取によって利益を得ている者が、地下水を持続可能に利用できるようにするための費用を負担する仕組みと捉えれば、受益者負担原則に基づく費用負担の不公平性の是正手段であり、地下水保全対策の財源調達手段でもある。過剰利

53）秦野市役所職員に対する聞き取り調査より。2014年3月20日実施、秦野市役所にて。

用によって地下水量低下の原因をつくった事業者に費用負担を求めていると捉えるならば、原因者負担ともいえる。また、秦野市の場合は、料金の値上げに伴い採取量が減少する効果も表れたとのことから、採取量抑制のためのインセンティブとしても捉えられ、財源調達手段に留まらない性格を有している。

なお、オランダ（Vermeed and Vaart 1998）、ドイツ・バーデン・ヴュルテンベルク州およびハンブルク州、アメリカ・テキサス州[54]、インドネシア・バンドン市（Kataoka and Kuyama 2008）等の諸外国では、地下水利用に対する税や課徴金の制度が導入されているが、日本では地下水税の導入例は管見の限り見当たらない。熊本県や熊本市では地下水税制度の導入が検討されたことがあり、そのための経済的研究も実施されているが（川勝 2003, 2004）、実現には至っていない。聞いたところでは、熊本市では、水保全課や法制室は地下水税は法的・技術的に支障なく導入可能とする立場をとったが、税務部は消極的な姿勢を見せ、最終的には市長判断が得られず実現されなかったとのことである[55]。熊本県においても、熊本地域内で地下水利用への依存度に差があるため、税の形式では受益と負担の適正化が達成されず、導入は適当でないという判断がなされたとのことであった[56]。また、山梨県では県内で水を採取しているミネラルウォーター業者に対する課税を2004年から検討したが、業界の反対にあい導入を見送った経緯があるなど[57]、日本での地下水税導入は容易にはいかないようである。地方分権一括法の施行と自治体の自主課税権拡大以来、様々な環境税創設

---

54) 国土交通省「地表水と地下水が一体となったマネジメント」http://www.mlit.go.jp/tochimizushigen/mizsei/07study/documents/04/doc06.pdf（2019年1月8日アクセス）
55) 熊本市水保全課職員（当時）への面会による聞き取り調査より。2013年11月16日（熊本市役所にて）、および2014年3月25日（熊本市内にて）実施。
56) 熊本県環境生活部担当職員への面会による聞き取り調査より。2014年3月7日実施、熊本県庁にて。
57) 山梨県では、2018年4月19日には県議会に「ミネラルウォーター税導入に関する政策提言案作成員会」が設置され、年度内に知事への政策提言案をまとめる方針となっており、今後の動向が注目される。

の動きが広まっている中で、地下水税、地下水協力金を含め各種の財源調達手段の成立要件と実行可能性を探っていくことが期待される。

(ⅳ) 情報・知識

地下水や地盤に関する全国的なデータベースとしては、環境省の「全国地盤環境情報ディレクトリ」[58]、「全国地盤沈下地域の概況」[59] および「地下水質測定結果」[60]、国土交通省の「水文水質データベース」[61] および「全国地下水資料台帳」[62]、国土交通省・国立研究開発法人土木研究所・国立研究開発法人港湾空港技術研究所「国土地盤情報検索サイト KuniJiban」[63]、国立研究開発法人産業技術総合研究所「地震に関連する地下水観測データベース"Well Web"」[64]、日本地下水学会「地域地下水情報データベース」[65] 等様々なものが存在する。また、GGP は、地下水観測・モニタリングのネットワークがローカルとナショナルで連結できている国として、日本を評価している（FAO 2016, p.112）。

---

58) 環境省「全国地盤環境情報ディレクトリ」http://www.env.go.jp/water/jiban/directory/index.html（2018年12月31日アクセス）
59) 環境省「全国の地盤沈下地域の概況」https://www.env.go.jp/water/jiban/chinka.html（2018年12月31日アクセス）
60) 環境省「地下水質測定結果」https://www.env.go.jp/water/chikasui/index.html（2018年12月31日アクセス）
61) 国土交通省「水文水質データベース」http://www1.river.go.jp/（2018年12月31日アクセス）
62) 国土交通省「井戸情報（全国地下水資料台帳）」https://gspace.jp/well.html（2018年12月31日アクセス）
63) 国土交通省・国立研究開発法人土木研究所・国立研究開発法人港湾空港技術研究所「国土地盤情報検索サイト KuniJiban」http://www.kunijiban.pwri.go.jp/jp/about.html（2018年12月31日アクセス）
64) 国立研究開発法人産業技術総合研究所「地震に関連する地下水観測データベース"Well Web"」https://gbank.gsj.jp/wellweb/GSJ/index.shtml（2018年12月31日アクセス）
65) 日本地下水学会「地域地下水情報データベース」http://www.jagh.jp/jp/g/activities/committee/research/gwdb.html（2018年12月31日アクセス）

しかしながら、本書の調査では、特に水量に関する地下水問題の発生状況を把握していない自治体が多く見られることや[66]、科学的データや専門的知識の不足が地下水保全対策の主な障害となっていることが明らかにされた[67]。地下水の水質については、水質汚濁防止法において都道府県知事による地下水質の汚濁（放射性物質によるものを除く）状況の常時監視（15条）、都道府県知事による地下水質の測定計画作成（16条1項）、および国及び地方公共団体による測定計画に従った地下水質測定の実施（16条4項）が定められているが、量的側面の観測やモニタリングの実施は国家法による定めがない。加えて、近年では地方自治体の予算縮減によって観測点の減少が余儀なくされており、地下水域全体での観測データの取得が不十分な地域が多いことが報告されている（環境省水・大気環境局 2016）。

秦野市、大野市、静岡市といった先進地域では、情報収集が課題解決の第一歩となったいう指摘もある（遠藤崇浩 2019）。第6章で詳しく論じるように、熊本地域においても、豊富な科学的データの蓄積とその市民への普及活動が地下水ガバナンス形成に大きく影響したと考えられる。専門機関等によるデータと情報の整備支援、情報へのアクセス体制の拡充、そして情報の積極的な公開体制の構築を一層促進していく必要がある。科学と政策のインターフェイスにおけるコミュニケーションを円滑化し、研究機関が有するデータや研究成果の政策形成における有効活用を推進するための努力も、今後の重要な取組事項となる。

専門機関や研究者らとの連携は、データ・情報の獲得のみならず、政策形成においても重要な意味をもつ。地下水は複雑な性質を有するので、科学的に適正な予測と評価に基づいた価値判断と政策立案が不可欠である。また、特に地下水の機構や挙動等に不確実性が存在する状況下では、モニタリングを行いつつ適宜対応を変えていく柔軟性を備えておく順応的な管理（adaptive management）のあり方が望まれる。その際には、各施策や事業のオプションごとに発生しうるベネフィットとリスクについて、その都度ステークホルダーに説明責任を果たすことが求められるのであり、その科学的評価は専門

66）第4章3節2項（1）を参照。
67）第4章3節2項（3）および（5）を参照。

家が果たしうる重要な役割のひとつである。

　なお、専門家は情報・知識を通して政策過程にインパクトを与えうるガバナンスのアクターでもある。第6章で論じるが、例えば熊本地域では、専門家らが、地下水機構の科学的解明や技術的知見の提供といった純粋な「専門家としての役割」に留まらず、市民活動の専門的知見からのサポート、様々な政策案の立案と検証など、政策過程において幅広く活動を展開したことが、先進的な地下水保全政策の成立を促したとする指摘がある（千葉 2018c）。Sabatier and Jenkins-Smith（1988）が指摘するように、専門家が「中立的なテクニシャン（neutral technician）」でいることを止め「主張者（advocate）」として役割を果たしていくことも期待される。

　以上、GGPの4つの構成要素に基づき、わが国の地下水ガバナンスの現状と展望を大掴みした。地下水ガバナンスに'one-size-fits-all'なモデルは存在しないので（Howard 2015）、地下水ガバナンス構築の推進に向けては、従来の体制下で発生してきた具体的問題や、新たに取り組むべき課題を洗い出し、それらの解決に向けたローカルでの対応と国家的な構造の改革を総合的視点で検討していかねばならない。加えて、地下水ガバナンス事例の丹念な調査により、その成立過程でのGGPにおける4要素の変化と、ガバナンスの転換点における各要素の働きを分析することで、日本型地下水ガバナンスへの移行戦略を提示していくことが求められよう。

第4節　流域水循環協議会・流域水循環計画への注目

1. 地下水ガバナンスの場としての流域水循環協議会

　政府・非政府の多様なステークホルダーが協働しながら、科学的知見に基づいて地下水資源の持続可能な利用と保護に関して意思決定し、地下水を保全管理していくプロセスが地下水ガバナンスであるとすれば、そうしたプロセスが執り行われる場が必要である。

ここで注目されるのが、水循環基本計画に定められた「流域水循環協議会」およびその地下水版である「地下水協議会」である。水循環基本計画は、「森林、河川、農地、都市、湖沼、沿岸域等において、人の営みと水量、水質、水と関わる自然環境を良好な状態に保つ、または改善するため、様々な取組みを通じ、流域において関係する行政などの公的機関、事業者、団体、住民等がそれぞれ連携して活動すること」を「流域マネジメント」とし、「流域マネジメントは、流域ごとに流域水循環協議会を設置し、当該流域の流域マネジメントの基本方針等を定める『流域水循環計画』を策定し、流域水循環協議会を構成する行政などの公的機関が中心となって、各構成主体が連携しつつ、流域の適切な保全や管理、施設整備、活動等を、地域の実情に応じて実施するよう努めるものとする」と定めている（第2部1(2)）。

　また、地下水については、「持続可能な地下水の保全と利用を図るための地下水の実態把握、保全・利用、涵養、普及啓発等に関して基本方針を定め、関係者との連携調整を行うために、必要に応じて地下水協議会の設置を推進するよう努めること」が定められている（第2部3(2)イ）。そして、2018年7月に水循環政策本部より発表された『地下水マネジメントの合意形成の進め方』の中では、地下水協議会の設置・運営に向けた手順や留意点が示された（内閣官房水循環政策本部事務局 2018a）。

　流域水循環協議会と地下水協議会の関係性については、「本来、地下水協議会（地下水という特定分野を扱う流域水循環協議会を含む。）は、水系単位の流域水循環協議会と一体的な運営を図るべきであるが、水系単位の流域の範囲と帯水層の広がりが異なる場合もあり、両協議会の進展が必ずしも一致しない場合も考えられる。このため、当面並行して両協議会の設置を推進し、連携をしながら運営し、可能なところから一体的な運営を図っていく」（水循環基本計画第2部3(2)イ）、「地下水域と流域との関係、地下水マネジメントの取組による水循環への影響や取組への制約等に留意し、将来的に『流域水循環協議会』の中で地下水マネジメントが整合性を持って位置づけられることへの配慮が求められる」（内閣官房水循環政策本部事務局 2018a, p.10）等と説明されている。本節の趣旨からは現時点で両者を区別する必要性は特にないと思われるので、以下では水循環政策本部による公式の認定作業が先行的に行わ

れている流域水循環計画と流域水循環協議会に注目し、考察を加えてみたい。

さて、水循環計画を定める上でのガイドラインとして2016年4月に公表された「流域水循環計画策定の手引き」(以下「手引き」)では、流域水循環協議会は「それぞれの流域において検討すべき内容に応じて、地方公共団体、国の地方支分部局、有識者、利害関係者(例えば、森林組合、土地改良区、漁業協同組合、商工会議所、観光協会、企業、マスコミ、教育関係者、NPO、市民団体、地下水採取・利用・涵養に関わる者、地域住民等)等から、地域の実情に応じて必要かつ十分な関係者で構成される必要」があり、その設置の中心となる主体は地方公共団体、国等であるとされている(p.8)。そして、「流域の関係者が主体的に関わり、その考えが反映された流域水循環計画は、関係者の役割分担に基づいた積極的な取組と協力が期待されることから、流域水循環計画策定のプロセス等、流域水循環協議会の運営において、関係者の参加と連携を得て進めることが重要」(p.9)と述べられており、行政機関が主体となってガバナンスのプロセスを遂行する場であることが期待されていると読み取られる。

そして、流域水循環協議会が推進する関係者の参加・連携プロセスの進め方、水循環保全に関する指針や具体的施策を定めるのが流域水循環計画である。流域水循環計画には、①現在および将来の課題、②理念や将来目指す姿、③健全な水循環の維持又は回復に関する目標、④目標を達成するために実施する施策、⑤健全な水循環の状態や計画の進捗状況を表す指標等を地域の実情に応じて段階的に設定することが望ましいとされている(水循環基本計画第2部1(4))。

水循環政策本部は、全国に存在する水循環に関する計画を流域水循環計画として認定する作業を開始し、2018年6月時点までで全国30計画が認定された(内閣官房水循環政策本部事務局 2018b)。その一覧と分類を示したのが表5-7である。計画は単独の都道府県や市区町村によって策定され一定の行政区画内を対象とするものと、複数の自治体や行政・市民・事業者等の連携型組織によって策定され一定の流域や地下水帯水層等を対象とするものに分け

表 5-7 2018 年 6 月までに認定された流域水循環計画

範囲		複数自治体	単独		市区町村
		地域	都道府県		
			県全体	地域	
（契機となった）特定の課題	総合的取組（水循環全般）		・福島県（うつくしま「水との共生」プラン） ・富山県（とやま 21 世紀水ビジョン） ・兵庫県（ひょうご水ビジョン） ・奈良県（なら水循環ビジョン）	・宮城県（鳴瀬川流域水循環計画） ・宮城県（北上川流域水循環計画） ・宮城県（名取川流域水循環計画）	・さいたま市（さいたま市水環境プラン） ・静岡市（第 2 次静岡市環境基本計画の一部） ・京都市（京都市水共生プラン） ・岡崎市（岡崎市水環境創造プラン） ・豊田市（水環境協働ビジョン～地域が支える流域の水循環～） ・千葉市（千葉市水環境保全計画）
	水質改善	千葉県（印旛沼流域水循環健全化計画・第 2 期行動計画）		高知県（第 2 次仁淀川清流保全計画）	
	効率的水利用				・福岡市（福岡市水循環型都市づくり基本構想） ・高松市（高松市水環境基本計画）
	湧水保全				・八王子市（八王子市水循環計画） ・国立市（国立市水循環基本計画）
	地下水保全（水量、水質）	・長崎県（第 2 期島原半島窒素負荷低減計画（改訂版）） ・熊本県（熊本地域地下水総合保全管理計画・第 2 期行動計画） ・宮崎県（都城盆地硝酸性窒素削減対策基本計画・同実施計画（最終ステップ））			・熊本市（第 2 次熊本市地下水保全プラン） ・秦野市（秦野市地下水総合保全管理計画） ・座間市（座間市地下水保全基本計画） ・大野市（越前おおの湧水文化再生計画） ・安曇野市（安曇野市水環境基本計画・同行動計画）
	水インフラ				静岡市（水ビジョン）
	地域振興			高知県（四万十川流域振興ビジョン）	
	その他（土砂管理など）	神奈川県（酒匂川総合土砂管理プラン）			

内閣官房水循環政策本部事務局（2018b）『最近の水循環施策の取組状況について』（水循環施策の推進に関する有識者会議（第 1 回）資料 4）より作成

られるが、典型的に見られるのは前者である。流域水循環計画の一部は、地下水の水量・水質保全が契機となって策定されている。例えば秦野市の「地下水総合保全管理計画」は、秦野市地下水保全条例第3条に基づき地下水を総合的に管理していくための計画として策定されたものであり、地下水を取り巻く現況や将来予測、地下水保全のための目標と施策およびその評価体制等を内容としている（秦野市 2012）。また、大野市の「越前おおの湧水文化再生計画」は、伝統的な大野の湧水文化を次世代へと引き継ぐため、関係機関・市民・企業が役割分担して総合的な取り組みを進めることを目的に策定されたものであり、地下水の現状評価、地下水位の上昇に向けたハード施策、地下水保全意識の醸成に向けたソフト施策、湧水文化再生に向けた施策展開方法等の内容から構成されている（大野市 2011）。

2. 広い自由裁量

　流域水循環協議会と流域水循環計画の設置やその内容については、設置主体に大幅な自由裁量が与えられている。

　まず、そもそも流域水循環協議会を設置するか否かは、各地域の判断に一任されている。流域水循環計画の策定も努力義務であり、各流域水循環協議会の判断に任されている。流域水循環計画の推進にかかる国の役割としては「手引きや、優良事例等を掲載する事例集の作成、情報基盤の整備などの必要な支援を行う」（基本計画第2部1 (6)）と言及するに留まっており、基本的には「やる気のある地域がやる」ものになっていると見受けられる。

　流域水循環計画が含む内容についても定めがない。そのため、各地域がそれぞれの実情や能力に応じて内容を検討することになる。既出の「手引き」によると、水循環計画策定の対象地域は流域全体を基本としつつ、支川や地下水帯水層等の単位での策定も可能であるとされており、対象分野は水源涵養、水利用、水質、生態系、水辺、地下水、渇水対応、防災、教育・普及啓発、水文化など多岐にわたる。また、流域水循環協議会の構成主体については、前述の通り、地方公共団体や国等が中心となって設置し、地域の実情に応じて必要かつ十分な関係者で構成される必要があるとされている (1.4)。

そして、水循環計画策定の際には、関連する各種計画や行政全般に関わる総合的な計画等を十分に踏まえることが重要であるとし、各種施策は水循環計画で定めた方針のもとに「相互に協力し実施されるものであることに留意」することとされている (1.7)。そして、水循環保全にかかる具体的施策については、「誰が、どのような優先順位で、いつ、何を実施するのかを整理すること」が重要であると述べ、施策の進捗を評価する指標を設定し、定期的評価を行うことが望ましいとしている (2.5)。計画の目標については、「定量評価が可能な指標については数値目標の設定に努めるなど、わかりやすい指標及び目標を設定することが望ましい」とし、目標と合わせて「他の計画の計画期間との関係その他地域の実情に応じて」計画期間を設定することが重要と述べている (2.3)。その上で長期的視野と単年度毎の短期的視点の双方から施策の進捗管理を行い、計画の改善を図っていくことが提案されている (1.9)。

一方、「理念や基本的方針を中心に示している計画については、(中略) 計画や計画期間を定めていないものもある」とし、具体的な水循環施策の実施計画ではなく、理念の提示を中心とした計画も、流域水循環計画として認められることが示唆されている (2.3)。また、住民参加については「地域住民等の意見が反映されるよう必要な措置を地域の実情に応じて講じることが重要」であり、その具体的方法として、住民代表の流域水循環協議会への参画、世論調査、シンポジウムの開催、住民との懇談会や意見交換、意見公募等を挙げている (1.8)。

「手引き」は以上のように、流域水循環計画の趣旨や想定しうる内容について基本的な理解を促す案内書のような性格が強く、流域水循環計画が必ず含むべき要素や、地域の現場が遭遇するであろう流域マネジメント上の様々な困難への対応方針など、具体の細部まで踏み込んだガイダンスを提供することは意図されていない。

こうした自由裁量の大きさもあってか、流域水循環計画の内容は様々である。地域によっては創造的で充実した内容を備えているものもある。例えば「印旛沼流域水循環健全化計画及び行動計画」[68] (以下「印旛沼計画」) は、千葉県、国・水資源機構、流域市町、企業、流域住民・市民団体、小中高校、

農業・漁業・観光等の沼利用者、調査研究機関といった多様なセクターを計画の実施主体として定め、それらセクター間の役割分担を明示している。目標年次は 2030 年度に設定されているが、毎年一定の評価指標に基づく評価を行うほか、5 年ごとに行動計画を策定することが定められている。当該計画は「印旛沼及び流域の水に関するマスタープラン」として位置づけられており、関連する各種計画（県・流域市町の総合計画、県の環境基本計画、地方創生総合戦略、県生物多様性地域戦略、河川整備計画、湖沼水質保全計画等）や事業は本計画のもとで調整され整合が図られることになっている。また、第 1 期行動計画で課題の残った取組や新たに対応の必要性が生じた取組を「強化対策」として特定化したうえで、特に積極的に取り組むべきテーマを「9 つの推進テーマ」とするなど、優先課題が明確である。さらに、施策を実行していくための実働部隊として、市民・関係機関・専門家等によるワーキンググループを設置しており、アクター参加型の施策実施体制が整えられている。市民参画のための仕組みも充実しており、例えば計画の実施状況や流域住民からの意見、モニタリング結果等を確認できる情報発信サイト（「いんばぬま情報広場」）が設置されているほか、市民・企業・行政の協働による印旛沼周辺の美化活動「印旛沼連携プログラム」の実施が盛り込まれている。特筆すべきは、学識者、市民団体、土地改良区、漁業協同組合、水資源機構、流域市町、千葉県、国で構成される「印旛沼流域水循環健全化会議」が「最高意思決定機関」として位置づけられており、多様な利害関係主体で構成されるパートナーシップ組織が流域マネジメントの最上位の意思決定を担っている点である。この健全化会議のもとには、行政担当者会議、専門家会議、市民と行政の意見交換会（「印旛沼わいわい会議」）、みためし行動ワーキング、印旛沼再生行動大会（全関係者の大会）が設置され、市民意見を施策に反映するための仕組みが設けられている（印旛沼流域水循環健全化会議 2017）。

　以上のように印旛沼計画は、水循環のガバナンスを遂行していくための充実した内容を備えている。各地域に与えられた広い裁量とそれぞれの有する

---

68) 2010 年に「印旛沼流域水循環健全化計画・第 1 期行動計画（案）」が策定され、その後 2017 年 3 月に計画本編が改定され、第 2 期行動計画が策定された。ここでは最新版の計画本編および第 2 期行動計画を指している。

政策資源を存分に活かして、このように創造的でオリジナルな流域水循環計画をつくっていくことが期待される。だが、私見の限り、印旛沼計画のような流域水循環計画は現時点では少数であると見受けられる。

3. EU 水枠組指令に基づく流域管理計画（RBMP）との対比

ここで、流域水循環計画の今後について示唆を得るため、EU の水枠組指令（The Water Framework Directive（2000/60/EC）：WFD）とそれに基づく「流域管理計画」（River Basin Management Plan：RBMP）を参照してみよう。

WFD は 2000 年に採択され、従来個別的に行われてきた諸施策を流域単位で統合し、流域マネジメントによる効果的・効率的な水環境保全を図った画期的な指令である。WFD の特徴のひとつは、構成国に対し領域内の流域（river basins）を特定し、さらに各流域において個別の流域地区（river basin district）を設定することを求めている点である（3 条 1 項）。さらに、構成国はWFD 発行日から遅くとも 9 年以内にすべての流域地区について流域管理計画（RBMP）と具体的な対策内容を記載した「実施計画」（programme of measures）を策定しなければならないことが定められている（13 条 6 項）。加えて、遅くとも 15 年以内にその実施状況を評価して計画を更新し、以後は 6 年ごとに更新するよう求められている（13 条 7 項）。そして、各流域地区にはWFDを実施するための担当機関（Competent Authority）が指定されている（3 条 2 項）。

WFD は、RBMP が含むべき内容について付属書 VII の中で定めている（WFD13 条 4 項）。RBMP は WFD が要求する政策事項を流域単位で実施していくための計画であり、その点において策定の有無から内容までが地域に任されている流域水循環計画とは異なっている。このように両者は性質が異なるし、日本と EU には政治・行政構造に根本的な違いが存在するため単純比較が可能なものではないが、両者とも流域管理の基本的な理念・方針を基本法として最上位の政府機関が定め、それに基づく流域単位での管理計画の策定を各流域に要請している点では共通している。

そこで、RBMP と流域水循環計画のそれぞれに求められている内容を比

表 5-8 流域水循環計画と RBMP の対比

水循環基本計画―流域水循環計画		EU 水枠組指令― RBMP
水循環協議会が決定（流域、支川、地下水帯水層 etc.）	範囲	流域地区（1 つ又は隣接する 2 つ以上の河川流域並びに関連する地下水及び沿岸水から構成される陸域及び水域）
水循環協議会が決定（水質、治水、水道、水文化 etc.）	対象分野	地下水と地表水およびそれらに依存する生態系
「関連計画や行政の総合計画を十分に踏まえることが重要」	計画の位置づけ	法的拘束力あり 流域マネジメントの最上位計画
水循環協議会が決定	策定方法	市民・利害関係者からの意見聴取プロセスを義務付け
「水量・水質及び生態系の保全に関する目標」を設定 「定量評価が可能な指標については数値目標の設定に努めることが重要」	目標・進捗評価	環境状態にかかる数値目標の設定 モニタリング方法と結果の明示義務
国・自治体等による「地下水協議会」の設置推進	地下水	WFD で定める「良好な量的状態」と「良好な化学的状態」基準の遵守
具体化な言及なし	生態系	水の「生態学的状態」を地域ごとに定義・測定
具体的な言及なし	財政政策	水利用にかかる経済的分析と価格政策の導入
「住民等の意見が反映されるよう必要措置を講じることが重要」	アクター参画	情報公開とコンサルテーションの方法の明示義務 背景情報にアクセスできる窓口の明示義務

較してみよう（表5-8）。計画の範囲、対象分野、策定方法については、流域水循環計画では各流域水循環協議会が自由に設定することになっている。一方 RBMP では、計画の範囲は流域地区として明確に設定されているほか、対象として生態系保全を含むこと、策定の際には市民や利害関係者から意見聴取するプロセスを踏むことが必須とされている。

特に生態系については、RBMP では水に関連する「生態学的状態」を地域ごとに定義して計測することが求められるのに対し、流域水循環計画では生態系配慮に関する項目の設定については具体的に言及されていない。水循環基本法 3 条 1 項は「基本理念」として、「水については、水循環の過程において、地球上の生命を育み、国民生活および産業活動に重要な役割を果たしていることに鑑み」としており、「地球上の生命を育み」という部分に生態系保全への配慮が含意されている（稲場 2016）。また、「健全な水循環」（水循環基本法 2 条 2 項）は「人の活動及び環境保全に果たす水の機能が適切に保たれる」状態であるとされていることから、生態系も含めた環境保全に対する配慮がなされなければならないことは明白である。しかしながら、生態系保全を具体化するための施策を流域水循環計画に盛り込むことは、明示的には要求されていない。

　また、計画の位置づけについては、RBMP が流域マネジメントの最上位計画として性格づけられているのに対し、流域水循環計画は関連計画を踏まえることが求められているのみである。ここで考慮しておかねばならないのは、水循環基本法では流域水循環計画の策定について言及されていないという事実である。つまり、計画には直接的な法的根拠はない。水循環基本計画は「森林、河川、農地、下水道、環境等の水循環に関する各種施策については、流域水循環計画で示される基本的な方針の下に有機的連携が図られる」（第 2 部 1（6））と述べており、水循環計画を各種関連施策の上位計画として位置付けているようにも解釈できるが（稲場 2016）、法的根拠を有さない水循環計画が関連施策の見直しと統合を可能たらしめるのかは覚束ないと言わざるを得ない。

　目標設定と進捗評価指標については、WFD では水環境の健全性が High（自然状態に近い）、Good（自然状態からわずかに変化）、Moderate（自然状態から中程度に変化）、Poor（自然状態から大きく変化）、Bad（自然状態から深刻に変化）の 5 段階で定義され、これに従って現状と目指すべき状態が定められている。基本的な環境目標として、指令発効後遅くとも 15 年以内の「良好な地表水の状態」および「良好な地下水の状態」の達成（4 条 1 項（a）（ii））を掲げており、地表水の状態は化学的状態と生態学的状態によって（2 条 17 項）、地下

水の状態は化学的状態と量的状態によってそれぞれ評価される（2条19項）。また、生態学的な状態の評価基準については附属書Vに定められている（2条22項）。水質評価基準として生態学的基準が採用されていることからもわかるように、WFDは生態系保全を全面的に重視している。例えば、各流域地区内において生息地と種の保全上特別な保護が必要な地域は、共同体法のもとで保護地域として登録せねばならないことが定められている（6条）。一方、流域水循環計画においては「健全な水循環の維持または回復に関する目標」を段階的に設定することとされているが（水循環基本計画第2部1（4））、実際の流域水循環計画では、施策評価の指標は多くの場合インプット指標やアウトプット指標に留まっていて、実際の成果をはかるアウトカム指標は少なく、指標自体が設けられていない場合もある（千葉2017b）。

経済的手法の導入という点でもWFDおよびRBMPは特徴的である。WFDは加盟国に対し、水利用に係る経済的分析（水サービスの供給に付随する価格とコストの算定）の実施を求めており（5条）、その結果をRBMPに盛り込むこととしている。また、2010年までに水の価格付け政策（water pricing policies）を導入し、水利用者に効率的な水利用に対する十分なインセンティブを付与すべきことを求めている（9条1項）。一方、水循環基本計画や「手引き」では、経済的インセンティブの導入等については特に言及されていない。

さらに、アクター参画についてもRBMPには詳細な定めがある。WFD14条はRBMPの策定、実施、評価および改訂に際した市民や利害関係者の意見聴取を定めており、少なくとも計画開始3年前までに計画策定および意見聴取方法についてのスケジュールと作業プログラムを明らかにすること（1項(a)）、計画開始の2年前までに流域での水マネジメントにかかる主要な論点を明示すること、1年前までにRBMPの案を公表すること（同(c)）、市民や利害関係者による意見提出期間を少なくとも6か月間設けること（2項）等を義務付けている。なお、このWFD14条の実施に関しては、別に「水枠組指令に関する市民参加に関する指針（Guidance on public participation in relation to the Water Framework Directive：Active involvement, Consultation, and Public access to information）」が定められている。こうした

WFD の市民参加規定は、オーフス条約（「環境問題についての情報の入手、意思決定における市民の参加及び司法制度の利用に関する条約」、1998 年 6 月採択・2001 年 10 月発効）を考慮して定められたものである（Farmer 2003）。

　以上のように、流域水循環計画と RBMP に想定されている内容は異なっている。実際の計画やその運用実態に関する比較分析は稿を改めて行うが、例えば日本と同様に国際河川を持たないイギリス（イングランド）におけるテムズ川流域地区の RBMP では、施策の実行を担う責務主体として多様なセクターの役割分担が整理されており、また、WFD 目標に基づく数値目標とその評価を行うための数値指標が明瞭に設定されている。さらに、特に重点的に取り組むべき問題群がパブリック・コンサルテーションのプロセスを経て抽出され、それらに取り組んでいくための施策体系が整理されているなど、流域ガバナンスの実践的計画として総合的かつ綿密な内容を備えていると言える。一方、日本の流域水循環計画は内容の充実度合いに大きな差がある。印旛沼計画のように充実した規定を備えているものもあるが、他方では理念や基本方針の提示が主だっており、重点課題の設定、ステークホルダー参画の具体的な仕組み、計画の実施状況の評価と見直しにかかる方法とスケジュール等、重要な要素が不足しているものもある（千葉 2017b）。

　むろん流域マネジメントは各流域の特性に応じて行われる必要性があることから、地域の裁量確保は不可欠である。WFD のように水循環保全上求められる基準を詳細化することで、各流域の個性を適切にすくい上げられなかったり、地域の独創性を阻んだりする可能性もあるかもしれない。しかしながら、各地域が裁量を働かせるうえでの基準が曖昧であったり、十分な能力や政策資源をもたない地域が有効な支援を得ないまま策定に取り組んで、従来の計画と大して変わらないものになってしまっては勿体ない。特に、水循環基本法において水は「国民共有の貴重な財産」であり、「すべての国民がその恵沢を将来にわたって享受できることが確保されなければならない」と定めた以上、市民が政策決定に関与する手続きの構築は不可欠である（稲場 2016）。流域水循環協議会ないし地下水協議会は、地下水ガバナンスの実践の場として、流域水循環計画はその戦略として、今後の地下水ガバナンスの社会実装、ひいては水循環基本法の目的遂行を占う重要な手段である。そ

れらが実効的に機能しうるよう、今後の動向を注視していかねばなるまい。

第6章

熊本地域における地下水保全政策過程
地下水ガバナンスのアクターの観点から

第1節　熊本地域への注目

1. 事例分析の必要性

　前章では「地下水ガバナンスプロジェクト（GGP）」で示された地下水ガバナンスの構成要素に基づき、わが国における地下水保全管理の現状を俯瞰した。既往研究でも、分析対象とするスケールの違いはあるが、一定の基準をもとに地下水ガバナンスの観点から事例を静的に分析する例は散見される[1]。一方で、地下水ガバナンスがいかに形成されたり発展したりするのかといったプロセスや動態に関する研究はあまり見られない（八木・武村 2015）。地下水ガバナンスの社会実装に資する具体的知見の導出のためには、地下水ガバナンスの成立プロセスに対する理解の深化が不可欠である。

1）例えば Varady et al.（2016）は、①制度の状況（政府、非政府、および民間セクターにおける組織、意思決定および実務）、②情報と科学の利用可能性とアクセス（自然科学的情報と社会的情報の両方を含む）、③市民社会の堅牢さ（ステークホルダーによるガバナンスのプロセスへの継続的なコミットメント）、④経済・規制の枠組み（地下水利用、地下水質、およびモニタリングに関する規制とそれによって規定される経済的インセンティブのあり方）という4つを地下水ガバナンスの構成要素として捉え、世界各国の事例を分析している。

幸いなことに、わが国には地下水保全管理の好事例がいくつか存在する。そのひとつが熊本地域である。熊本県および熊本市では、比較的早くから地下水機構の解明が取り組まれ、専門家らと行政による継続的な調査によって熊本地域に跨る広域地下水流動系の存在が明らかにされてきた。また、第3章で紹介した通り、熊本県は地下水を「公共水（公共性のある水）」（熊本県地下水保全条例1条の2）、熊本市は「公水（市民共通の財産としての地下水）」（熊本市地下水保全条例2条2項）とそれぞれ定め、規定内容の充実した条例と様々な行政計画を策定し、過剰採取対策、汚染対策、涵養対策、節水対策等の総合的な公的管理を行っている。また、地下水域を共有する熊本地域（阿蘇外輪の西側から連なるひとつの地下水流動系を共有する11市町村を指し、熊本市、菊池市（旧泗水町、旧旭志村の範囲）、宇土市、合志市、大津町、菊陽町、西原村、御船町、嘉島町、益城町、甲佐町からなる）では、行政区を超えて地下水保全事業が各種実施されている。それらの事業には行政のみならず、地域住民、NPO、企業等の多様な主体が参画し、マルチアクターによる連携体制が築かれている。こうしたことから、熊本は地下水保全管理の先進地として国内外から関心を寄せられており、2008年には熊本市が日本水大賞グランプリを受賞[2]、2013年には国連「生命の水（Water for Life）」最優秀賞（「最良の水管理の取り組み」部門）にも選ばれた[3]。

　熊本地域の地下水保全管理事例を扱った既往研究は様々に存在するが、その成立過程について最も豊富な情報が得られるのは熊本地下水研究会・財団法人熊本開発研究センター（2000）であろう。本報告書は、熊本地域の地下水研究を第一線で担ってきた研究者と実務家で構成された学際的研究組織である「熊本地下水研究会」が、熊本地域における地下水流動機構、地下水利用・開発の歴史、問題発生の歴史、および効果的な保全管理対策のあり方等

---

[2] 熊本市「第10回日本水大賞・グランプリを受賞しました」http://www.kumamoto-waterlife.jp/base/pub/detail.asp?c_id = 50&id = 203&m_id = 58&mst = 0（2018年5月5日アクセス）

[3] 熊本市「2013年国連"生命の水（Water for Life）"最優秀賞（水管理部門）を受賞しました！」http://www.kumamoto-waterlife.jp/base/pub/detail.asp?c_id = 50&id = 205&m_id = 58&mst = 0（2018年5月5日アクセス）

について自然科学・社会科学の両面から論じたものであり、網羅的な情報が得られる。また、柴崎（2004）には、熊本地域の地下水機構の解明に尽力した著者自身の経験が詳述されており、熊本地域の地下水にかかる調査研究の発展過程を内部の目線から伺い知ることができる。そのほか、県職員の立場から熊本地域における地下水政策の成果と課題等を論じた小嶋（2010a, 2010b）、熊本地域での地下水税制度導入に関する経済学的分析を行った川勝（2003, 2004）、地域の諸主体による自治的活動に注目して社会システムの構築プロセスを論じた上野（2015）などは、熊本地域の地下水管理政策にかかる貴重な資料である。さらに、熊本地域の地下水保全をガバナンスの観点から分析した研究も存在する。八木信一・武村（2015）は、熊本地域で行われている地下水量保全事業と地下水質保全事業の発展過程をガバナンスの観点から分析し、二者を比較することでそれぞれの特徴と課題を明らかにするとともに、ガバナンスの動態要因を検討している。また、八木信一他（2016）は、環境ガバナンスを担う「橋渡し組織」（Bridging organization）としてのくまもと地下水財団[4]に注目し、当該財団の役割について評価を行っており、地下水ガバナンスに果たす当該財団の機能の抽象的把握を可能にしている[5]。

---

4) 本章3節3項（2）を参照。
5) 八木信一他（2016）は熊本地域の事例を地下水ガバナンスのアクターの観点から分析した重要な既往研究であるため、その概要を紹介しておく。当該研究は、Cash et al. (2006) や Prager (2015) の議論に基づき、地下水財団が環境ガバナンスの形成に関与する「橋渡し組織（Bridging Organization）」であるとして、その機能を評価している。橋渡し組織が果たす機能として、①アクターが互いに顔を合わせる場を提供しアクターを巻き込んでいく「召集機能」（Convening function）、②アクターが情報を理解したり利用できる資源を認識したりする「解釈機能」（Translation function）、③アクター間で率直な対話を行うことで協働を促す「協働機能」（Collaboration function）、④アクターの利害得失を表出させ利害調整を担う「媒介機能」（Mediation function）の4種を設定し、地下水財団における各機能を評価している。その結果、地下水財団は、①熊本地域という空間スケールを対象とした場の提供を容易にし、地下水会議や育水会によってそれ以前よりも幅広いアクターの巻き込みに試みていることから「召集機能」の向上に寄与している、②地下水環境調査研究事業や学術顧問会議の存在によって、これまで以上の地下水資源の把握と情報の理解を可能とした点で「解釈機能」の向上に寄与している、③地下水会議を設けたことで統合以前よりも多様なアクターの参加を実現し、そこでは多角的な議論が展開されていることから「協働機能」の向上に貢献していると評価

本章では、熊本地域で実施されている様々な地下水保全事業の中でも、地下水量保全政策として主軸をなしている「白川中流域水田湛水事業」(以下「湛水事業」)の成立過程に着目する。本章の目的は次の2つである。第一は、湛水事業の成立過程の記述である。地下水保全管理の好例として国際的に高い評価を受けている湛水事業は、成立までに存在した様々な障壁を多様な主体の参画と連携によって打開してきた歴史がある。その過程を記録することの資料的意義を重んじ、冗長性を恐れながらも詳細な記録を意図した[6]。第二は、政策プロセスにおけるアクターの分析的把握である。アクター参画は、従来の地下水管理に対比して地下水ガバナンスを特徴づける最も核心的な要素である。政策過程のどの局面でどのようなアクターが出現したのかを理解することで、湛水事業の成立要因の検討に試みたい。議論の手順は次の通りである。第2節では、事例の成立プロセスにおけるアクターの変化を捉えるためのフレームワークとして、ビクター・ペストフのトライアングルモデル（Pestoff 1998）、および松元の改編トライアングルモデル（松元 2015, 2016）を提示する。第3節では、湛水事業の関係者に対する聞き取り調査および各種の文献・資料より得た情報を基に、湛水事業の成立過程を時系列で記述する。その際、1960年代から2000年代までを3つの時期に区分して記述する。第4節では、地下水ガバナンスの核心的要素であるアクターの変化について、第2節で示したトライアングルモデルに基づき議論する。

2. 白川中流域水田湛水事業の概要

　本論に先立ち、湛水事業の背景を概観しておこう。熊本地域とは、阿蘇外輪の西側から連なるひとつの地下水流動系を共有する11市町村を指す（図

　　している。ただし、④媒介機能については、地下水会議はあくまでも理事長の諮問に応じる機関であって、諮問されるテーマの範囲内での媒介機能に留まり、地下水財団自身が事務局の役割を担っていることから、会議のなかで媒介機能を積極的に果たしているわけではないと述べている。

6) 筆者が本章を執筆するために実施した聞き取り調査や資料収集はいずれも 2012年11月から 2016年3月までの期間に実施されたものであることから、本章の内容は熊本地震（2016年4月14日）発生前の状況に基づいている。

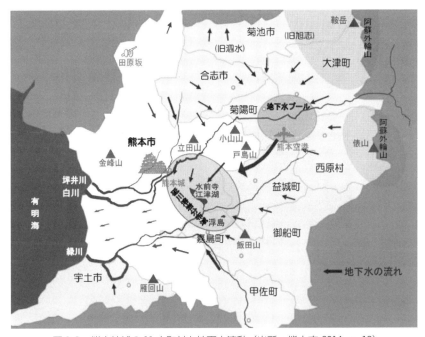

図 6-1 熊本地域の 11 市町村と地下水流動（出所：熊本市 2014, p.18）

6-1）。面積約 1,041 万平方キロメートルで約 100 万の人口を抱えるこの地域は、水道水源のほぼすべてが地下水で賄われているうえ、その水質は農水省分類の「ナチュラル・ミネラルウォーター」に属する良水である[7]。この潤沢で良質な地下水は人々の生活・産業・文化の基盤となっており、下流では水前寺江津湖湧水群や浮島・下六嘉湧水群を初めとする湧水群が市民の親水空間を形成している。熊本平野は別府－島原地溝帯のなかにあり、阿蘇の火山活動によってこの地域に火砕流堆積物が堆積し、さらに火砕流堆積物間に空隙に富む溶岩が噴出し、これがオーバーフローした水を熊本市外へ供給で

---

[7] 熊本市水保全課「くまもとウォーターライフ」http://www.kumamoto-waterlife.jp/base/pub/detail.asp?c_id = 50&id = 67&m_id = 24&mst = 0（2016 年 3 月 3 日アクセス）

写真 6-1 白川中流域（筆者撮影）

きる水路となった（荒牧 1998）。特徴的なのは、熊本地域における年間約 7 億トンの地下水涵養のうち、水田からの涵養が約 46% を占めることである。特に大津町・菊陽町に跨る白川中流域の水田は、通常の水田の 5 倍以上の浸透能力を持ち、「ザル田」と呼ばれている（的場 2004）（写真 6-1）。あまりにも水はけが良いため、旧来より渇水時にはこの地域の水田で河川流量のほぼすべてが取水されてしまい、白川流域は水争いが絶えなかったと言われている。こうした水争いは長年続いたが、熊本市の上水道事業の進展につれて徐々に解決へ向かっていった（熊本地下水研究会・財団法人熊本開発研究センター 2000）。

なお、現在でこそ熊本市は良質な地下水を水源とする上水道施設を有しているが、元来は有明海に面した半盆地状の地形の中にあり寒暖の差が激しく、伝染病の発生も多かった。1897 年に第三代熊本市長として就任した辛島格は、そうした悪評を返上しようと 1909 年に上下水道計画私案を発表し、上下水道の整備に着手した。しかしながら、水利権をめぐる関係者間の対立や根深い政争により利害調整は長期化し、1924 年に初めて八景水谷水

源地が通水開始するまで15年の歳月を要した。その後、熊本市の人口増加により八景水谷水源地からの給水だけでは不足するようになり、加えて、戦災による施設の破損、米軍への優先的給水の必要性などもあり、断水騒ぎは日常的であったと言われている。水源地の拡張も、下流の水利権への影響問題から容易に計画できなかったという（柴崎 2004）。

戦後には都市用水と生活用水の需要が急拡大し、大規模な水道水源拡張工事が実施された。しかしながら、高度経済成長期以降の急激な工業化により地下水質の汚染が発生し、さらに、水需要が増大する一方で重要な地下水涵養域である白川中流域における都市化が進行した。白川中流域にあたる大津町や菊陽町は、熊本空港や九州縦貫自動車道から近く交通至便であり、広大な土地と豊富な水も存在することから、住宅団地や工業団地の造成が進んだのである。結果水田面積は減少し、地下水位は長期的な低下傾向を見せるようになった（熊本地下水研究会・財団法人熊本開発研究センター 2000）。熊本平野部では地盤沈下が発生し、下流域の湧水群では湧水量が減少して貴重な生態系が脅かされる事態に陥った（荒牧他 2003）。生活用水や工業用水の大部分を地下水に依存する熊本市にとって、地下水の汚染と枯渇は由々しき事態であった。

しかしながら、これらの地下水問題には熊本市の範囲を越えた広域的対応が要され、対策は容易でなかった。地下流動系を共有する複数市町村の中でも、地下水の最大の受益域であり地下水保全を重視する熊本市側と、地下水の主な涵養域であり、生産調整への対応と都市化に取り組む白川中流域側との間で、利害対立の構造が存在したのであった。

こうした受益側と供給側の利害対立構造を解消し、協同による広域的地下水保全体制を築く主軸となったのが白川中流域水田湛水事業である。本事業は、地下水涵養域である白川中流域の農家が作付け前に水張りを行い、熊本市および協力企業がその費用の一部を負担するものである。具体的には、白川中流域の6堰（畑井手堰、上井手堰、下井手堰、迫・玉岡井手堰、津久礼堰、馬場楠堰）から取水される白川の河川水によって灌漑される転作田で、営農の一環として、5月〜10月の期間で大豆の作付け前やニンジン・飼料作物等の作付け前後に実施される1か月以上3か月以内の湛水に対し、助成金が支

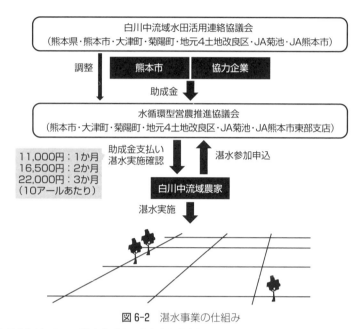

図 6-2 湛水事業の仕組み

熊本市提供資料、および熊本市「地下水を育む事業」http://www.city.kumamoto.jp/kankyo/hpkiji/pub/Detail.aspx?c_id=5&id=20337（2018 年 10 月 31 日アクセス）より筆者作成

払われる。助成金額は湛水期間に応じて決められており、10 アールあたり 1 か月で 11,000 円、2 か月で 16,500 円、3 か月で 22,000 円となっている。事業実施主体であり白川中流域農家と熊本市・協力企業の窓口になっているのは「水循環型営農推進協議会」で、これは白川中流域の行政、土地改良区・農業関係団体と熊本市で構成される（図6-2）。本事業は、地下水という生態系サービスの受益者である熊本市民や企業が、その供給者である農家に対し、供給にかかる費用を負担することで外部経済を内部化する「生態系サービスへの支払い（Payments for Ecosystem Services：PES）」の事例としても捉えられる（TEEB 2010, p. 144）。

　事業の実現プロセスにおいては、行政区を超えた利害調整や技術的課題など様々な障壁が存在し、発案から成立までに 15 年以上の歳月を要した[8]。

そして、その過程には、熊本県や熊本市、地下水域を共有する市町村、農業関係団体、企業、市民組織、住民、専門家などの多様な主体が参加し、それら主体による協働体制が徐々に形成されていった。熊本地域では、本事業以外にも様々な地下水量・地下水質保全のための事業が展開されてきたが、本事業は依然として地下水保全管理政策の主軸となっている。

第2節　アクターの分析枠組み

　湛水事業の成立プロセスには様々な利害関係主体が参加している。アクターは地下水ガバナンスを論じる上で特に重要な要素であるため、それらアクターの性格を捉えるフレームワークとして、ビクター・ペストフ（Pestoff, V.）のトライアングルモデル（Pestoff 1998）を用いた（図6-3）。

　ペストフのトライアングルモデル（"The Third Sector in the Welfare Triangle"）は、社会福祉サービスの供給主体を実態に即して捉えるための図式として提案されたものである。そこでは、政府が第一セクター、市場が第二セクター、アソシエーション（ボランタリーな非営利組織）が第三セクター、コミュニティが第四セクターとして区分されており、特に第三セクターを他のセクターから区別して分析するための枠組みである。Evers and Wintersberger (1990) が描いた福祉トライアングルにおける多様な供給主体の関係性に対して、ペストフは政府、市場、コミュニティと第三セクターの境界を示し、第三セクターをトライアングルの中心に円形で位置付け、他のセクターと重複させながら境界は曖昧にして描いている。それは、第三セクターの領域が各セクターに共有されており、開かれていることを意味している（Pestoff 1998）。ペストフは第三セクターを、他のセクターの領域と関連をもちながら、他のセクターが十分に供給できないサービスを供給する、補完的な機能を果たすセクターとして位置づけている。第三セクターは、公共サービスがしばしばそうであるように、質の高いサービスを供給することができない場

---

8) 熊本市役所職員に対する聞き取り調査より。2013年11月16日実施、熊本市役所にて。

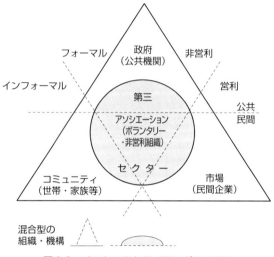

図 6-3 ペストフのトライアングルモデル
出典：Pestoff（1998, p. 48）

合もあるし、市場がしばしばそうであるように、総需要を満たすことができない場合もある。しかしながら、第三セクターは単なる代替的な福祉サービスの供給主体であるというよりも、さらに大きな可能性を有するものであり、政府や市場によって必ずしも供給されることがないが、しかし社会にとって必要なサービスを生み出しうるものとして説明されている（Pestoff 2008）。また、第三セクターとしてのアソシエーションに含まれる組織や団体は多様であり（Pestoff 1998）、それらは政府、市場、およびコミュニティの限界を補完する。ペストフのトライアングルモデルは、政府、市場、およびコミュニティの多様な主体による参画・協働を第三セクターとして分類することで可視的な捕捉を可能にするものであり、地下水ガバナンスの参加アクターの性質を捉えるという本章の意図に有用である。

　先述の通り、ペストフのトライアングルは福祉サービス供給主体の分析枠組みとして誕生したものであるが、環境サービスの供給主体の分析に適用し

ても不適当ではないであろう。それはペストフが第三セクターを重視する背景が、環境政策において非政府アクターの役割が注目されるようになった背景と相当に共通するためである。ペストフは、スウェーデンにおける公的予算の削減と公共サービスの質の低下、高齢化が急速に進行し福祉問題が多様化する中での福祉サービス分野の緊縮財政に懸念し、質の高い福祉サービスの供給と供給コストの低減、および高度な市民参加を目指し、新たな戦略を取らねばならないと説いている（Pestoff 2008）。こうしたペストフの問題意識、すなわち財政悪化や政策ニーズの多様化による政府の一元的対応の限界、非政府主体の参加の必要性といった背景は、環境ガバナンス論にも共通する。

　ペストフのトライアングルモデルを用いて公共的問題の解決におけるアクターの役割や構造を論じた研究として、日本における市民活動と市民セクターの社会的位置づけを分析した松元（2015, 2016）がある。松元はペストフのトライアングルにおける第三セクターを、「行政、企業、市民の各担い手により相互作用がもたらされる『公共領域』」と呼んでいる。それは、英米で意味されるところの「サードセクター」[9]は日本においては「サードセクター」としては存在しておらず、それは各セクターに共有され、開かれている領域であることを踏まえたものである。そして、「『公共領域』における

---

9) 松元によると、政府や行政機関を指す第一セクター、民間企業を指す第二セクターに比較して、第三セクターの概念は各国において流動的である。イギリスで"Third Sector"に該当するのは「ボランタリーセクター（Voluntary Sector）」であり、それは「チャリティ委員会」によって公益認定された「ボランタリー団体」である「登録チャリティ団体」と、一般の「ボランタリー団体」で構成される。また、アメリカの"Third Sector"は、セクターのどの性質を強調するかによって様々な呼び方があるとされている。例えば「非営利セクター（Nonprofit Sector）」、「ボランタリーセクター（Voluntary Sector）」、「独立セクター（Independent Sector）」、「コミュニティセクター（Community Sector）」、「社会セクター（Social Sector）」などがある。一方、日本では第三セクターの定義が論じられる分野や設定により異なっている。日本において「市民セクター」という用語が一般化したのは NPO 法の成立以降であるが、それは、それ以前に「第三セクター」（いわゆる「三セク」）という用語が定着し、一般的に使用されてきたからであると説明されている。そのため日本における「第三セクター」は半官半民の事業体を指すことが一般的であり、政府や企業と並ぶ市民の活動領域を示すものではない。英米でいうところの「サードセクター」は日本では「市民セクター」であり、その源泉は市民活動団体などの小規模な任意団体であると説明されている（松元 2016）。

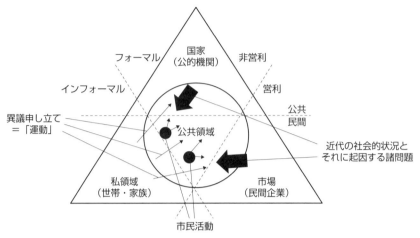

図 6-4　松元の改編トライアングルモデル

出典：松元（2016, p. 182）

行政、企業、市民の相互作用、また公と民、営利と非営利、フォーマルとインフォーマルの相互作用の結果として、『公共領域』に第三セクター（市民セクター）が生成されるモデル」（松元 2015, p. 192）として改編している（図6-4）。

　そこでは、社会の諸問題を主題化・顕在化させるものとしての住民運動・市民運動[10]が、私領域から公共領域へ、あるいは公共領域を通して国家・市場へと向かう実線の矢印で描かれる。「運動」はアド・ホックなものであるため、矢印で示される。他方で市民活動[11]は、社会の諸問題を主題化・顕在

10）松元は住民運動や市民運動を、労働組合や革新政党などのプロによる運動とは違って「担い手が一般的な個人（住民/市民）であり、またそのことが強調された運動」であり、社会体制の革命を目指すのではなく、社会の諸制度の矛盾がもたらした諸問題を対象として、個別具体的なイシューの解決を目的に、国家・行政セクターや企業セクターなど諸問題を生み出している対象へ異議を申し立てることで解決を迫るものであると説明している（松元 2016, pp. 178-179）。

11）松元は市民活動と住民運動・市民運動を区別して論じている。1960 年代以降に住民

化させることに加え、アソシエーションとして組織化され継続した活動を行うことから、公共領域に組織体として位置づけられる。

　松元によって改編されたペストフのトライアングルモデル（以下「改編モデル」）は、本章の目的に対して次の2点において有用である。第一に、英米のようなサードセクターが存在していなかったという日本特有の事情を踏まえ、ペストフの「第三セクター」を、政府・企業・市民によるフォーマルまたはインフォーマルな相互作用が生成される場としての「公共領域」と捉え直していることで、日本の文脈に即した協働組織の位置づけが可能になる。第二に、アド・ホックな「運動」としての住民運動・市民運動の位置づけが明確に捉えられる。本研究では、ペストフのトライアングルモデルを基礎としつつ、松元の改編モデルにおける「公共領域」の概念およびアド・ホックな住民運動・市民運動の位置づけを捉える手法を援用する。

第3節　熊本地域における地下水保全管理の成立過程

　では、熊本地域における地下水保全管理政策、とりわけ湛水事業の成立過程を見ていこう。経過をわかりやすく捉えるため、次の3つの時期に区分した。第一期は、都市地下水問題が顕在化し地下水保護のための市民運動が生成した時期（1960～1970年代頃）である。第二期は、地下水機構の科学的解明が著しく進展し、白川中流域農地における地下水涵養の実施に向けた利害調整と施策立案が盛んに行われた時期であり、非政府アクターの地下水保全政策への参画が活発化した時期（1980～1990年代頃）である。そして第三期は、湛水事業の開始が合意に至り、協働の制度化や広域連携による地下水保

運動や市民運動が一般化していき、「運動」による様々な限界が露呈する中、それを克服するため、独自に手法を生み出し自らが解決に乗り出す市民「活動」が生成していったとされている。「運動」からスタートした市民活動も少なくなく、例えば、アジア諸国における砒素被害患者を支援する環境NPO「アジア砒素ネットワーク」（1994年設立）は、1971年に発覚した宮崎県の土呂久・松尾地区鉱山の亜砒酸による鉱毒被害を告発する運動から始まったと述べられている（松元 2016, pp. 179-180）。

全事業の実施体制整備が取り組まれた時期（2000～2010年頃）である。

1. 第一期（1960～1970年代頃）

1960年代から1970年代には、人口増加と水需要増大に伴い大規模な水道拡張計画が実行された。地下水使用量は増大し、この頃から下流域の湧水群で湧水量の減少や断水が観察されるようになった。例えば、1968年には水前寺成趣園の湧水が止まり（熊本地下水研究会・財団法人熊本開発研究センター 2000）、代表的な湧水源である江津湖の湧水量減少も不安視されるようになった（平山 2000）。しかし、当時は都市開発にかかる行政需要が地下水の実態把握や保全に先行し、地下水保護対策は後回しにされた（熊本地下水研究会・財団法人熊本開発研究センター 2000）。

その後も各地で地下水障害の発生が相次いだ。対応を迫られた当時の市長は、熊本地域の地下水事情を解明すべく、農業用地下水開発調査に従事していた九州農政局の地質担当官などによる諮問機関「熊本市上水道事業計画研究会」を組織した。一連の調査の結果、上水道源としての地下水利用と他用途との競合や、熊本平野における地盤沈下や塩水化発生の可能性などが示され、下流都市部における地下水使用量の増加と地下水涵養域の都市化が原因として指摘された（熊本市水道事業計画研究会 1974；熊本市水道局・国際航業株式会社 1978；柴崎 2004）。地下水枯渇の危険性と白川中流域の重要性を早期に指摘したこれらの調査は熊本の地下水行政の原点となったが、当時の市民や一般社会にはあまり認知されていなかった（大住 1998；熊本地下水研究会・財団法人熊本開発研究センター 2000）。加えて、1973～1974年に行われた熊本県・熊本市合同調査でも、地下水流出量が涵養量を上回っていること、145年で熊本平野の地下水は涸渇する恐れがあることなど深刻な結果が明らかにされた（熊本県・熊本市 1973）。

地下水の危機が明らかにされていく中、1970年代には水に関わる重大な社会問題が次々と発生した。その代表的なものが健軍団地建設問題である。1975年、日本住宅公団九州支社が健軍水源地[12]に隣接する空地に中高層分

---

12) 1943年、健軍町に三菱重工業株式会社の航空機工場が建設された際、工場や社員住宅に給水するため、社員住宅近くの健軍町広木に水源井戸を設けていた。熊本市はこれ

譲住宅の建設計画をたて、これが地下水源に悪影響を及ぼす可能性が指摘された。九州農政局の地質担当官（当時）であった籾倉克幹氏は、団地建設は地下水源に影響を及ぼすとして、「ドスで何度も脅されながら動じなかった」（大住 1998, p. 96）と言われるほど強固な姿勢で建設計画に反対し、市民を率いて反対運動を展開した（大住 1998）。籾倉氏と市民らで組織された「健軍団地阻止同盟」は、「熊本市民の水を守るための請願」を議会に提出して工事計画の中止を求めるとともに、市長に対して陳情書や公開質問書を提出するなど活発な運動を展開した。これを受けて市は、「熊本市上水道事業研究会」[13]を発足させて集中的な調査を行った。研究会は、団地建設は水道水源保全に支障をきたすおそれがあるとして、地下水涵養域における工場の拡大と誘致の抑制を訴えた。その結果建設計画は撤回され、予定地は市が公団より譲り受けて運動公園を創設することとなった（熊本市上水道事業研究会 1977；熊本地下水研究会・財団法人熊本開発研究センター 2000；柴崎 2004）。

　1970 年代に発生した重大な水問題として、戸島塵芥埋立地問題も挙げられる。戸島塵芥埋立地[14]からの地下水汚染を危惧した周辺住民が「戸島町塵芥埋立地公害防止対策協議会」を結成して市に環境保護対策を要求し、市が福岡大学に依頼して調査を実施した結果、重金属による地下水脈汚染の恐れが発覚した。これは大々的にメディアに取り上げられ、市民を震撼させた（猪飼 1998b）。上水道事業研究会はこの事件の際も、早急な対策を講じるよう行政関係部局に緊急提言を行った（熊本地下水研究会・財団法人熊本開発研究センター 2000）。

　　に注目し、管理者の熊本財務局より払い下げを受け、1 日 1 万 2 千トンの給水能力をもつ水道施設を計画した。1946 年に起工式が行われて健軍水源地が発足した。その後三菱から施設一切を市に譲りたいとの申し出があり、1950 年に総額 500 万円で買収した。現在では熊本市上水道水源地の中でも最も代表的な水源地となっている（柴崎 2004）。

13）この研究会は前出の熊本市上水道事業計画研究会から移行したものであった。その後熊本市水道事業研究会、上水道事業計画研究会と名称を変えているが、継続性を持った専門家組織である。

14）熊本市衛生局は、市東部の詫馬台地の畑地帯の一部を取得して戸島塵芥埋立地とし、1971 年 5 月から廃棄物の埋立処理を実施していた。

こうした重大事件を経て地下水保全制度の整備を要求する世論が高まった。そこで市議会は1976年3月に「地下水保全都市宣言」を決議し、「市民の総意を結集して（中略）貴重な水資源を後世まで守り伝えていく」ことを掲げた。1977年3月には、初の地下水保全専門部局として水道局総務部に地下水保全対策室が設置され、同年9月の臨時市議会で熊本市地下水保全条例が制定された（熊本市水保全課 2005）。条例は11か条からなり、1条では「地下水が本市の市民生活にとってかけがえのない資源であることにかんがみ、その保全を図ることにより飲料水その他市民生活に必要な水を確保し、もって市民の健康で文化的な生活に寄与することを目的とする」として、地下水の飲料水優先利用を明確に掲げた（熊本地下水研究会・財団法人熊本開発研究センター 2000）。そして、地下水利用の実態把握の推進、地下水保全における行政・市民・事業者の責務、地下水採取者に対する届出義務等を定めた。制定当初は、罰則規定が伴わず倫理的規定に留まるなど十分な内容ではなかったが（猪飼 1998a）、1979年6月には地下水採取者に対する水量測定機器の設置義務が新たに規定され、罰則項目も新設されるなど内容が強化された（熊本地下水研究会・財団法人熊本開発研究センター 2000）。また、熊本県においても、1978年に九州北部を襲った深刻な渇水を契機に、地下水量保全に主眼を置いた地下水条例が制定された（小嶋 2010b）。

2. 第二期（1980～1990年代頃）

健軍団地問題を契機として、地下水機構の解明に関する研究は著しい進展を見せた。元九州農政局の技官として阿蘇西麓台地の地下水調査を担った柴崎達雄氏は、健軍団地建設反対闘争を受けて苦境に立たされた行政からの要求を受け、上水道事業研究会の一員として地下水調査に参加した。そして、市水道局と共同で、コンピューターシミュレーション技法を駆使して広域調査を実施した（柴崎 2004）。一連の研究結果から、熊本地域の湧水は砥川溶岩と呼ばれる地下帯水層から湧出しており、その水は白川中流域の水田地帯から流れてきているという広域地下水流動のメカニズムが仮説的に成立した。さらに、水田地帯から少なくとも日量約100ミリの水を補給しない限

り、水収支バランスをとることができないという試算結果が示され、白川中流域水田からの地下水転化が初めて量的に示された[15]（柴崎 2004）。当時白川中流域では都市化が進行し、生産調整の開始以降水稲作付面積と灌漑面積が年々減少していた（熊本地下水研究会 2001）。こうしたことから、白川中流域水田における地下水涵養量の確保が熊本地域全体の課題として浮上し、地下水保全は市町村域を超える広域的問題となった（熊本地下水研究会・財団法人熊本開発研究センター 2000）。

他方、1980年代には環境庁と厚生省により全国規模の地下水調査が実施され、熊本地域では生活・産業排水を原因とする地下水汚染が発覚した（熊本市水保全課 2005）。施設園芸の発展に伴う硝酸性窒素汚染も各地で顕在化した（熊本地下水研究会・財団法人熊本開発研究センター 2000）。さらに、1984年度に実施された熊本県・熊本市合同調査では、揚水量増加と土地利用変化により今後の地下水位低下は不可避という予見がなされ（熊本県・熊本市 1986）、1993年より再び行われた合同調査でも地下水位の大幅低下が予測された（熊本県・熊本市 1995）。

こうした状況に対し、1986年には県と関係市町村による協議の場として「熊本地域地下水保全対策会議」（以下「地下水保全対策会議」）が、1991年には同様の構成員によって「財団法人熊本地下水基金」（以下「地下水基金」）[16]が設立された（熊本地下水研究会・財団法人熊本開発研究センター 2000）。

加えて、熊本県は1988年に「熊本県長期水需給計画」を策定し、同年には「熊本地域工業用水使用合理化指導事業」を開始し（小嶋 2010b）、地下水使用の合理化政策に取り組み出した。さらに、県は1994年3月に水資源行政の基本計画として「第一次熊本県水資源総合計画（くまもと水プラン21）」を策定した。本計画は利水分野に重点が置かれ、増加する水需要に対応するための地下水・地表水開発の可能性の検討が課題として盛り込まれた（小嶋

---

15) ただし、白川中流域からの地下水転化の可能性については、竹内（1952）や小出（1972）によって以前から指摘されていたと柴崎は述べている（柴崎 2004, p. 136）。

16) 熊本市の競輪事業による収益を他市町村に還元するため出捐金を財源として設立されたもので、この運用益を地下水保全対策の財源として充てようという目的を持ったものであった。地下水保全対策会議と構成員は同様であるが、設立目的が異なる。

2010a)。また、県と市は合同で 1996 年 3 月に「熊本地域地下水総合保全管理計画（第 1 次）」（以下「第 1 次総合保全管理計画」）を策定した。この計画では、地下水を地域共有の貴重な資源として認識し、地域全体で管理していくことが強調され、短期・中期・長期の保全目標と保全施策が定められた。白川中流部の地表水を灌漑用水とする水田は「第一級涵養機能保全区域」とされ、この区域では原則として開発を行わず、目標涵養量を達成するための水田湛水事業の推進が方針として示された（熊本地下水研究会・財団法人熊本開発研究センター 2000；塩谷 2001）。この指針は、地下水流動系を加味した流域管理計画の好例として評価されたが（高橋・河田 1998；熊本地下水研究会・財団法人熊本開発研究センター 2000）、指針に法的拘束力はなく、そもそも策定主体は県と熊本市のみで中流域市町村は参加していなかったことから、現場では実効性を疑問視する声があがっていたという[17]。

そういった中、様々な地下水量保全のアイディアが検討された。例えば山地開発による涵養量減少の抑制、都市域における雨水浸透施設の設置推進などである（熊本県・熊本市 1995）。白川中流域での人工涵養策についても、行政や研究者らが継続的に実証実験を実施し実効性を検証した（市川勉 2000；荒牧他 2004）。そして、1999 年には中流域水田を活用した地下水涵養策を協議する場として、県・熊本市、大津町、菊陽町、農業関係団体、および学識経験者により「白川中流域水田利用検討委員会」が設立された（熊本市水保全課 2005）。

このように市町村域を超えた連携のための協議が進められたものの、具体的な対応は依然として個々の自治体レベルに留まり（小嶋 2010b）、実質的な連携体制は形成されていなかった。その背景には熊本市とその他市町村との間の地下水保全に対する温度差が存在した。先んじて発展した下流域の地下水利用のために、上流域の都市開発が制約されることについて、関係者間の合意を得るのは容易でなかったのである（塩谷 2001）。

もっとも、白川中流域の農家では「田んぼで地下にもぐった籾がらが熊本市で出た」という巷談が伝わっており、水田浸透水が熊本市域まで流れてい

17）熊本市役所職員に対する聞き取り調査より。2013 年 11 月 16 日実施、熊本市役所にて。

るのを「知っていた」農家が多く、心情レベルで理解が得られないわけではなかったという[18]。しかし、白川中流域では大豆転作が既に進行し、集落を超えた模範的なブロックローテーションが定着していたため[19]水田を残すのは現実的に困難であり（守友 2001）、地下水涵養量を保持する新たな営農体系を見つけ出さねばならなかった。例えば、水稲とほぼ同様の方式で大面積の作付けが可能であり、かつ大豆と同額の助成金が支給される飼料イネの作付けが検討されたが、現状から転換する誘因には乏しかった。飼料イネ作付けに対する経済的支援も提案されたが（笹倉 2001 ; 守友 2001）、地下水保全を理由に飼料イネのみを支援することの妥当性が問題となった。冬期湛水も検討されたが、水利権が 4 月から 10 月半ばに限られたうえ、耕作物や生態系への影響も不透明であった（東 1998）。こうしたことから、大津町や菊陽町の行政は湛水事業に消極的な姿勢を見せていたという[20]。熊本市水道局の職員（当時）であった東（1998）は、「熊本市と周辺市町村の行政レベルでの意識上のギャップがものすごくありました。熊本市内では地下水を保全しなければならないということで、市民運動もあったし、問題にもなっていましたけど、周辺市町村では、水に困ったことがない。断水も起こったこともないし、井戸を掘れば水はどこでも出るよというような地域が多いものですから、一部を除いて非常に楽観的な状態が続きました」と述べている（p.341）。また、下流側（熊本市側）でも、行政や一部の市民を除いては地下水保全に対する関心は高くなかった（柴崎 2004）。

　費用負担配分も課題であった。当時、熊本市の経常収支比率および財政力指数は低下傾向にあったが、地下水保全対策の費用は県や市町村の一般財源、市債および国からの補助金で賄われており、受益者負担されている部分はわずかであった（熊本市 2003）。第 1 次総合保全管理計画に基づく対策の展開のために更なる財源支出が見込まれるとして、1998 年には地下水保全対

---

18) 大菊土地改良区職員に対する聞き取り調査より。2012 年 11 月 14 日実施、大菊土地改良区事務所にて。
19) 菊陽町では、転作田へのニンジンの作付けは点在しており、大豆転作は広域で受託する担い手農家に集積されている（守友 2001）。
20) 熊本市役所職員へのメールによる聞き取り調査より。2013 年 12 月 12 日実施。

策会議において、採取量に応じた費用負担とそれを財源とした総合的な地下水保全事業の実施が確認された[21]。しかしながら、大口地下水利用者からは採取量に応じた費用負担には抵抗が予想され、一般市民からの徴収についても、地方財政法による割当寄付の禁止に抵触する恐れがあるとして消極的な姿勢がとられた（東 1998）。法定外目的税としての地下水利用税も検討されたが（清水 2001）、前例のない試みであるとして実現には至らなかったという[22]。

こうした中、流域連携による地下水保全の実現に向け、非政府アクターによる政策過程への参加が活発化した。まず、市民と専門家が協力し、意識向上のために様々な啓発・教育活動を展開した。例えば、上水道事業研究会は一連の調査研究結果を市民向けに編集・公表し（熊本市水道局 1980）、東海大学の椛田聖孝氏や清水正元氏らは市民と協同して水保全活動を行う「江津湖研究会」を組織した[23]。同研究会は、市民と多分野の専門家が共に活動し、共同学習や政策提言を行う質の高い運動体として発展した（原田正純 1998）[24]。市民たちもまた、アド・ホックな市民運動から脱皮して、意識啓発やアドボカシーなど継続的に問題解決に取り組む活動組織を発展させていった。1990 年には、熊本大学の原田正純氏など研究者と市民が協同して、地下水対策の必要性を訴える啓蒙書「地下水からの警告」を出版し（原田正純編 1990）、その制作を担ったメンバーらが中心となり NPO「環境ネットワークくまもと」（以下「かんくま」）を設立した。水資源問題に取り組む市民

---

21) 熊本市「広域的な地下水保全対策」http://www.city.kumamoto.kumamoto.jp/mizu_midori/files/kouiki17.pdf（2016 年 7 月 7 日アクセス）。
22) 熊本市役所職員への面会による聞き取り調査より。2013 年 11 月 16 日実施、熊本市役所にて。
23) 公益社団法人日本河川協会「川や水の活動団体紹介」http://www.japanriver.or.jp/r_wchosa/index.html（2016 年 6 月 29 日アクセス）
24) 当時、熊本大学医学部で水問題の研究に取り組んでいた原田正純氏は、熊本の環境運動のひとつのタイプに「調査研究運動、提言型」の運動があると述べており、その特徴として「最初は必要にせまられて、あるいは単なる好奇心によって勉強会や調査、研究をはじめるのですが問題点が明らかになってくると提言を行うようになるほど質の高いものに発展してきます。現在の江津湖研究会、熊本生物研究所などが代表的なものといえましょう。」と述べている（原田正純 1998, pp. 363-364）。

団体の中でも当該団体は、高度な専門性を備えた運動体として長期にわたり政策過程にコミットメントし続けたという[25]。

民間セクターからの働きかけも存在した。肥後銀行の頭取（当時）であった長野吉彰氏は、柴崎達雄氏らと親交が深かったこともあり、民間の立場から水資源問題に先導的に取り組み、1987年には熊本県、熊本日日新聞社との共催で水資源保全活動に取り組む団体や個人を対象とする「財団法人肥後の水資源愛護賞」を創設し[26]、1992年には「財団法人肥後の水資源愛護基金」[27]を設立して顕彰事業やボランティア組織への助成活動を実施するなどして、市民活動を下支えした。さらに長野氏は、地下水保全への民間参画の必要性を訴え、時には熊本市役所に直接出向き、「地下水保全に企業を巻き込むような活動をすべきだ」と主張するなどし、行政や企業の地下水保全に対する姿勢に強い影響を与えたという[28]。こうした働きかけを受けて、1995年には、関係行政機関、大口地下水利用者である企業・事業者、および農業関係団体による協議組織「熊本地域地下水保全活用協議会」（以下「地下水保全活用協議会」）が設立された。地下水保全活用協議会は行政、企業、そして農業関係団体が地下水保全について直接議論する初の公的な協議体であり（熊本地下水研究会・財団法人熊本開発研究センター 2000）、この場で大口採取者による協力金制度の導入に向けた検討委員会の設置が取り決められた（熊本地下水研究会 2001）。

さらに、問題解決に向けた学際的研究も本格化した。柴崎氏は長野氏からの要請を受け、熊本の地下水問題に第一線で取り組んできた研究者と実務家

---

25) 熊本市役所職員への面会による聞き取り調査より。2013年11月16日実施、熊本市役所にて。
26) 公益財団法人肥後の水とみどりの愛護基金「愛護賞について」http://www.mizutomidori.jp/prize.php（2016年7月8日アクセス）。1991年度には江津湖研究会が、2002年度には大田黒忠勝氏が受賞している。
27) のちに「公益財団法人肥後の水とみどりの愛護基金」に改称。（公益財団法人肥後の水とみどりの愛護基金「公益財団法人肥後の水とみどりの愛護基金のあゆみ」http://www.mizutomidori.jp/history.php（2016年7月8日アクセス））
28) 熊本市役所職員への面会による聞き取り調査より。2013年11月16日実施、熊本市役所にて。

による「熊本地下水研究会」を 1998 年に組織した。これは、水文学や地質学といった自然科学分野のみならず、地域行政や農業経済など社会科学系の専門家も含んだ学際的チームであった。研究成果は地元に還元することをポリシーとし、パンフレットやビデオの作成、現地説明会の開催などによって地下水保全の普及啓発に努めた。研究会の会合には部外者の参加を歓迎し、時には一般参加者から研究方針に助言を得るなど、情報の公開・共有にも熱心に取り組んだ。加えて白川中流域の現地視察会と意見交換会を主催し、熊本市側の市民・行政と、白川中流域の行政や農業関係団体が直接対話する機会を設けるなどして、両者の相互理解の促進に努めた（熊本地下水研究会・財団法人熊本開発研究センター 2000；熊本地下水研究会 2001；柴崎 2004）。

3. 第三期（2000～2010 年頃）

(1) 湛水事業成立まで

こうした市民・専門家らによる意識啓発が功を奏したのか、地下水涵養機能の保全に対する熊本市民の支払意思額は水田湛水の実施費用を上回る可能性が示され（山根他 2003）、また、熊本市が 2002 年度より実施した「白川中流域地下水かん養機能経済評価調査」では、白川中流域水田での地下水涵養が諸施策の中で最も費用対効果が高いことが明らかにされ（熊本市 2003）、湛水事業の経済的合理性が明示された。

さらに、大きな障害であった水利権問題が解決された。大津町の農家・大田黒忠勝氏が、農地での地下水人工涵養が求められていることを知り、一部の畑地で独自に湛水農法に試みたところ、予想以上の高い品質と収量が得られた（柴崎 2004）。そして、JA 菊池の調査によって、この湛水農法は線虫駆除等の好ましい営農効果を有することが実証された（冨永 2004）。もともと大田黒氏の営農地周辺では、白川の水には「水肥え」（水によって土地が肥える）効果があるという言い伝えがあり、一部の農家では湛水の土壌機能回復効果が経験知として知られていたという[29]。大田黒氏らの試みによって、転作作物を栽培しながら慣行水利権の枠内で湛水を実施することが可能になっ

写真 6-2 湛水を実施した水田で収穫された農作物は「水の恵み」ブランドとして販売される（筆者撮影）

たのである（写真 6-2）。

そして、白川中流域との交渉も進展した。大菊土地改良区職員によると、丁度この時期に「21 世紀土地改良区創造運動」が全国的に実施され[30]、土地改良区は地域での役割を見直す必要に迫られていた。元大津町農政課長でもあった当時の事務局長は、農家にとって経済的インセンティブがあり、熊本地域にとっての社会的意義も高い湛水事業を好機として捉え、白川中流域の行政・農家と熊本市側との交渉仲介役を積極的に担うようになった[31]。加えて、流域の土地改良区間の連携も湛水事業の実現を後押しした。2002 年夏に発生した渇水の際、農業用水不足に陥った下流域の土地改良区に上流側

---

29) 大菊土地改良区職員への面会による聞き取り調査より。2012 年 11 月 14 日実施、大菊土地改良区事務所にて。
30) 全国水土里ネット「21 世紀土地改良区創造運動について」http://www.inakajin.or.jp/midorinet/tabid/245/Default.aspx（2013 年 10 月 23 日アクセス）
31) 大菊土地改良区職員に対する聞き取り調査より。2012 年 11 月 14 日実施、大菊土地改良区事務所にて。

が救援水を送った。これを契機として土地改良区間の親交が深まり、2003年4月に「白川中流域水土里ネット協議会」が発足して[32]湛水事業の仲介役となったのである。

　県と市の垂直的連携も重要な役割をなした。熊本市水保全課職員（当時）によると、県担当部局の有志職員が大津町・菊陽町との調整に仲介役として尽力したことが、合意形成の強い促進力となったとのことであった[33]。

　費用負担の問題にも前進があった。熊本市水保全課および上下水道局の職員（当時）によると、当時、湛水事業の実現に熱心に取り組んでいる職員が関係各課に存在した。それら職員が互いに情報交換しながら庁内調整を重ねた結果、水保全課の事業である湛水事業の経費の約半額を上下水道局が負担することが合意されたという[34]。市水道事業の収益源は水道料金であるため、上下水道局の参画によって、間接的に地下水利用者による受益者負担の仕組みが出来上がった。

　こうして様々な障壁が乗り越えられていき、2003年7月には熊本県を調整役として熊本市、大津町、菊陽町、白川中流域水土里ネット協議会、およびJA菊池を構成員とする連絡協議会が発足し、同年10月には湛水事業の窓口組織として大津町、菊陽町、JA菊池大津中央支所および菊陽中央支所、そして水土里ネット協議会等によって「水循環型営農推進協議会」が設立された。湛水事業の支払額は、湛水の手間賃等にかかる土地改良区の試算結果に基づき決定された[35]。11月には翌年からの事業開始が合意され（的場2004）、翌年1月には知事立会いのもと協定書を締結、5月には事業開始に至った。

　なお、熊本市による事業開始の前年には、民間主体の地下水涵養事業が先

---

32) 大菊土地改良区職員に対する聞き取り調査より。2012年11月14日実施、大菊土地改良区事務所にて。
33) 熊本市役所職員への面会による聞き取り調査より。2013年11月16日実施、熊本市役所にて。
34) 熊本市役所職員への面会による聞き取り調査より。2014年3月25日実施、熊本市内にて。
35) 大菊土地改良区職員に対する聞き取り調査より。2012年11月14日実施、大菊土地改良区事務所にて。

行実施された。1999年、ソニーセミコンダクタ九州株式会社熊本テクノロジーセンター（以下「ソニー熊本TEC」）の白川中流域北西部への工場進出を受け、地下水使用への影響を懸念した「かんくま」の職員が公開質問状を出した[36]。ソニー熊本TECがこれに真摯に回答したことを契機に両者の交流が深まり、白川中流域での湛水実施による地下水のオフセット、および涵養田で採れた作物の社員食堂での使用・販売といった取組の共同実施が合意された。実施に際して「かんくま」の職員は土地改良区に相談を持ち掛け、まずは2つの集落から協力を得られることとなった[37]。水稲栽培の場合、収穫した減農薬有機肥料米は通常値より高い430円/kgでソニー熊本TECに買い取られることとなり、参加農家数は順調に伸びて、初年度からソニー熊本TECの年間使用水量のほぼ全量がオフセットされた（冨永2004；紫藤2006）。この企業・NPO主体の地下水涵養事業は、時系列的には熊本市らによる湛水事業が合意された後に立ち上げられたものであるが、作付け前湛水による営農上の影響に不安感を残す農家も少なからず存在した中、行政に先行開始して影響のなさを実際に示し、事業参加への不安解消を導いた[38]。

　湛水事業が合意形成に至るのとほぼ同時進行で、「協働の制度化」とでも呼ぶべき動きが進んだ。市民や専門家といった非政府アクターからの活発な働きかけを受け、2000年頃からは、行政側からも連携を図ろうとする姿勢が見られるようになった。例えば、長年にわたり熊本の水保全市民活動を率いてきたある環境NPO職員からは、「以前は行政に情報公開を求めても十分に対応されなかったり、議論を持ちかけてもたらい回しにされたりしていたけど、活動をしているうちに、（行政は）市民以上に本当はわかっていて、

---

36) NPO法人環境ネットワークくまもと「地下水涵養プロジェクト」http://www.kankuma.jp/%E5%9C%B0%E5%9F%9F%E5%8D%94%E5%83%8D%E4%BA%8B%E6%A5%AD/%E5%9C%B0%E4%B8%8B%E6%B0%B4%E6%B6%B5%E9%A4%8A%E3%83%97%E3%83%AD%E3%82%B8%E3%82%A7%E3%82%AF%E3%83%88.html（2013年10月23日アクセス）

37) かんくま職員への面会による聞き取り調査より。2012年11月14日実施、大菊土地改良区事務所にて。

38) 大菊土地改良区職員への面会による聞き取り調査より。2012年11月14日実施、大菊土地改良区事務所にて。

きちんと政策をとっているんだってわかっていった。知れば知るほど、きちんとデータを持っていて、すごいなって思った。この行政のすごさが、はっきり表に出てくるためにはどうしたらいいかなって思うようになった。ある時点から、市民と行政の関係性が変わったの。」（原文ママ。括弧内は筆者による補足）という声が聞かれた[39]。また、湛水事業の合意形成に向け局内外の調整に取り組んでいた熊本市上下水道局職員（当時）からは、「行政は多くの調査をして色々なデータは持っているけれども、市民の方々に出すときは完璧じゃないといけないっていうジレンマがあって。でも徐々に、本気になってくれる（市民の）方々と、一緒に考えませんかって言える関係になっていった。一緒に考えましょうっていうスタンスができたのが大きいんです。」（原文ママ。括弧内は筆者による補足）という話が聞かれた[40]。こうして行政と市民が相互協調的な姿勢へと変化していく中、市民有志は「地球にやさしいまちづくり市民会議」を結成し、当時策定が予定されていた第二次熊本市環境総合計画を市民・事業者・行政のパートナーシップによって推進するための組織設置要望を提出した。そして、第二次熊本市環境総合計画（2001年）には「市民・事業者の参加と協働のための推進体制の整備」なる規定が盛り込まれた[41]。

(2) 湛水事業成立後

　湛水事業の成立後、熊本市が総合的な地下水量マネジメントのための政策パッケージとして策定した「熊本市地下水量保全プラン」（2004年3月）では[42]、湛水事業による涵養対策、生活用水を対象とした節水対策、流域の主体間連携の強化という3本の基本施策が主軸として置かれた（的場 2010b）。

---

39) 市民団体職員への面会による聞き取り調査より。2014年3月25日実施、熊本市内にて。
40) 熊本市役所職員への面会による聞き取り調査より。2014年3月25日実施、熊本市内にて。
41) 新エコパートナー熊本「『エコパートナーくまもと』とは？/設立までの経緯」、http://www.ecopa-kumamoto.com/visitor/organization/course/（2016年2月6日アクセス）
42) 「地下水量保全プラン」は2009年度に終了し、現在は水量と水質両面を扱う「第2次地下水保全プラン」（2014年度〜）となっている。

本プランでは、根本的な地下水量の維持回復には利害関係者間の連携と協調が不可欠であるという認識が明確に示され、熊本市民と白川中流域住民の交流を深めるために様々な事業が実施された。例えば、大津町・菊陽町の水田を熊本市民が訪れ、農家と共同してコメ作りや収穫をする交流事業などである。これについて熊本市水保全課の職員（当時）は、「交流連携事業をやって本当に良かった。熊本市と、大津・菊陽との関係は、やっぱりどこかで、ぎくしゃくしているという感じだったんです。この事業で、熊本市の家族の方々が（中流域の水田で）お米を収穫して、精米したお米を受け取る。そうして、今度は熊本市の方々が、大津・菊陽の方々にお礼とかプレゼントを渡したりする。そういう場に、役場や土地改良区の方々もおられて。（中略）そういうのがあると、関係がすごく変わっていくんですよね。」（原文ママ。括弧内は筆者による補足）と述べていた[43]。

また、節水対策についても、行政からの一方的な意識啓発活動だけでは地下水利用量を十分に低減させられないという考えのもと、市民参加型の活動が展開された。具体的には、2004年には公募市民等で構成される「熊本市節水推進パートナーシップ会議」が設置され、市民と共同で全市的な節水運動の実施計画「くまもと湧く湧く節水行動計画」が策定された[44]。計画に基づき、2005年からは市民総参加を目指す「節水市民運動」が開始された[45]。こうした活動が展開される中、熊本市では2010年4月に「熊本市自治基本条例」が策定され、ここに市民・議会・行政が相互に情報共有し協働するためのルールと仕組みが定められた。本条例では、専門家や公募の市民委員から成る「自治推進委員会」の設置が定められ（40条）、本委員会の答申に基づき、2011年3月には「熊本市市民参画と協働の推進条例」が策定された（2014年4月改正）。こうして、市民参画の制度的基盤が整備されていった。

---

43) 熊本市役所職員（当時）への面会による聞き取り調査より。2013年11月16日実施、熊本市役所にて。
44) 熊本市節水推進パートナーシップ会議は、2011年3月に廃止された。
45) 熊本市役所職員（当時）への面会による聞き取り調査（2013年11月16日実施、熊本市役所にて）、および熊本市「くまもとウォーターライフ」http://www.kumamoto-waterlife.jp/base/pub/detail.asp?c_id=56&id=113&m_id=44&mst=0（2016年6月30日アクセス）より。

さて、熊本地域全体では、2008年2月に地下水保全対策会議が「第2次熊本地域地下水総合保全管理計画」（以下「第2次総合保全管理計画」）を策定し、2009年2月には第1期行動計画を策定した。第1次総合保全管理計画は県と熊本市のみが策定主体となっていたのに対し、第2次は地下水保全対策会議に参加する関係市町村が共同で策定する形となった。その主眼は広域地下水管理の仕組みづくりにあり、地下水対策推進体制の設立や、公水概念をベースとした熊本県地下水保全条例の改正が主要課題として掲げられた（小嶋 2010a：的場 2010a）。その結果、2012年4月1日から施行された改正熊本県地下水保全条例では、地下水を「公共水」として位置付ける条文が設けられた。一方、広域的地下水管理体制については、市町村の管理領域を超えた課題であることから、意思決定と問題発生時の対処にかかる責任所在の明確化が議論の焦点となった。的場（2010a）は、県知事と市町村長が地下水管理者となり協働で政策を構築し、市町村長の意見が一致しない場合には県知事が意思決定権限を行使しうる「協働的リーダーシップ」の体制を提案したが、改正県条例に規定されるには至らなかった。

　その後、2009年には地下水保全対策会議、地下水活用協議会、地下水基金の3つの既存組織を統合して「くまもと地下水財団」（以下「地下水財団」）が設立され、ここが広域地下水対策推進の核組織として位置付けられることとなった（図6-5）。地下水基金を母体として、地下水保全対策会議と地下水活用協議会の役割・事業を引き継ぎ、公益財団法人へ移行する形で設けられたものである[46]。地下水財団は、評議員会、理事会、監事の3つの法定機関のほか、県知事と市町村長からなる諮問機関「くまもと地下水会議」、および主に民間事業者で構成される賛助会「くまもと育水会」の2つの任意組織から構成される。このうち、「くまもと地下水会議」は地下水保全対策会議を母体とする。地下水保全対策会議は県知事と市町村長で構成される組織であったが、現在の地下水会議は、民間企業、NPOや市民組織、土地改

46）熊本市「地下水保全組織の設立について（公益財団法人くまもと地下水財団について）」https://www.city.kumamoto.jp/common/UploadFileDsp.aspx?c_id=5&id=1283&sub_id=1&flid=6341（2016年7月8日アクセス）

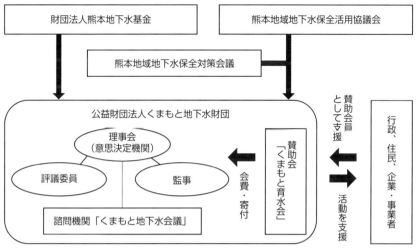

図 6-5　くまもと地下水財団の体制

くまもと地下水財団「運営体制」http://kumamotogwf.or.jp/about/management.html（2016 年 7 月 8 日アクセス）、および熊本市「地下水保全組織の設立について」（注釈 46）をもとに筆者作成。

良区の代表者もメンバーとなっており、以前よりも参加するアクターが多様化している（八木信一他 2016）。また、複数名の研究者による学術顧問会議が設置され、専門的見地から事業のサポートを行っている。地下水財団は「熊本地域の人々の暮らしを始め、農工業など産業活動の礎である地下水について、地域の住民・事業者および行政機関等それぞれが、この地域の大地に地下水の広がりがあることを再認識し、ひとつの共同体として、地下水の健全な循環環境の整備に取り組むことにより、地下水と地域社会の永続的な調和を図ること」を目的とし[47]、地下水環境の調査研究、情報発信、意識啓発、地下水の監視・水質改善、地下水涵養事業、地下水の適正使用・管理の支援などの事業を実施している[48]。

---

47) 財団法人くまもと地下水財団「定款（3 条 1 項）」http://kumamotogwf.or.jp/File/doc/disclosure/teikan/articles_of_incorporation.pdf（2016 年 7 月 12 日アクセス）
48) 同 4 条 1 項。

現在では約 450 戸に及ぶ地元農家が湛水事業に参加し、年間約 1,500 万立法メートル前後の地下水が涵養されている。しかしながら、活用可能な転作田のほぼすべてが既に事業対象になっているうえ（熊本市 2014）、水利権の制約から湛水面積のこれ以上の増加は難しい状況にある[49]。高齢化や後継者不足により耕作の継続が困難な水田ではオーナー制度が導入されるなどして、涵養域の農地の保全が図られているが（熊本県他 2014）、地下水涵養量の安定的な確保は引き続き課題となっている。

第 4 節　地下水ガバナンスの観点からの考察

1. 湛水事業のプロセスにおける参加アクター

　前節で見たように、当初地下水問題は熊本市の問題であり、地下水が共有資源であるという認識も希薄であったが、その後広域的な地下水流動機構が解明され、関係市町村間の協力の必要性が示された。そして白川中流域における人工涵養の政策案が生起した。その実現には、受益域と供給域の意識差や利害対立、費用負担配分、水利権調整など様々な課題が存在したが、熊本県や関係市町村、市民、企業、専門家、農家、土地改良区など様々な主体の政策過程への参加によって着実に打開されていき、湛水事業が実現に至った。事業の成立後には、それらマルチアクターの参加組織である地下水財団が設立され、広域的な地下水保全事業が遂行されている。
　前節各期に登場した主要な組織やアクターをトライアングルモデル上に位置づけたのが図 6-6 である。また、それら各組織・アクターの主な構成主体を示したのが図 6-7 である。
　第一期（1960〜1970 年代頃）は、熊本市で地下水の枯渇や汚染が社会問題として顕在化し、政府や原因企業に問題解決を求める住民運動が発生した時期であった。この頃は特定地域の地下水問題が主要な争点となっており、ア

49）熊本市役所職員（当時）への面会による聞き取り調査より。2014 年 3 月 19 日実施、熊本市役所にて。

ド・ホックな住民運動が展開された。よって、アクターは第四セクター（コミュニティ）から第一（政府）・第二（市場）セクターに向けて伸びる実線矢印によって表される。

第二期（1980～1990年代頃）には、地下水機構の科学的解明が著しく進展したことで、行政区に跨る広域的な地下水流動機構と、白川中流域農地の地下水保全上の重要性が明らかにされた。行政区を超えた広域連携がイシューとなり、関係市町村の首長による会議体として地下水保全対策会議（1：図6-6・6-7中の番号。以下同様）が設立された。また、地下水保全対策の財源供給を目的として地下水基金（2）が設置された。さらに、中流域農地における地下水涵養事業の実施可能性を検討するため、県、熊本市、大津町、菊陽町、農業関係団体、および学識経験者により白川中流域水田利用検討委員会（3）が設立された。

このように広域連携のための取組が進められたものの、地下水問題への対応は依然として個別的であった。その背景には、熊本市と白川中流域の間に厳然と存在した地下水保全に対する温度差があった。また、受益域の住民も中流域農地の重要性に対し十分な関心をもっていなかった。これに対し、専門家と市民による水保全活動団体である江津湖研究会（4）、市民と専門家たちによる環境NPO「環境ネットワークくまもと」（5）などが意識啓発やアドボカシー活動を展開した。こうして市民活動は、特定の問題解決を志向するアド・ホックな住民運動から、公共領域の問題に継続的に取り組む市民活動へと発展していったと捉えられる。肥後銀行頭取であった長野氏は「肥後の水資源愛護基金」（6）を設立し、これら市民活動を援助した。さらに、行政に対して地下水保全への民間参画の重要性を訴えるとともに、柴崎氏ら専門家に対して地下水研究の一層の推進を要請した。こうした長野氏による働きかけは、第二セクターから第一・第四セクターに向かう矢印で表される。長野氏からの働きかけを受け、行政・地下水採取事業者・農業関係団体による会議体である地下水保全活用協議会（7）が設立され、また、地下水保全策を自然科学・人文社会科学の両面から学際的に探究する熊本地下水研究会（8）が組織された。

第三期（2000～2010年頃）には、人工涵養の障壁となっていた水利権問題

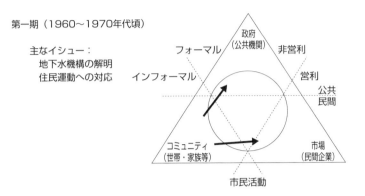

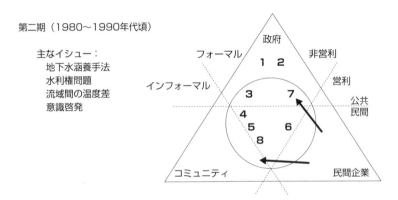

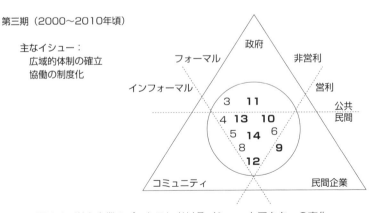

図 6-6 湛水事業のプロセスにおけるイシューとアクターの変化

各期に登場した組織・アクターは太字体、それ以前から存在している組織・アクターは通常体でそれぞれ示してある。

第6章 熊本地域における地下水保全政策過程

各組織・団体等に含まれる構成員を色付きで示した。

登場時期	図6-6中の番号	組織・団体等	設立年	政府（県）	政府（熊本市）	政府（中流域市町村）	非政府（農業関係者・土地改良区）	非政府（専門家）	非政府（企業・事業者）	非政府（住民・市民団体）
第1期	1	地下水保全対策会議	1986							
	2	地下水基金	1991							
	3	白川中流域水田利用検討委員会	1999							
	4	江津湖研究会	1982							
第2期	5	環境ネットワークくまもと（かんくま）	1994							
	6	肥後の水資源愛護基金	1992							
	7	地下水保全活用協議会	1995							
	8	熊本地下水研究会	1998							
	9	中流域先進農家	2001前後※1							
第3期	10	白川中流域水土里ネット協議会・大菊土地改良区	2003							
	11	水循環型営農推進協議会	2003							
	12	かんくまメソニー熊本TECによる協働事業	2003							
	13	熊本市節水推進パートナーシップ会議※2	2004							
	14	くまもと地下水財団	2009							

図6-7 各アクターの構成員

※1 当該農家が湛水農法を開始したのは2001年頃からであるとの情報を得たが（大菊土地改良区職員への面会による聞き取り調査より。2012年11月14日実施、大菊土地改良区事務所にて）、仔細不詳のため「前後」とした。

※2 節水推進パートナーシップ会議は公募市民、パートナーシップ会員、および学識経験者一名で構成され、熊本市はそれ自体の構成員ではなかったが（熊本市役所担当職員に対する電話での聞き取り調査より、2018年11月1日実施）、会議と協働して節水行動計画の策定やその他の市節水事業を実施するなど密接な関係を有していたことから、ここでは構成主体として含めた。

が解決された。大津町の先進農家（9）による湛水農法の先行的試行により、慣行水利権の枠内での湛水が可能になったためである。また、大菊土地改良区と流域土地改良区の連携組織である白川中流域水土里ネット協議会（10）が、熊本市側と農家側との仲介役として機能した。さらに、熊本市や県の関係部署に存在した熱心な職員による庁内外調整の不断の努力もあり、湛水事業の実施が合意に至った。事業の窓口として、中流域市町村と農業関係団体による水循環型営農推進協議会（11）が設立された。なお湛水事業が開始に至る前年には、「かんくま」とソニー熊本TECが、大菊土地改良区の協力を得て地下水涵養の取組を先行開始し、農家の不安解消に貢献した（12）。

　湛水事業の開始後には、熊本市地下水量保全プランに基づき利害関係者間の交流事業が取り組まれたほか、節水対策を市民参加型で進めるため、公募市民による「熊本市節水推進パートナーシップ会議」（13）が設立された。市民と行政の協働が展開される中、パートナーシップの推進が熊本市の環境基本計画に規定されるとともに、2010年には「熊本市自治基本条例」が、2011年には「熊本市市民参画と協働の推進条例」が策定され、協働の理念と仕組みが制度化されるに至った。そして、広域地下水管理を担う体制として、地下水保全対策会議、地下水基金、地下水保全活用協議会の3つの既存組織を発展解消し、くまもと地下水財団（14）が設立された。財団には行政主体、市民、企業、農業関係団体専門家などの利害関係者が幅広く関与している。

　第一期から第三期におけるアクターの変化を通覧してみると、次の二つの特徴が見て取られる。第一に、地下水に関する問題が、団地建設や塵芥埋立地による地下水への影響といった比較的地域限定的な問題から、地下水涵養量の減少や熊本地域各地での地下水汚染の発覚といった広域的・長期的な問題へと変化するにつれ、アクターの参加形態が、アド・ホックな住民運動から公共領域での継続的な市民活動へと発展していったという点である。第二に、公共領域で活動するアクターの増加とその構成員の多様化である。行政区を越えた利害調整、財源調達と費用負担配分、水利権調整、流域の市民や企業の意識啓発といった単独のガバメントでは解決しがたい課題が出現する

につれて、問題解決に向けて公共領域に参加するアクターが、第一セクター（政府）の内部で構成される協議体からマルチアクターによる混合型の組織へと展開していったことが見て取れる。

　さらに、個々のアクターに「政策企業家」がいたことにも注目せねばならない。政策企業家とは、自らの支持する政策を推進するため、時間、エネルギー、財力、名声を進んで投じる主体である。演説、重要人物との面接、抗議活動等によって特定の問題のアジェンダ上の位置を高めたり、論文執筆やメディアへの出現等によって政策案を政策コミュニティに馴染ませる融和のプロセスを推し進めたりして、政策形成に主体的な役割を果たす。政策企業家は、議員、官僚、学者、ロビイスト、ジャーナリストなどいかなる参加者でも担い得る（Kingdon 1995；小島 2002；宮川 2002；松田 2012）。湛水事業のプロセスには、その成立に向けて地道な庁内調整や政策の検討に尽力した一部の有志行政職員、熊本市側と白川中流域側の交渉仲介役を担った土地改良区の事務局長、湛水農法に先陣を切って取り組み水利権の壁を打開した農家、財界のトップとして企業参画に取り組んだ地銀の頭取、高度な専門性をもって長期にわたり流域住民の意識啓発やアドボカシー活動に取り組んだ市民組織のリーダーなど、各セクターに政策企業家が存在した。

　研究者たちもまた政策企業家であったと考えられる。地下水は不可視であることから、地下水域の広がりや複数利用間の影響関係などを直観的に理解するのは容易でない。このような不可視性は、地下水のガバナンスを地表水のそれよりも複雑で困難にする（Wijnen et al. 2012）。こうした中で熊本地域では、行政や研究者らにより、地下水を可視化するための膨大な調査研究活動が実施され、その蓄積は世界的にも例を見ないほどである（熊本地下水研究会・財団法人熊本開発研究センター 2000）。さらに重要なのは、単に調査研究活動を行うに留まらず、その成果をわかりやすく利害関係者たちに伝える努力がなされたことであろう。一般に、自然環境に対する価値観は多様であり保全に向けた合意形成は容易でない（宮内 2013）。熊本地域においても、白川中流域側と熊本市側とで地下水保全に対する価値観の差異が存在し、それが事業実現の障害となった。そうした中で研究者たちは、学術論文や詰屈な報

告書のみでなく、パンフレットや映像資料など誰もが理解しやすくアクセスしやすい形式で公開したり、勉強会や調査会などによって流域の市民と科学的情報を共有する取組を継続的に行うなど、地下水ガバナンスの「情報・知識」[50]の発展に多大な役割を果たした。また、中立的立場を活かして熊本市側と白川中流域側の交流の機会を設け、関係者間の相互理解の促進に寄与した。こうした活動は、湛水事業の成立に不可欠であった受益者による費用負担の受容、および受益者と供給者の間の信頼関係の構築を少なからず促進したと推察される。

　加えて、熊本地域の研究者たちは、市民参画の推進役としての役割も果たしてきたと見受けられる。市民側からの要請を受けて専門家が市民活動に協力する例は各地に散見されるが、熊本地域の研究者たちのように、主体的に市民を巻き込んで開発反対運動を展開したり、保護活動団体を組織したりする例は、管見の限り多くはない。こうした活動を可能たらしめたのは、研究者個人の意思や熱心さなど属人的な要因もあるかもしれない。だが、研究者が市民に働きかけ、それを受けた市民たちがリーダーとなって多様な地下水保全活動を展開し、行政の姿勢を転換させていったという一連の流れは、地下水ガバナンスの過程にインパクトを与えようとする研究者にとって示唆に富むものである（千葉 2018c）。

2．ふたつの論点：熊本地域の地下水ガバナンスの発展に向けて

　これまで見てきたように、熊本地域では多様な利害関係者の参加と協働による地下水保全管理体制が構築されてきたのであるが、地下水ガバナンスの観点から重要な検討事項も存在する。ここではそれらのうち、大きく2つの論点について述べておきたい。

　第一は、広域的な地下水管理のリーダーシップと責任の所在、および利害関係者の意思反映の仕組みについてである。

　地下水財団の設立によって、政府・市民・企業を含む以前よりも多様なア

50）第5章3節3項（1）を参照。

クターの参加が実現し、従来以上の地下水資源の把握と情報の理解が可能となった（八木信一他 2016）。この点において、地下水財団はガバナンス形成に重要な役割を果たしている[51]。

　一方、行政区を越える地下水の管理において、責任をもって意思決定を行いリーダーシップをとって推進していく主体は誰なのか。筆者が行った聞き取り調査では、熊本市の担当者からは「熊本地域内でも、各市町村により地下水保全の意識に差がある。現時点では熊本市だけが突出してしまっている。他の地域（熊本市以外の市町村）での取組は、県なり（地下水）財団がリーダーシップをとってやっていくべき」という声が聞かれ（括弧内は筆者による補足）、県や地下水財団に広域地下水保全のリーダーシップを求める様子が見られた。他方、地下水財団の担当者からは、「熊本地域 11 市町村の中にも、やはり地下水への依存度が高い熊本市と、そうでない市町村とで温度差が残っている。熊本市が自ら負担する姿勢を見せねば、他の市町村はついてこない。熊本市が 11 市町村をリードしてほしい」という声が聞かれ、熊本市により強力な役割が求められていた。

　本章 3 節 3 項 (2) で言及した通り、第 2 次総合保全管理計画第 1 期行動計画の策定時には、改正県条例に広域地下水管理体制を位置づけ、地下水管理の意思決定権限と問題発生時の責任所在を明確化することが議論された。その際的場 (2010a) は、県知事と市町村長が共に地下水管理者となり、最終的な意思決定権限を県知事がもつ「協働的リーダーシップ」の体制を提案したが、改正県条例に反映されなかった。また、地下水財団を広域地下水管理の責任主体として位置付けることも検討されたが、法制部門等が反対し実現されず、責任と意思決定権限の所在は不明確なままとなった。的場 (2010a) が既に指摘している通り、責任所在が定まらないままに地下水財団が事業主体になることには民主主義の観点から懸念が残る。首長が地下水管理者として責任を有しているのであれば、住民は選挙によって自ら地下水管理者を選ぶことができる。しかし、地下水財団の評議員や管理者を住民が選挙で選出できるわけではないので、住民と地下水財団の間にはプリンシパル・エー

---

51) 本章の注釈 5 を参照。

ジェント関係が存在しない。なお、財団の意思決定機関である理事会は 23 名の委員で構成されているが、その多くは熊本県や熊本地域市町村の首長および職員、あるいは上下水道事業の関係職員などの行政関係者である。民間企業の代表者および学識経験者が若干名所属しているが、市民組織の代表者や農業関係団体の代表者は一名もいない[52]（2016 年 2 月末現在）。「くまもと地下水会議」には市民、企業・団体、行政などの代表者 26 名が参加しているが、半数近くは行政関係者であるなど委員構成には偏りがあり（八木信一他 2016）、また、あくまでも理事長の諮問機関であるため意思決定に直接の権限を有するものではない。要するに、地下水財団は多様な利害関係者の参加する組織ではあるが、利害関係者の意思を意思決定に反映するための仕組みは必ずしも十全ではないと考えられる。

　第二は、湛水事業を含む多様な地下水量保全政策によっても、地下水涵養域の減少は食い止められていないという点である。大津町・菊陽町では市街化の進展や宅地造成等により水田作付面積が減少しており、2024 年度の地下水涵養量は 2007 年度と比べ年間約 3,700 万 m^3（6.2%）減少、地下水位も今後低下を続けると予測されている（熊本県他 2008）。地下水涵養量を増やすため、湛水事業に対する新たな支援企業の募集も行われているが（小嶋 2010b）、涵養力の高い大津町・菊陽町のエリアで湛水可能な水田は既に大半が事業に参加しており、拡大の余地はほとんど存在しない[53]。非灌漑期における水田湛水は有効性が高いため、熊本市としては冬期湛水を拡張したい意向があるが[54]、現行水利権の調整が障壁となり大規模な実現には至っていない[55]。水利権が地下水量保護対策の障害となるという問題は、第 4 章で

---

52) くまもと地下水財団「役員名簿（平成 28 年 2 月末現在）」http://kumamotogwf.or.jp/about/roster.html（2016 年 7 月 7 日アクセス）
53) 大菊土地改良区職員への面会による聞き取り調査より。2012 年 11 月 14 日実施、大菊土地改良区事務所にて。
54) 熊本市水保全課担当職員（当時）への面会による聞き取り調査より。2014 年 3 月 19 日実施、熊本市役所にて。
55) 熊本県上益城郡益城町津森地区など一部の地域では企業等によって小規模な冬期湛水が試みられている。(SUNTORY「整備体験レポート　阿蘇」http://www.suntory.co.jp/eco/forest/report/aso/20101102_02.html（2016 年 7 月 1 日アクセス））

行った基礎自治体に対する質問紙調査でも報告された[56]。

　水利権システムの硬直性、すなわち既存の水利権配分に流動性がなく、地下水涵養などの新たな需要に対する配分を困難にしているという状態は、ナショナル・レベルとローカル・レベルの「法・規制・制度の枠組み」が齟齬をきたしており、水循環の観点からの政策統合が達成されていない状態として捕捉されうる。地下水ガバナンスによって効果的に地下水保全管理を達成しようとするのであれば、ローカルとナショナルの法制度間の矛盾や間隙をなくしてそれらを有機的に連結し、重層性による効果を発揮できるようにせねばならない。

＊

　熊本地域がわが国における地下水保全管理の先進地であることは疑いない。一方、先進地であるがゆえに、これから何を目指し、どこへ進んでゆけばいいのかわからないという「頭打ち感」を感じている関係者も少なくないようである。上述の論点も含め、熊本地域が持続可能な地下水の保全と利用に向けて更なる高みを目指すための条件や方策の探求は、地下水ガバナンスの「その先」が問われる時代になったときに、重要な知見を提供するであろう。

---

56) また、例えば千葉県の旧佐原市（2006年3月より香取市）では、冬期湛水・不耕起移植栽培を実施するにあたって水利権の調節がつかず、水利権の及ばない水源地から水を引いたという報告もある（洲脇 2007）。

第7章

地下水政策・ガバナンス論の発展に向けて

第1節　各章の要約および本書の成果と課題

　地下水は国民の生命・生活基盤である。地下水の保全と持続可能な利用を確保するための制度と体制の整備は、わが国にとって急務の社会的課題である。明治初期には既に地盤沈下が進行し、昭和初期にはその人間活動との因果性が認知されていたにも関わらず、それから80年以上が経とうとしている現在においてもなお、わが国は地下水との付き合い方について十分な知見を有しているとはいえない。

　戦後の急進的な工業化による水需要の増大は、近代私的所有権制度に支えられて地下水の乱開発を促し、地下水とともに生活と文化を創造してきた地域住民たちを脅かした。そして現在では、新興国や発展途上国を中心とした人口増と経済成長による世界的な地下水依存の増大、国内外の資本による水源地買収の進行、ミネラルウォーター市場の成長など、地下水にかかわる新たなリスクが顕在化している。しかしながら、国は地下水保全管理の制度整備に対し長らく積極的とは言えない姿勢を貫いてきた。そのため、現場の問題に対応を迫られた地方自治体が個別的で自主的な措置を施してきたが、実態として自治体がどこまで問題に対応できているのか、そしてわが国がより良い地下水保全管理を実現するために何が必要なのかについては、十分には

議論が深められてこなかった。

　本書はこうした現状に問題意識を抱き、特に自治体政策に注目しながら、わが国の地下水保全管理をめぐる政策とガバナンスの様態に関する知見の獲得を目的として議論を進めてきた。各章の内容と得られた知見を要約すると次の通りである。

　第1章では研究の背景を述べた。社会的背景としては、世界的な水需給の逼迫と地下水の重要性の高まり、日本における地下水問題の多様化と複雑化、それに対するわが国の地下水管理体制の不十分さと「地方任せ」の現状を指摘した。そして、地下水政策に関連する研究領域として、地下水学における社会科学的研究、法学分野における地下水の法的性質論、環境政策論・ガバナンス論における地下水政策研究を取り上げて概観したうえで、地下水をめぐる人間活動の制御に関する政策やガバナンスの研究蓄積は十全でなく、必ずしも十分な理解には至っていないことを指摘した。

　第2章では、わが国における地下水行政の歴史的展開を河川行政と対比しつつ整理し、現在の日本の地下水管理制度が築かれた過程を論じた。その際、地租改正による土地の私的所有権の確立、地下水利用の拡大と明治29年大審院判決、地盤沈下の発生と無視された過剰利用原因説、地下水障害の深刻化と水行政の縦割り化、地盤沈下対策法の制定と地方自治体による独自規制の始まり、地下水法制定の頓挫、地方自治体による独自規制の発展、および環境庁による水行政の再編成という8つのエポック的事項を取り上げて時系列に記述した。これにより、地表水（河川）は明治以降国家の管理下に置かれた一方で、地下水は私有化され、長らく時々の政治的・経済的な事情に翻弄されてきたが、地下水障害が深刻化するにつれようやくその公共的性格が認識され始め、自治体を中心に管理制度が整備されていったという変遷を描いた。この整理を踏まえ、国家による地下水管理体制が十分に整備されてこなかった要因として次の五点を推論した。第一は、治水・利水のための国家的なインフラ整備の必要性の乏しさである。第二は、特に地盤沈下が拡大・深刻化する以前の、国家法による事前的規制の必要性に対する認識の低さである。第三は、地下水利用権は土地所有権に付随するという法的解釈の普及である。第四は、地下水規制の根拠となりうる科学的知見の未確立・

未共有あるいは黙殺である。第五は、水行政の縦割り構造である。今日では以上のいずれの点についても状況が変化しており、国が地下水管理制度の整備に積極的に取り組む条件は以前より整えられていると指摘し、国の役割に対する積極的検討の必要性を主張した。

　第3章では全国の地下水条例を分析し、その規定内容を詳細に明らかにすることで、日本における地下水保全管理の法制度的対応の現状を把握した。分析の結果、多くの地下水条例は、過剰採取対策を主内容としており、用水二法に比較して規制対象が広範で、未然防止志向で、政策手段が地域の状況に応じて多様であることがわかった。また、地下水涵養、災害時利用、景観・生態系保全といった直接の国家法が存在しない領域にも、地下水条例の網が拡げられつつある。とはいえ、多くの条例は過剰採取対策の規定に留まっており、水量と水質の両面からの総合的な保全、河川など地表水との一体的な保全、利害関係者の参加、生態系や景観保全への配慮といった地下水を含む水循環の観点を含んだものは数少なく、その意味では発展途上にある。他方、一部には規定内容が突出して充実しており、総合的な地下水保全管理を志向している先進条例が存在していた。例えば神奈川県秦野市、愛媛県西条市、熊本県、熊本市、沖縄県宮古島市等の条例がそれに該当する。こうした先進条例の大半は地下水を「公水」や「共有物」、「共有の財産」などと定義する「公水条例」である。また、他にも相当数の条例が公共的な地下水利用を私的なそれよりも優先する旨の規定を設けていた。こうした結果を受け、わが国では条例が地下水の公的管理のための法制度整備を先導し、地下水の「公水」化を推し進めてきたと論じた。

　第4章では、自治体の地下水保全管理状況に関する実態と地域間格差の把握を課題として、地下水依存度の高い基礎自治体を対象とした質問紙調査を実施した。結果、基礎自治体の全体的な傾向として、特に水量問題の発生状況が把握されておらず、水量保全対策も十分に取られていない傾向にあること、それは特に地下水条例等を有さない自治体において強く見られることが判明した。加えて、対策の実施を阻む要因として、科学的データや情報の不足、施策立案・実施にかかるノウハウや専門知識の不足、資金不足などの問題が明らかにされた。こうした既存体制の限界を補うために、マルチアク

ターの連携による地下水ガバナンスの可能性が注目されるが、現時点では市民参加や主体間連携のための取組はあまり進んでいないことも判明したため、今後の推進が期待される。他方、一部の自治体においては、財産権・温泉権・水利権等への抵触のおそれが地下水保全対策の実施にかかる障壁として認識されていることが明らかとなり、ナショナルな法制度の構造によるローカルの地下水保全管理の制約が示唆された。地下水域単位での分権的な保全管理を推進していくためには、自治体の地下水管理における立場・権限・責任について、慎重な議論を踏まえたうえで明確化し、ナショナルとローカルの法制度間の齟齬や間隙を打開していくとともに、ローカルでの対策実施に対する人的・技術的・財政的支援の拡充が必要であると説いた。

　第5章では、国内外で関心の高まっている地下水ガバナンスについて、大きく五つの観点から論じた。第一に、ガバナンス概念の背景と含意をごく簡略に説明したうえで、地下水保全管理にガバナンスを導入する意義を理論的・実際的側面から論じた。第二に、地下水ガバナンスに関する先行研究を概観した。「地下水ガバナンス」を主題とする研究は1990年代後半頃から見られるものの、定義や評価枠組みに関する議論はごく近年に開始されたため統一的なものは存在しないこと、グローバルからローカルまで異なるレベルを扱った事例研究が各国に存在すること、日本では地下水を明示的に扱った政策・ガバナンス研究の蓄積が乏しいことを指摘した。

　第三に、先行研究を踏まえ、本書における地下水ガバナンスを「多様なステークホルダーが垂直的・水平的に協働しながら、科学的知見に基づき、地下水の持続可能な利用と保全に関して意思決定し、地下水を保全管理していく民主主義的プロセスである。同時に、地下水とその関連領域における法制度的・政策的対応の包括的なフレームワークである」と定義した。そのうえで、地下水ガバナンスとは、政策課題の多様化を背景とする地下水と他セクターとの境界の流動化、課題に対処すべきレベルの重層化を含意する概念であり、従来のガバメントによる一元的管理だけでは過不足が出る問題領域や、新たな価値創造が目指される領域について、政府・非政府の様々な主体による連携・協働の形態に可能性を見出そうとするものであるという解釈を示した。

第7章　地下水政策・ガバナンス論の発展に向けて　265

　第四に、国際的な地下水ガバナンスの研究プロジェクトである「地下水ガバナンスプロジェクト（GGP）」について紹介し、そこで示された地下水ガバナンスの4つの構成要素、すなわち（ⅰ）アクター、（ⅱ）法・規制・制度の枠組み、（ⅲ）目標・政策・計画、（ⅳ）情報・知識に基づき、日本の現状を論じた。（ⅰ）アクターについては、水行政の縦割り構造や市民参加制度の不足など課題が多く残されているものの、地下水保全管理に携わるアクターの多様化傾向が一部事例で観察されることを指摘した。一方、主たるアクターである地方自治体が専門的知識や財源等の政策資源不足に直面しているため、適切な支援体制の整備が必要であるとした。（ⅱ）法規制・制度的枠組みについては、地下水法の不在を背景に整備されてきた地域独自の条例や各種制度は、地域主導の地下水ガバナンス体制を築くうえで強力な基盤になりうると論じた。一方で、地下水は土地所有権に付随するとする解釈は水循環基本法制定後も根強く残っていることから、地方自治体の公的管理権限を確保するための法的基盤の確立が必要であると説いた。（ⅲ）目標・政策・計画については、地下水問題の複雑化と利用形態の多様化を背景に、様々な政策手法の組み合わせ（ポリシーミックス）による政策目標の達成が目指されるようになっていると指摘した。他方、多くの領域に厳然と残っている従来の縦割り構造を変革するためには、政策統合の実践とベストプラクティスの普及によるボトムアップの推進力の向上が重要であるとした。（ⅳ）情報・知識については、わが国には比較的充実した地下水の観測・モニタリング体制が存在しているが、地域の現場では科学的データや専門的知識の不足が対策推進の障害となっていることから、情報へのアクセシビリティの改善と専門家との連携促進が必要であると論じた。

　第五に、水循環基本計画に基づく流域水循環協議会・流域水循環計画を、それぞれ地下水ガバナンスの場ないし戦略として捉え、EUの水枠組指令（WFD）と対比しつつ、その可能性について一考察を加えた。流域水循環協議会と流域水循環計画には広い自由裁量が与えられているため、地域特有の問題状況に応じて実効的に設計・設置しうるが、基準が曖昧な分、十分な能力・資源の備わらない地域ではその本来の意義が発揮されないおそれもあるため、今後の動向を注視する必要性があると指摘した。

第 6 章では、熊本地域における白川中流域水田湛水事業を題材としたケース・スタディを実施した。第一の目的は、湛水事業の成立過程の記述である。地下水保全管理の好例として国際的に高い評価を受けている湛水事業は、成立過程に出現した様々な障壁を多様な主体の連携によって打開してきた歴史がある。その過程の記録は、今後地下水ガバナンスを目指す他地域にとって資料的価値を有すると考えたものである。記述の際には、都市地下水問題が顕在化し地下水保護のための市民運動が生成した第一期（1960〜1970年代頃）、地下水機構の科学的解明が著しく進展し、白川中流域農地における地下水涵養の実施に向けた利害調整と施策立案が盛んに行われた時期であり、非政府アクターの参画が活発化した第二期（1980〜1990年代頃）、そして湛水事業の開始が合意に至り、協働の制度化や広域連携による地下水保全事業の実施体制整備が取り組まれた第三期（2000〜2010年頃）という 3 つの時期に区分した。

　第二の目的は、湛水事業の成立過程におけるアクターの分析的把握である。アクターは、GGP による地下水ガバナンスの構成要素の中で最も核心的な要素である。ペストフのトライアングルモデルおよび松元（2015, 2016）の改編モデルに基づき各期のアクターの変化を分析した結果、次の二つの特徴が導出された。第一に、地下水問題の広域化・長期化に伴い、アクターの参加形態がアド・ホックな住民運動から公共領域での継続的な市民活動へと発展したことである。第二に、公共領域で活動するアクターの増加と構成員の多様化である。行政区を越えた利害調整、財源調達と費用負担配分、水利権調整、流域の市民や企業の意識啓発といった単独のガバメントでは解決しがたい課題が顕在化するにつれ、問題解決に向かうアクターが、政府セクターの内部で構成される協議体から、マルチアクターによる混合型組織へと展開していったと考えられる。

　以上が各章の主な成果である。これまで地下水保全管理対策、特に水量保全対策が各地域の自主性に相当程度任されてきた中で、そこに存在する一般的課題を把握できていなかったことは、わが国における地下水保全管理制度の構築とそれに資する政策研究を減速させる要因となってきたと推察される。その意味において本書は、日本の地下水政策に関する基礎的研究とし

て、一定の資料的価値を提供できたのではないかと期待している。また、地下水ガバナンスという比較的新しい考え方からわが国の現状を捉え、その構築推進に向けた課題を論じたのは先例の少ない試みであり、今後地下水ガバナンスへの移行を目指すにあたって打開すべき構造的問題を、若干ながら焙り出せたと考えている。

他方、残された課題はずっと多い。まず、地下水保全管理政策の実態を網羅的に明らかにするという当初の目的からすれば、本書で実施した調査は対象が限定的で決して十分とは言えない。特に、地下水管理の主体として不可欠な都道府県の役割を正面から扱えなかった点は大きな不足である。また、本書では、これまで特に実態の把握されてこなかった水量保全政策に自ずと焦点が当たり、水質保全については十分に取り上げることができなかった。これらを含め、今後より調査対象を拡充し、現状と課題の正確な把握に努めていく必要がある。加えて、地下水ガバナンスの理論を深化させるだけの探求も叶わなかった。従来の一元的な地下水保全管理から地下水ガバナンスへの移行戦略を検討していくためには、ガバナンスを構成する個々の要素の変化や要素間の相互作用に注目した実証研究の推進が必要である（千葉 2018a）。もっとも、これは地下水学にかかわる様々な分野の専門家と実務家の協働そして多画的で綿密な事例分析に基づいて取り組まれるべき課題であるので、今後はそうした学際的研究の推進に貢献していきたい。

第2節　血の通った制度をつくるガバナンス

最後に、今後のわが国における地下水保全管理に関して展望を述べ稿を閉じたい。

わが国の地下水保全管理は、地方自治体や地域住民といったローカルなアクターを主役として担われてきた。これからの水行政の主軸となる水循環基本法および水循環基本計画も、地域主体の役割を一層重視する内容となっており、今後はより分権型・自治型の取組が進んでいくことが期待されるし想定される。

だが、ここで留意せねばならないのは、地下水保全管理への対応程度には相当の地域間格差が存在するということである。豊富な政策資源と高い政策法務能力でもって積極的な公的管理に乗り出している自治体もあれば、地域内で起こっている問題に対処できていない、ひいては地下水にどのような問題が起こっているかさえ把握できていない自治体も存在する。分権型・自治型の地下水ガバナンスを構築していくうえでは、そうした地域間格差も含め、各地域の有する個性を十分に踏まえ、地域に適切な支援を供給するための措置を慎重に講じていくことが求められる。

　また、国が検討すべき重要な措置として、河川水利権等の権利秩序による水循環の法的分断、およびその他の縦割り構造を、水循環基本法のもとで見直していくことが挙げられる。時々の必要性に応じて対症療法的・分散的に講じられてきた水行政の体系は、一体性をもった自然の水循環システムと不調和であり、生態系の境界と制度的境界の不一致の問題[1]（"The Problem of Fit"）が生じている（Folke et al. 2007）。水循環の法的分断は、水循環基本法が掲げる「健全な水循環の維持回復」という理念や、それが標榜する地域主体の地下水管理という方針と齟齬をきたしており、個々の自治体がそうした分断を乗り越えるのはしばしば容易でない。水循環の概念を軸として既存の個別法の理念を調和していくとともに新たな個別法の整備を推進すること、それと同時に地下水管理における市町村の立場と権限の根拠について何らかの方針を示すことが求められるのではないか。

　なお、水循環基本法の制定や秦野市の井戸新規設置訴訟[2]の例を見ていると、自治体による地下水の公的管理の法的正当性については、積極的に認められる方向に進むと予想される。公的管理が進む中で、流域水循環協議会や地下水協議会を場としたガバナンスの形成も進んでいくかもしれない。ただし、地下水を「共有財産であり、皆で管理すべきもの」として認識し、多主体連携の仕組みづくりを進めるとすれば、責任と権限、リーダーシップの所在を常に意識しておかねばならない。「管理責任の定めなき公水化」が地下水ガバナンスの失敗を導いてしまわないようにしたい。

---

1) 翻訳は筆者による。
2) 第1章コラム②を参照。

＊

「多くの住民が、やりきれない不満をどこにぶつけてよいのかわからないまま、悪化する環境のなかで生活しつづけているのである。(中略)このようなパターンが、一五年まえ、いや数十年もまえから、おなじような形でくりかえされていることに、大きないきどおりと、それを阻止できないでいる私たちの非力さをくやまれるのである」

　これは、住民の立場から地下水問題の解決に尽力し続けた故・柴崎達雄博士が、「略奪された水資源－地下水利用の功罪－」の中で述べたことばである(柴崎1976b, p.4)。博士は、無計画な地下水開発によって地域資源であるはずの地下水を奪われる住民たちの状況を間近に見て、それを悲憤した。

　開発によって資源と環境が損なわれ、その恩恵を受けて生活と文化を創造してきた住民たち、あるいはその環境に依存して生命を育んできた生物たちが、最も直接的な被害を受けるという構造的問題は、多くの環境問題に共通している。そして、柴崎博士がそれを憂いた40年前から現在に至るまで、根本的な解決をみていない。

　地方自治体が国に先駆けて地下水問題に対応してきたのは、地下水とかかわる人々の暮らしにより近い存在であるからであろう。地下水を飲んで生き暮らす人々や、地下水を使って富を生み出す企業の切実な声が、自治体を突き動かしてきたのである。こうした、地下水に密着して生活を営み生命を育む人々、そして地下水を頼って生きる生物たちへの理解が、地下水ガバナンスの出発点である。

　水循環基本法によって「水の憲法」ができたことは、大変よろこばしい。だが、法律ができただけでは、明治以来の長い歴史で作り上げられてきた縦割り構造は変わらない。ガバメントの役割は不可欠だが、ガバメントに任せるだけではいけない。血の通った水制度を人々が自らの手でつくりあげていくこと、そのための理念となり、場となり、方法となることが地下水ガバナ

ンスの使命である。

巻末表 1　地下水関連行政略年表

年代		一般事項	河川行政
		江戸時代	
河川管理の国家事業化と地下水の私有化	戦前	地租改正（1873） 西南戦争（1877） 大日本帝国憲法制定（1889） 民法制定（1889） 日清戦争（1894-1895）	河港道路修築規則制定（1873）
			河川法制定（1896） 森林法制定（1897） 砂防法制定（1897） 日本初のコンクリートダムである布引五本松ダム（神戸市）が完成（1900）
		日露戦争（1904-1905） 韓国併合（1910）	
		第一次世界大戦（1914-1918） 大戦景気（1915-）	電気事業法制定（1911）
		米騒動（1918）	
		関東大震災（1923）	
			日本初の本格的な発電用ダムと言われる大井ダム（岐阜県）が竣工（1924）
		北丹後地震（1927） 東京地下鉄道開業（1927） 世界恐慌（1929）	
		室戸台風（1934）	日本初の多目的ダムとして沖浦ダム（青森県）が着工（1934）
		日中戦争（1937-1945） 国家総動員法制定（1938）	農地調整法制定（1938） 電力管理法制定（1938）
		第二次世界大戦（1939-1945）	日本発送電株式会社設立（1939）
			河水統制事業（1940）
		昭和東南海地震発生（1944）	
地盤沈下の再発・拡大	戦後復興期	日本国憲法発布（1946） 復興国土計画要綱策定（1946） 農地改革（1946-1950） 昭和南海地震発生（1946） 建設院（後の建設省）発足（1948）	
			農薬取締
			水防法制定（1949）

地下水行政	地下水関連の主な判例
掘り抜き技術の発達、上総掘りなど深井戸開発の発展 濃尾平野の福束輪中で井戸の利用規制が 開始、株井戸の起源となる（1812） 濃尾平野の輪中地帯で株井戸制が開始（1862）	
大型浅井戸や横井戸による不圧地下水開発が進展（1870年代～）	
	【所有権絶対期（明治・大正期）】 明治29年3月27日大審院判決（1896）
機械掘りによる井戸掘削の開始・大孔径の深井戸が全国に掘削（1910年代～）	
寺田寅彦が東京江東地区の地盤沈下を指摘（1915）	大正4年6月3日大審院判決（1915） 【権利濫用の法理適用期（昭和戦前期）】 大正5年9月11日神戸地方裁判所判決（1916） 大正11年9月29日東京控訴院判決（1922）
関東大震災後の水準測量により東京江東地区で地盤沈下が認められる	
	昭和4年6月1日大審院判決（1929） 昭和7年8月10日大審院判決（1932）
室戸台風により大阪等地盤沈下発生地域を中心に深刻な浸水被害が発生	
	昭和13年6月28日大審院判決（1938） 昭和13年7月11日大審院判決（1938）
広野卓蔵・和達清夫らが地盤沈下地下水過剰汲み上げ原因説を主張（1939）	
産業活動の停止に伴う揚水中断により地盤沈下が一時的に停止	
温泉法制定（1948） 法制定（1948） 鉱山保安法制定（1949）	

年代		一般事項	河川行政
戦後復興期続き		国土総合開発法制定（1950） 朝鮮戦争勃発（1950-1953休戦）	土地改良法施行（1949） 河川総合開発事業開始（1951） 森林法全面改正・国有林野法制定（1951） 電源開発促進法制定（1952）
水需要の急増と地下水障害の拡大・深刻化	高度成長期	イタイイタイ病発生（1955） 水俣病発生（1956） 国民所得倍増計画（1960） 四日市ぜんそく発生（1960） 第二室戸台風（1961） 全国総合開発計画（1962） 新潟水俣病発生（1964） 東海道新幹線開業（1964） 急傾斜地の崩壊による災害の防止に関する法律制定（1969） 政府、初の公害白書を国会へ報告（1969）	愛知用水公団法制定（1955） 放射線障害 特定多目的ダム法制定（1957） 水道行政三分割：水道法（1957），下水道法（1958），工業用水道事業法（1958）制定 地すべり等防止法制定（1958） 水質二法（水質保全法・ 治山治水緊急措置法（1960） 水資源開発促進法・水資源開発公団法（1961） 新河川法（1964） 林業基本法制定（1964） 公害対策基 大気汚染防 廃棄物処理 水質汚濁防止 農用地土壌汚染
地下水利用規制・水質保全の進展	安定成長期	環境庁発足（1971） 沖縄返還（1972） 第一次オイルショック（1973） 国土利用計画法制定（1974） 第二次オイルショック（1979）	水源地域対策特別措置法制定（1973） 長期水需給

地下水行政	地下水関連の主な判例
鉱業法制定（1950） 大阪で工業用水道の建設着手（1951）	
工業用水法制定（1956） 地盤沈下防止対策事業費補助制度創設（1956） 防止法制定（1957）	
工場排水規制法）制定（1958） 日本地下水学会設立（1959） 大阪市地盤沈下防止条例制定（1959） 静岡県富士市田子の浦周辺部で深井戸の 塩水化問題が発生（1960） 南関東地方地盤沈下調査会発足（1960） 第二室戸台風により大阪中ノ島地区や東部低地帯など市域の3分の1で浸水被害発生 大阪府・市・財界が大阪地盤沈下総合対策協議会を設立（1961） ビル用水法制定（1962）	【地下水の特質認識期（昭和戦後期）】 昭和39年5月25日高松地方裁判所観音寺支部判決（1964） 昭和41年6月22日松山地方裁判所宇和島支部判決（1966）
本法制定（1967） 止法制定（1968）	
法制定（1970） 法制定（1970） 防止法制定（1970） 東海三県地盤沈下調査会が発足（1971） 化審法制定（1973） 関係省庁・部局・委員会等が地下水保全 管理に関する報告・答申・法案を提出（1974-） 計画（1978）	昭和48年8月31日佐賀地裁判決（1973）
地下水総合立法の骨格について関係6省庁（環境庁・国土庁・厚生省・農水省・通産省・建設省）が調整会議を開催（1980-1981） 地盤沈下防止等対策関係閣僚会議の開催が閣議口頭了解、「地盤沈下防止等対策の推進について」が関係閣僚会議決定（1981） 環境庁の全国調査により各地で 地下水汚染が判明（1982）	

年代		一般事項	河川行政
安定成長期続き			環境省「名水
			全国総合水資源計画（ウォータープラン2000）策定（1987）
			関係省庁渇水連絡会議設置（1987）
水循環保全への発展	バブル崩壊以降	バブル崩壊	水質汚濁防
		雲仙普賢岳大噴火（1991）	
		国連環境開発会議（1992）	
			環境基本
			環境基本計画
			水源二法（水道水源特別措置法・
		阪神・淡路大震災（1995）	
			河川法改正（1997）
			環境影響評価
			環境省「環境保全上健全な水循環に関する基本認識
			関係省庁により「健全な水循環系構築
		東海村JCO臨界事故（1999）	新しい全国総合水資源計画
		三宅島・雄山噴火（2000）	
		アメリカ同時多発テロ事件（2001）	森林・林業基本法制定（2001）
			水生生物保全環
			電源開発促進法廃止（2003）
			環境省「油汚染対策
		リーマン・ショック（2008）	
			環境省「平成の名水
		東日本大震災・福島第一原子力発電所事故（2011）	
		エネルギー・環境会議「エネルギー規制・制度改革アクションプラン」策定（2011）	
		国連持続可能な開発会議（2012）	

地下水行政	地下水関連の主な判例
百選」選定（1985）	
地盤沈下防止等対策要綱を策定（1985）	
止法改定（1989）	
土壌汚染に係る環境基準告示（1991）	**【住民の人格権意識期（平成期）】** 平成4年2月28日仙台地方裁判所決定（1992）
法制定（1993）	
閣議決定（1994）	
水道原水保全事業法）制定（1994）	
臨時大深度地下水利用調査会設置法制定（1995）	平成7年10月31日熊本地方裁判所判決（1995）
環境庁水質保全局内に「地下水・地盤環境室」設置（1997）	
地下水の水質汚濁に関する環境基準告示（1997）	
法制定（1997）	
及び施策の展開について（最終報告）」公表（1998）	
に関する関係省庁連絡会議」設置（1998）	
（ウォータープラン21）策定（1999）	
化学物質排出把握管理促進法制定（1999）	
ダイオキシン類対策特別措置法制定（1999）	
土壌汚染対策法制定（2002）	
境基準施行（2003）	
環境省「地下水をきれいにするために－揮発性有機化合物、重金属、硝酸性窒素及び亜硝酸性窒素による地下水汚染対策について－」公表（2004）	紀伊長島町水道水源保護条例事件最高裁判決（2004年12月24日）
三位一体の改革により地盤沈下モニタリングにかかる補助金制度が廃止（2004）	
環境省「地盤沈下監視ガイドライン」公表（2005）	
ガイドライン」策定（2006）	
国土交通省「今後の地下水利用に関する懇談会報告」（2008）	
環境省「地下水質モニタリングの手引き」公表（2008）	
第36回国連総会で「越境帯水層法典」の草案が採択（2008）	
百選」選定（2008）	
国土交通省「震災時地下水利用指針（案）」（2009）策定	
環境省「硝酸性窒素による地下汚染対策手法技術集」公表（2009）	
環境省「湧水保全・復活ガイドライン」公表（2010）	
津波に伴う地下水汚染と塩水化の発生、放射性物質による土壌汚染発生（2011）	
環境省「地中熱の利用にあたってのガイドライン」公表（2012）	
環境省「地下水汚染の未然防止のための構造と点検・管理に関するマニュアル」・「地下水汚染未然防止のための構造と点検管理に関する事例集及び解説」公表（2013）	

年代	一般事項	河川行政	
バブル崩壊以降 続き	平成27年9月関東・東北豪雨（2015）		水循環基本
			水循環基本計画
	熊本地震（2016） 阿蘇山36年ぶり爆発的噴火（2016）	内閣官房水循環政策本部「流域水循環計画策	
		内閣官房水循環政策本部「流域マネジメント	

地下水行政	地下水関連の主な判例
雨水利用推進法制定（2014）	
法制定（2014）	
閣議決定（2015）	
地下水保全法案が水制度改革議員連盟に上申（2015）	
環境省「地中熱の利用にあたってのガイドライン 改訂版」公表（2015）	
定の手引き」・「水循環計画事例集」公表（2016）	
環境省「『地下水保全』ガイドライン」公表（2016）	
内閣官房水循環政策本部「地下水マネジメント導入のススメ」公表（2017）	
事例集」・「流域マネジメントの手引き」公表（2018）	
内閣官房水循環政策本部「地下水マネジメントの合意形成の進め方」公表（2018）	
環境省「地中熱の利用にあたってのガイドライン 改訂増補版」公表（2018）	

広野・和達（1939）、松原（1968）、蔵田（1951, 1971）、柴崎（1971）、大阪地盤沈下総合対策協議会（1972）、環境庁水質保全局企画課編（1978）、国土庁長官官房水資源部（1992）、三田村・高橋（1993）、高橋保・高橋一（1993）、高橋一（1993）、山本三郎（1993）、村下（1994）、森恒夫（1994）、亀本（2005）、竹村（2007）、七戸（2009, 2010）、宮﨑（2011）、河川法令研究会（2012）、小澤（2013）、栗原（2014）、田中正（2015b）、遠藤崇浩（2015, 2018a）等を主な参考として作成。
地下水関連の主な判例欄における隅付き括弧内は、宮﨑（2011）による地下水関連の主な裁判例に関する時代区分を示す。

巻末表2　地下水関連の主な判例（巻末表1）の概要

所有権絶対期（明治・大正期）	
明治29年3月27日 大審院判決	地下水の使用権を土地所有権に付従する権利とし、その使用により他人の地下水利用が妨げられるとしても、その利用が制約されることはないとした事例。土地所有権の行使として地下水が利用できるとした最初の判決。
大正4年6月3日 大審院判決	土地から湧出した水がその土地に浸潤して、まだ溝渠その他の水流に流出していない間は、土地所有者が自由にそれを使用できるのであり、その場合における土地所有者による水の使用権は無制限であるとした事例。明治29年大審院判決と同様、土地所有権の絶対性が全面に出ている。
権利濫用の法理適用期（昭和戦前期）	
大正5年9月11日 神戸地方裁判所判決	土地の所有者は自らの土地の地下に浸潤する水を自由に使用することはできるが、それは権利の濫用に至らない限度であるとした事例。ただし、被告に害意がないこと等を理由に権利濫用にはあたらないとした。地下水の利用について土地所有権を制限する法理論に論及した初めての下級審判決。
大正11年9月29日 東京控訴院判決	社会観念上適当と認められる範囲を超えて他人の権利を侵害した場合には不法行為が成立するとした事例。権利濫用を肯認した初めての裁判例。
昭和4年6月1日 大審院判決	井戸を掘削して地下水を利用し下流域の地下水利用に影響を与えても適法な権利行使であるとし、土地所有者の地下水利用の自由を広く認めた事例。
昭和7年8月10日 大審院判決	地下に泉脈が通過する土地の所有者は、温泉を利用する権利を有するが、それは他人の利用権を侵害しない程度に限られるべきであると判示した事例。権利濫用の法理によって地下水利用を制限した。
昭和13年6月28日 大審院判決	地下水の利用は土地所有者に与えられた権利であるが、その権利行使は他人の有する地下水利用権を不当に侵害しない程度に限られるとし、被告の行為はこれを逸脱しているとして権利濫用の不法行為と認めた事例。
昭和13年7月11日 大審院判決	灌漑用に井戸を掘削し地下水を湧出させたことが、これと水脈を同じくする隣地の灌漑用の湧水に影響を与えたとしても権利濫用とはならないとした事例。土地所有者の地下水利用は所有権の効力としてなし得るものであり、たとえその結果従来の地下水利用を害されることがある者がいても、法令慣習に反しない限りその使用が妨げられるものではないとし、昭和13年6月28日大審院判決とは異なる判断を示した。
地下水の特質認識期（昭和戦後期）	
昭和39年5月25日 高松地方裁判所 観音寺支部判決	工場の廃液を河川に通じる用水路に流し、水道水源地の地下水を汚染させた者に、不法行為による損害賠償責任が認められた事例。「地下水系」の概念を用いて汚染状況を把握した点、地下水及び伏流水の汚染が問題となったため地表水と地下水の一体性に着目された点に特徴がある。
昭和41年6月22日 松山地方裁判所 宇和島支部判決	宇和島市が水道水源として大量の地下水をくみ上げたことにより近隣の地下水に海水が流入し、それまで地下水を利用して花菖蒲園や養魚場を経営していた原告に損害が発生し、水道事業者たる宇和島市の不法行為責任を認めた事例。流動する地下水は地下水利用者の共同資源であり、その利益の公平かつ妥当な分配という見地から違法性が判断された。
昭和48年8月31日 佐賀地方裁判所判決	地下水くみ上げによる地盤沈下を理由として訴えたくみ上げ行為の禁止と損害賠償請求につき、これが地盤沈下の唯一の、また主たる原因とは認められないとして請求を棄却した事例。

住民の人格権意識期（平成期）	
平成4年2月28日 仙台地方裁判所決定	人格権としての身体権の一環として「質量共に生存・健康を損なうことのない水を確保する権利」、および人格権の一種としての平穏生活権の一環として「適切な質量の生活用水を確保する権利」があるとし、利用する井戸水等が操業を予定している安定型最終処分場からの汚染水で汚染され同権利が侵害される高度の蓋然性があるとして、同処分場の使用操業を禁じる仮処分が出された事例。
平成7年10月31日 熊本地方裁判所判決	債務者による産業廃棄物最終処分場の建設に際し、近隣に居住する借権者が、地下水汚染による生活用水汚染を理由に同処分場の建設、使用、操業差止めの仮処分命令を申し立て、条件付きで禁止が認容された事例。適切な質量の飲料水および生活用水を確保する権利を人格権に基づくものとして捉え、それが侵害された場合には差止請求ができると判断した。
紀伊長島町 水道水源保護条例事件 （平成9年9月25日津地方裁判所判決、平成12年2月29日名古屋高等裁判所判決、平成16年12月24日最高裁判決、平成18年2月24日名古屋高等裁判所判決）	水道水源保護条例が水源保護の観点から規制対象事業場の立地規制を行う場合には、地下水使用量の限定を促すなど適切な指導を行うべき義務があったとして、その義務の違反を認定した事例。第一審では、特定の産業廃棄物処理施設による取水が水道水源保護条例所定の水源の枯渇をもたらすおそれがあるかどうかが争点となり、その判定に水収支法が用いられた。

国土庁長官官房水資源部（1992）、宮崎（2011）、小澤（2013）を参考に作成。時代区分は宮崎（2011）より引用。

巻末表 3-1　地下水条例分析の結果（No.1～No.21）

自治体名		条例名	制定年	最終改正年	1. 国家法と地下水条例の関係								
									（1）調査・監視			（2）行政計画	
					－	－	1	2	3	4	5	6	7	8
					工業用水法指定地域	ビル用水法指定地域	温泉の除外	天然ガス溶存地下水の除外	河川流水・河川区域内井戸の除外	地下水の調査・常時監視	立入検査・報告徴収	計画の策定・実施	規制区域指定	井戸設置禁止・本数制限
	工業用水法		1956				2		2		22‡, 24‡, 25‡		3	
	ビル用水法		1962				2		2		11‡, 13‡, 14‡		3	
	水質汚濁防止法		1970								22‡			
北海道	ニセコ町	地下水保全条例	2011	－			2	2	2		18‡			
北海道	真狩村	地下水保全条例	2014	－			2	2	2		18‡			
宮城県	松島町	地下水採取の規制に関する条例	1974	－							9‡		3	4‡
福島県	福島市	地下水保全条例	1973	－							7			
東京都	八丈町	地下水採取の規制に関する条例	1973	2000			2			4, 18‡	17‡		5	
東京都	日野市	清流保全－湧水・地下水の回復と河川・揚水の保全－に関する条例（改正前：公共水域の流水の浄化に関する条例）	1975	2006						16, 17		4		
東京都	新島村	地下水採取の規制に関する条例	1989	－			2			4, 18‡	17‡		5	
東京都	小金井市	地下水及び湧水を保全する条例	2004	－						7		17		
東京都	板橋区	地下水及び湧水を保全する条例	2006	－	○	○	2				18	13		
東京都	国分寺市	湧水及び地下水の保全に関する条例	2012	－						8		7		
神奈川県	開成町	地下水採取の規制に関する条例	1975	2007							9			
神奈川県	真鶴町	地下水採取の規制に関する条例	1990	2000							19‡		2	3
神奈川県	小田原市	豊かな地下水を守る条例	1994	－						9	12‡	6		
神奈川県	座間市	座間市の地下水を保全する条例	1998	2003						11	28	14		
神奈川県	秦野市	地下水保全条例	2000	2013			2			38, 67	67‡			39‡
新潟県	田上町	地下水採取規制に関する条例	1975	2007							15‡		4	5‡
新潟県	長岡市	地下水保全条例	1986	2014			2	2		5	12	1		

2. 地下水保全管理の手段
（3）過剰採取対策

採取開始前の措置					採取中の措置						採取終了後の措置	
9	10	11	12	13	14	15	16	17	18	19	20	21
許可取得	事前協議	届出	井戸設置前の検査・確認	井戸設置後の検査・確認	採取状況・井戸状況等の記録・報告	緊急時等の採取制限・必要措置	不正時等の採取取消・採取停止	状況改善等の指導・勧告・命令	改善措置の届出・報告・確認検査	施設改善等の助成・奨励措置	廃止時等の届出	廃止時等の原状回復等
3‡					14‡	13‡				25	11‡	
4‡						10‡	10			16	9‡	
5‡		13‡			11‡	12		17‡	19†, 20†‡, 22†‡	21	16‡	
6‡		13‡			11‡	12	21	17‡	19†, 20†‡, 23‡	22	16‡	
4‡, 5			6, 7					10			8	
		5						8			6	
6‡					16‡		13‡	15‡			12‡	
6‡					16‡		13‡	15‡			12‡	
		8	9‡		6‡	15‡				12	10	
		3	4	5	6	7					3	
4‡			9	9	18	17‡	15, 16		16‡		13‡	
		2‡			8‡			7			5‡	
		16		17	20	22		29			23	
		40‡				47‡	41‡, 42‡	44‡			45	42‡
6‡		11‡	12, 13				17	16			14	
		6		8	11	14		13†		5	9	

巻末表3-1　地下水条例分析の結果（No.1～No.21）続き

自治体名		条例名	制定年	最終改正年	1. 国家法と地下水条例の関係							(2)行政計画		
					-	-	1	2	3	4	5	6	7	8
					工業用水法指定地域	ビル用水法指定地域	温泉の除外	天然ガス溶存地下水の除外	河川流水・河川区域内井戸の除外	地下水の調査・常時監視	立入検査・報告徴収	計画の策定・実施	規制区域指定	井戸設置禁止・本数制限
新潟県	湯沢町	地下水採取の規制に関する条例	1989	2012							22, 23‡		3	5‡
新潟県	南魚沼市	地下水の採取に関する条例	2004	2017			1	1		3	27, 28‡, 29, 30		7	
新潟県	魚沼市	地下水の保全に関する条例（改正前：地下水の採取に関する条例）	2004	2015			2	2			24‡		7	
新潟県	十日町市	地下水利用適正化に関する条例	2005	-						3	19‡		7	
富山県	上市町	地下水保全に関する条例	1975								8‡		2	
富山県	滑川市	地下水の採取に関する条例	1976				2	2	2		11‡		3	
石川県	野々市市	地下水採取の規制に関する条例	1976	1987							11			
石川県	内灘町	地下水採取の規制に関する条例	1976	1987							11		4	4
石川県	白山市	地下水保全に関する条例（合併前：美川町地下水保全に関する条例 1978年）	2005	-			3				8		2	
石川県	能美市	地下水及び砂利採取の規制に関する条例	2005				2				11		3	5
石川県	中能登町	地下水採取の規制に関する条例（合併前：鳥屋町地下水採取の規制に関する条例 1975年）	2005	2007			2				8			
石川県	金沢市	地下水の適正な利用及び保全に関する条例	2008	-			2				21‡			7
石川県	かほく市	地下水保全条例	2012	-			2				7			
福井県	大野市	地下水保全条例	1977	1996						3	15		2	13
山梨県	鳴沢村	地下水資源保全条例（改正前：地下水資源保護条例）	1974	2015							19‡			
山梨県	忍野村	地下水資源保全条例（改正前：地下水資源保護条例）	2002	2011							13‡		3	7

2．地下水保全管理の手段
（3）過剰採取対策

採取開始前の措置					採取中の措置						採取終了後の措置	
9	10	11	12	13	14	15	16	17	18	19	20	21
許可取得	事前協議	届出	井戸設置前の検査・確認	井戸設置後の検査・確認	採取状況・井戸状況等の記録・報告	緊急時等の採取制限・必要措置	不正時等の許可取消・採取停止	状況改善等の指導・勧告 命令	改善措置の届出・報告・確認検査	施設改善等の助成・奨励措置	廃止時等の届出	廃止時等の原状回復等
6‡			10‡, 13			20	9, 18‡	18‡	19‡		17	
9‡		21, 22‡, 23‡				31	17			3, 33	14	
10‡, 11‡	10				20	22‡	16, 25‡				21	
8‡		9	16		21‡	14, 20‡					17	20‡
		4‡		4	7‡			9†			6	
		5‡			9‡		10			13	8	
5					10		13	12			9	
5					10		13	12			9	
4					8			8			6	
7†				10			13†	12†			10	
4					7		10	9			6	
6‡			15		16	17	13‡				11	
4							9†	8†			6	
		6†, 7†			9†, 10†			11†	11	3	8	
5‡	5, 6, 7	5‡	8‡		19‡		13‡, 23‡	20, 21‡	22		12‡	12‡, 24‡
5‡				8		14	17, 19	15‡	16		12	12, 18

巻末表 3-1　地下水条例分析の結果（No.1～No.21）続き

自治体名		条例名	制定年	最終改正年	1. 国家法と地下水条例の関係								
					− 工業用水法指定地域	− ビル用水法指定地域	1 温泉の除外	2 天然ガス溶存地下水の除外	3 河川流水・河川区域内井戸の除外	(1) 調査・監視		(2) 行政計画	
										4 地下水の調査・常時監視	5 立入検査・報告徴収	6 計画の策定・実施	7 規制区域指定	8 井戸設置禁止・本数制限
山梨県	富士河口湖町	地下水保全条例	2003	−			1(含む)				19‡			
山梨県	北杜市	地下水採取の適正化に関する条例	2004	2012							11‡		3	4
山梨県	笛吹市	地下水資源の保全及び採取適正化条例	2004	2008						3	10‡	3		
山梨県	昭和町	地下水採取の適正化に関する条例	2006	−						4	16‡	4		
山梨県	富士吉田市	地下水保全条例	2010	−							11†‡		7	
山梨県	中央市	地下水資源の保全及び採取適正化に関する条例（改正前：地下水採取の適正化に関する条例）	2013 (2006)	−						3	17‡	3		
長野県	野沢温泉村	地下水資源保全条例	1984	−			2				20		6-9	
長野県	阿智村	地下水保全条例	1986	−			2				18, 19		7	
長野県	売木村	地下水資源保全条例	1991	−			2				18		6-8	
長野県	天龍村	地下水資源保全条例	1993	−			2				18		6	
長野県	佐久市	地下水保全条例	2012	−			2	2	2		18, 20‡			
長野県	佐久穂町	地下水保全条例	2012	−							17, 18‡			
長野県	安曇野市	地下水の保全・涵養及び適正利用に関する条例	2013	−			2			8	18†	7		
長野県	軽井沢町	地下水保全条例	2013	−			2	2	2		14‡			
長野県	松川村	地下水保全条例	2014	−			3							
長野県	青木村	地下水保全条例	2015	−							16, 17‡			
長野県	木島平村	地下水保全条例	2015	−			2	2	2		24			
岐阜県	岐阜市	地下水保全条例	2002	2005			2	2		34	33‡			
静岡県	富士市	地下水の採取に関する条例	2003	2008			2	2						
静岡県	伊豆市	地下水採取適正化に関する条例	2004	−					2		11‡		3	

2．地下水保全管理の手段
（3）過剰採取対策

採取開始前の措置					採取中の措置						採取終了後の措置	
9	10	11	12	13	14	15	16	17	18	19	20	21
許可取得	事前協議	届出	井戸設置前の検査・確認	井戸設置後の検査・確認	採取状況・井戸状況等の記録・報告	緊急時等の採取制限・必要措置	不正時等の許可取消・採取停止	状況改善等の指導・勧告・命令	改善措置の届出・報告・確認検査	施設改善等の助成・奨励措置	廃止時等の届出	廃止時等の原状回復等
3‡				7‡		13	13‡	20‡	22		12‡	12‡
4‡,5‡				8		12		14	12			14
4‡		5‡		7‡			13	11			12	13
5		9		8	14	15	13	17‡			11	12
3†‡		附3		5		11	10	13			12	13
6		10		9	15		16	14, 18	18‡		12	13
10		11		13				19	21, 22, 24	23	18	
9				11			17	20, 22	21		16	
9		11					17	19, 20, 22	21		16	
9		12		11		19†	17	12, 19†, 20†, 22†			16	16
9‡	10	15		12	17		19	21, 22, 23†‡	25			
8‡	8			12‡		21†‡	16‡	19†, 20†‡, 23†‡	22		15‡	
	12†‡	11†‡			17			19†‡			16	
5‡		5		8, 9			13	15, 16, 17†‡	19		12	
7‡				11		20†‡	15	18†, 19†‡		21†		
8	7	13, 14†	10	12		18	18	25†, 26†, 28†		27	17	
		11†	13		16	19‡					15	
		3†		5	6			8			6	
4‡						10‡	9				8‡	

巻末表3-1　地下水条例分析の結果（No.1～No.21）続き

自治体名		条例名	制定年	最終改正年	1. 国家法と地下水条例の関係						（2）行政計画		
										（1）調査・監視			
					－	－	1	2	3	4	5	6	7	8
					工業用水法指定地域	ビル用水法指定地域	温泉の除外	天然ガス溶存地下水の除外	河川流水・河川区域内井戸の除外	地下水の調査・常時監視	立入検査・報告徴収	計画の策定・実施	規制区域指定	井戸設置禁止・本数制限
静岡県	浜松市	旧細江地域自治区及び三ケ日地域自治区地下水の採取の適正化に関する条例（※1）	2005	2012							9†		3	
静岡県	掛川市	地下水の採取に関する条例	2005	－	12（※2）	12（※2）				12	10‡		3	
愛知県	津島市	地下水の保全に関する条例	1977	－	○						15†			
京都府	長岡京市	地下水採取の適正化に関する条例	1976	－							12†			
京都府	大山崎町	地下水採取の適正化に関する条例	1977	2010							14†			
京都府	向日市	地下水採取の適正化に関する条例	1990	－						3	10†			
京都府	城陽市	地下水採取の適正化に関する条例	1997	－							18‡		3*	
大阪府	島本町	地下水汲上げ規制に関する条例	1975	2003							8			
奈良県	曽爾村	地下水資源保全条例	2012	－							12‡			
滋賀県	愛荘町	地下水保全条例	2013	－						14			6	
岡山県	西粟倉村	地下水保全条例	2011	－			1（含む）				12‡			
鳥取県	日南町	地下水保全条例	2011	－			2	2	2		19‡			
鳥取県	智頭町	地下水保全条例	2012	－			2	2	2		19‡			
鳥取県	大山町	地下水保全条例	2012	－							21‡			
鳥取県	日野町	地下水保全条例	2012	－			2	2	2		23‡			
鳥取県	江府町	地下水採取に関する条例	2012	2013							11†‡		3	4‡
鳥取県	伯耆町	地下水保全条例	2013	－			2	2	2		24‡			
愛媛県	西條市	地下水の保全に関する条例	2004	－							31‡		7	
高知県	旧吉川村（現香南市）	地下水保全に関する条例（※3）	1997	1999			2				10‡		3	
福岡県	豊前市	地下水の保全に関する条例	1980	－					2		8			

2．地下水保全管理の手段
（3）過剰採取対策

採取開始前の措置					採取中の措置						採取終了後の措置	
9	10	11	12	13	14	15	16	17	18	19	20	21
許可取得	事前協議	届出	井戸設置前の検査・確認	井戸設置後の検査・確認	採取状況・井戸状況等の記録・報告	緊急時等の採取制限・必要措置	不正時等の許可取消・採取停止	状況改善等の指導・勧告・命令	改善措置の届出・報告・確認検査	施設改善等の助成奨励措置	廃止時等の届出	廃止時等の原状回復等
		5†		7				10			7	
			6‡,7‡	8‡				11			9	
	7†				9†,10†			13†		11†		
4†		附3	3†	6	8†	11†	11*†	10			7	
6†			5	8	10†	13†	13*†	12			9	
4†		附3		6	9	12†	12†,13	11,12†				
3†‡		附3	10		12†		17†	16,17†			15	
3					7		10	9†				
5‡	5			8			13	14†,15†‡,17	16		11	18
		7						8†,11†				
3‡				7			11	13,14‡,16‡	15			17‡
6‡				10‡	11	12‡	17‡	20†,21‡,23†‡	22			
6‡		12‡		10‡	11		17‡	20†,21‡,23†‡	22			
8‡	12	13‡		14	15	24†‡	20†‡	22†,23†‡	25			
6‡		12‡		10‡	11		17‡	24†,25†‡,27	26†			
5‡				8			14†	12†				
6‡					13‡		18	25†,26†‡,28	27†			
		25	26†‡	28	29,30		27	32‡				
4‡				6	7‡		8‡	11‡			6‡	8
1		6			4,7		1	9	9		6	

巻末表 3-1　地下水条例分析の結果（No. 1～No. 21）続き

自治体名		条例名	制定年	最終改正年	1. 国家法と地下水条例の関係								
					-	-	1	2	3	（1）調査・監視			（2）行政計画	
										4	5	6	7	8
					工業用水法指定地域	ビル用水法指定地域	温泉の除外	天然ガス溶存地下水の除外	河川流水・河川区域内井戸の除外	地下水の調査・常時監視	立入検査・報告徴収	計画の策定・実施	規制区域指定	井戸設置禁止・本数制限
福岡県	宗像市	地下水の採取に関する条例	2003	2009							9, 10			
福岡県	赤村	地下水保全条例	2006	2013			2		2		15‡		6	
福岡県	うきは市	地下水の保全に関する条例	2014	-							7, 8			
福岡県	嘉麻市	地下水採取規制条例	2015	-			2				16‡, 17‡		5	
福岡県	篠栗町	地下水の採取に関する条例	2015	-			2	2	2					
佐賀県	小城市	地下水保全条例	2005	-			2				12			
長崎県	大村市	地下水を保全する条例	2000	-			1				14†			
長崎県	五島市	地下水採取の規制に関する条例	2004	2016							8‡		3	4‡
長崎県	雲仙市	地下水採取の規制に関する条例	2005	-							8‡		3	4‡
長崎県	南島原市	地下水保全条例（改正前：地下水採取の規制に関する条例）	2016 (2006)	-			2				24, 25‡		5	6‡
熊本県	熊本市	地下水保全条例	1978	2013			3	3	3	19	25†‡, 26†‡			
熊本県	西原村	地下水保全条例	2003	-			2	2	2		14‡, 15‡			
熊本県	阿蘇市	地下水保全条例	2012	-							21, 22‡			
宮崎県	高原町	地下水保全条例	2012	-			2				23‡			
鹿児島県	与論町	地下水採取の規制に関する条例	1978	2001			2			4, 18‡	16‡, 17‡, 18‡		5	
鹿児島県	喜界町	地下水保全条例	1988	1992							15‡		3	
沖縄県	うるま市	与勝地域地下ダムに係る地下水保護管理条例	2005	-							15‡, 16‡, 17‡		2	
沖縄県	糸満市	地下水保護管理条例	1990	-						5	16‡, 17‡, 18‡		3	3
沖縄県	八重瀬町	地下水保護管理条例	2006	-						5	16‡, 17‡, 18‡		3	3
沖縄県	伊江村	伊江地区地下ダムに係る地下水保護管理条例	2004	-							15‡, 16‡, 17‡		2	
沖縄県	宮古島市	地下水保全条例	2005	2013						30	31‡, 32‡	10	19	
沖縄県	多良間村	地下水保護管理条例	1989	-							19‡, 20‡, 21‡	6		

2．地下水保全管理の手段

（3）過剰採取対策

採取開始前の措置					採取中の措置						採取終了後の措置	
9	10	11	12	13	14	15	16	17	18	19	20	21
許可取得	事前協議	届出	井戸設置前の検査・確認	井戸設置後の検査・確認	採取状況・井戸状況等の記録・報告	緊急時等の採取制限，必要措置	不正時等の許可取消・採取停止	状況改善等の指導・勧告・命令	改善措置の届出・報告・確認検査	施設改善等の助成・奨励措置	廃止時等の届出	廃止時等の原状回復等
		5†				7	11†				6	
8‡				11		21		16, 17‡, 19, 20	18		14	
		4						9†			4	
6‡		13		9‡	10	23‡	12‡	18, 19‡, 21‡		20		
					7, 8			9			5	
		5	9	8	10						7	
		6†		7	11, 12	17		15†			9	
5‡				7‡				9‡				
5‡				7‡			9‡	9‡				
7‡, 9	8	10		13‡	28†‡		12†, 27†‡	26†, 27†‡	29		14	
								21†‡, 27†		29		
	10	9		11	8‡, 13	16		16†‡	16‡	18	9	
7‡	6	10			25†‡	9†		23†, 24†‡			8	8
6‡		10	9	11	26‡	16‡		24†, 25†‡, 28†‡	27		15	
6‡			15‡	16‡	15‡	13‡					12‡	
4‡					14	12‡					11‡	
4‡					11‡	10‡						
4‡		4‡			12‡	11‡						
4‡		4‡			12‡	11‡						
4‡		4‡			11‡	10‡						
11†‡		11†‡		15‡	34‡	33‡, 39‡	33†‡					
7‡					15‡	13‡						

巻末表 3-1　地下水条例分析の結果（No. 1～No. 21）続き

自治体名		条例名	制定年	最終改正年	1. 国家法と地下水条例の関係						(2) 行政計画		
					-	-	(1) 調査・監視						
							1	2	3	4	5	6	7	8
					工業用水法指定地域	ビル用水法指定地域	温泉の除外	天然ガス溶存地下水の除外	河川流水・河川区域内井戸の除外	地下水の調査・常時監視	立入検査・報告徴取	計画の策定・実施	規制区域指定	井戸設置禁止・本数制限
沖縄県	石垣市	地下水保全条例	2002	-			2	2	2*		15‡, 16‡			
山形県	-	地下水の採取の適正化に関する条例	1976	2003			2	2	2		24‡	3	4	
茨城県	-	地下水の採取の適正化に関する条例	1976	2001			2	2	2	20	19‡		3	
富山県	-	地下水の採取に関する条例	1976	2001			2	2	2	3	29‡		4, 17	
山梨県	-	地下水及び水源地域の保全に関する条例	2012	-			2	2	2	20	17‡			
静岡県	-	地下水の採取に関する条例	1977	2018			2	2	17		16‡		3	
熊本県	-	地下水保全条例	1978	2013			22	22	22	35, 36, 37, 40‡, 42	38‡, 39‡, 40	5	25	
合計（全102件）							52	25	25	28	95	15	49	15

2．地下水保全管理の手段

（3）過剰採取対策

採取開始前の措置					採取中の措置						採取終了後の措置	
9	10	11	12	13	14	15	16	17	18	19	20	21
許可取得	事前協議	届出	井戸設置前の検査・確認	井戸設置後の検査・確認	採取状況・井戸状況等の記録・報告	緊急時等の採取制限・必要措置	不正時等の許可取消・採取停止	状況改善等の指導・勧告・命令	改善措置の届出・報告・確認検査	施設改善等の助成・奨励措置	廃止時等の届出	廃止時等の原状回復等
		11	10	11	8‡, 14	17‡		17†	17‡			
		7‡	7	9†				13†	10		15	
3‡					17	18‡	14	15	16		12	
		7‡, 18‡	6, 10, 11‡		15‡, 21‡			14‡		30	12	
		8‡	10‡	12	19‡	16‡		9†, 15†, 18†			14	
		6	5, 9, 10	11	14‡			13‡		18	11	
25‡		26‡	25		29‡, 30‡	31‡	31	31†		41	28	
68	13	58	22	54	55	48	67	79	33	11	72	15

各規定への違反時，あるいは規定に違反した場合の必要措置命令に従わなかった場合等の制裁として，違反内容や氏名等の公表が課されている場合には，条文番号の右隣に†を，同様に罰金，科料または過料が課されている規定には‡を，それぞれ付した。巻末表5-2，巻末表5-3についても同様。

なお，本表は千葉知世（2014）「地下水保全に関する法制度的対応の現状：地下水条例の分析から」『水利化学』58(2)．pp. 33-113より引用した。巻末表5-2，巻末表5-3，巻末表5-4についても同様。

※1　浜松市条例は，「設置者及び地下水採取者の責務」と「井戸の設置等の届出」がいずれも「第5条」となっており，「第5条」が重複して存在している。ここでは条例の原文通りいずれも「第5条」として扱っている。

※2　掛川市は工業用水法施行令（2015年4月1日施行）あるいはビル用水法施行令（）に基づく指定地域として定められていないが，掛川市条例12条は，これら法律の適用される揚水設備については条例の適用除外とすることを定めている。

※3　旧吉川村は2006年の合併後香南市となった。旧吉川村の地下水保全に関する条例は現在は暫定条例として扱われており，厳格な運用はなされていない（香南市役所に対する電話での聞き取り調査により確認、2018年11月1日実施）。

巻末表3-2　地下水条例分析の結果（No. 22〜No. 41）

自治体名		条例名	制定年	最終改正年	(4) 汚染の未然防止措置 ／ (ア) 対象物質規制 ／ 設置前の規制						
					22 物質使用等に関する届出	23 物質使用前の確認	24 排水基準遵守・適正管理・使用量削減	25 物質使用実績の記録・報告	26 使用事業場の自主検査	27 状況改善等の指導・勧告・命令	28 従業者教育
	工業用水法		1956								
	ビル用水法		1962								
	水質汚濁防止法		1970		5‡, 7‡, 10‡	8‡, 9‡	3, 12‡, 14‡		14‡	13‡	
北海道	ニセコ町	地下水保全条例	2011	−							
北海道	真狩村	地下水保全条例	2014	−							
宮城県	松島町	地下水採取の規制に関する条例	1974	−							
福島県	福島市	地下水保全条例	1973	−							
東京都	八丈町	地下水採取の規制に関する条例	1973	2000							
東京都	日野市	清流保全−湧水・地下水の回復と河川・揚水の保全−に関する条例	1975	2006							
東京都	新島村	地下水採取の規制に関する条例	1989	−							
東京都	小金井市	地下水及び湧水を保全する条例	2004					16		21	
東京都	板橋区	地下水及び湧水を保全する条例	2006	−							
東京都	国分寺市	湧水及び地下水の保全に関する条例	2012								
神奈川県	開成町	地下水採取の規制に関する条例	1975	2007							
神奈川県	真鶴町	地下水採取の規制に関する条例	1990	2000							
神奈川県	小田原市	豊かな地下水を守る条例	1994	−							
神奈川県	座間市	地下水を保全する条例	1998	2003	7, 8, 13	29	10, 11	9		29	
神奈川県	秦野市	地下水保全条例	2000	2013	7‡, 8, 9, 10‡, 19	11‡, 13‡	12‡, 17	16, 66		13‡, 14	18
新潟県	田上町	地下水採取の規制に関する条例	1975	2007							
新潟県	長岡市	地下水保全条例	1986	2014							
新潟県	湯沢町	地下水採取の規制に関する条例	1989	2012							
新潟県	南魚沼市	地下水の採取に関する条例	2004	2017							

2．地下水管理の手段

	染対策							汚染発生時の措置		(5) 用水・景観保全	(6) 地下水影響工事対策				
	(イ) 対象事業規制	(ウ) その他													
	設置後の規制										施工前の規制			施工中の規制	
	29	30	31	32	33	34	35	36	37	38	39	40	41		
	対象事業規制	水質指針・目標の策定	硝酸性窒素削減対策	飲用井戸の適正管理	汚染行為への指導・勧告・命令	原因者による汚染拡大防止・浄化	行政による汚染拡大防止・浄化	用水・湧水・景観の保全	予防的措置の実施	着手前の影響調査	届出・事前協議	施工中の影響調査	悪影響発生時の必要措置		
						14‡, 18‡	23								
					15	15†‡	14	8, 9, 10, 13†‡, 16	11	12†‡		12†‡	12†‡		
					21		15		12	13					
								11							
				12			11		10	10			10		
									11				11		
						29	12								
					70	21‡, 23, 24-34	22, 35, 71	54	49				50‡		

巻末表 3 - 2　地下水条例分析の結果（No. 22～No. 41）続き

自治体名		条例名	制定年	最終改正年	(4) 汚 汚染の未然防止措置 (ア) 対象物質規制						
					設置前の規制						
					22	23	24	25	26	27	28
					物質使用等に関する届出	物質使用前の確認	排水基準遵守・適正管理・使用量削減	物質使用実績の記録・報告	使用事業場の自主検査	状況改善等の指導・勧告・命令	従業者教育
新潟県	魚沼市	地下水の保全に関する条例 （改正前：地下水の採取に関する条例）	2004	2015							
新潟県	十日町市	地下水利用適正化に関する条例	2005	−							
富山県	上市町	地下水保全に関する条例	1975	−							
富山県	滑川市	地下水の採取に関する条例	1976	−							
石川県	野々市市	地下水採取の規制に関する条例	1976	1987							
石川県	内灘町	地下水採取の規制に関する条例	1976	1987							
石川県	白山市	地下水保全に関する条例	2005	−							
石川県	能美市	地下水及び砂利採取の規制に関する条例	2005								
石川県	中能登町	地下水採取の規制に関する条例	2005	2007							
石川県	金沢市	地下水の適正な利用及び保全に関する条例	2008	−							
石川県	かほく市	地下水保全条例	2012	−							
福井県	大野市	地下水保全条例	1977	1996							
山梨県	鳴沢村	地下水資源保全条例	1974	2015							
山梨県	忍野村	地下水資源保全条例	2002	2011							
山梨県	富士河口湖町	地下水保全条例	2003	−							
山梨県	北杜市	地下水採取の適正化に関する条例	2004	2012							
山梨県	笛吹市	地下水資源の保全及び採取適正化条例	2004	2008							
山梨県	昭和町	地下水採取の適正化に関する条例	2006	−							
山梨県	富士吉田市	地下水保全条例	2010	−							
山梨県	中央市	地下水資源の保全及び採取適正化に関する条例 （改正前：地下水採取の適正化に関する条例）	2013 (2006)	−							

2. 地下水管理の手段

染対策				汚染発生時の措置			(5) 用水・景観保全	(6) 地下水影響工事対策				
(イ) 対象事業規制	(ウ) その他											
設置後の規制								施工前の規制			施工中の規制	
29	30	31	32	33	34	35	36	37	38	39	40	41
対象事業規制	水質指針・目標の策定	硝酸性窒素削減対策	飲用井戸の適正管理	汚染行為への指導・勧告・命令	原因者による汚染拡大防止・浄化	行政による汚染拡大防止・浄化	用水・湧水・景観の保全	予防的措置の実施	着手前の影響調査	届出・事前協議	施工中の影響調査	悪影響発生時の必要措置
							2, 4					
			10									

巻末表 3 - 2　地下水条例分析の結果（No. 22～No. 41）続き

自治体名		条例名	制定年	最終改正年	(4) 汚染の未然防止措置 ｜ (ア) 対象物質規制 ｜ 設置前の規制					
					22 物質使用等に関する届出	23 物質使用前の確認	24 排水基準遵守・適正管理・使用量削減	25 物質使用実績の記録・報告	26 使用事業場の自主検査	27 状況改善等の指導・勧告・命令	28 従業者教育
長野県	野沢温泉村	地下水資源保全条例	1984	−							
長野県	阿智村	地下水保全条例	1986	−							
長野県	売木村	地下水資源保全条例	1991	−							
長野県	天龍村	地下水資源保全条例	1993	−							
長野県	佐久市	地下水保全条例	2012	−							
長野県	佐久穂町	地下水保全条例	2012	−							
長野県	安曇野市	地下水の保全・涵養及び適正利用に関する条例	2013	−							
長野県	軽井沢町	地下水保全条例	2013	−							
長野県	松川村	地下水保全条例	2014	−							
長野県	青木村	地下水保全条例	2015	−							
長野県	木島平村	地下水保全条例	2015	−							
岐阜県	岐阜市	地下水保全条例	2002	2005			24, 25	26	27	27‡	29
静岡県	富士市	地下水の採取に関する条例	2003	2008							
静岡県	伊豆市	地下水採取適正化に関する条例	2004	−							
静岡県	浜松市	旧細江地域自治区及び三ケ日地域自治区 地下水の採取の適正化に関する条例	2005	2012							
静岡県	掛川市	地下水の採取に関する条例	2005	−							
愛知県	津島市	地下水の保全に関する条例	1977	−							
京都府	長岡京市	地下水採取の適正化に関する条例	1976	−							
京都府	大山崎町	地下水採取の適正化に関する条例	1977	2010							
京都府	向日市	地下水採取の適正化に関する条例	1990	−							
京都府	城陽市	地下水採取の適正化に関する条例	1997	−							
大阪府	島本町	地下水汲上げ規制に関する条例	1975	2003							
奈良県	曽爾村	地下水資源保全条例	2012	−							

2．地下水管理の手段

染対策					汚染発生時の措置		(5) 用水・景観保全	(6) 地下水影響工事対策				
(イ) 対象事業規制	(ウ) その他											
設置後の規制								施工前の規制			施工中の規制	
29	30	31	32	33	34	35	36	37	38	39	40	41
対象事業規制	水質指針・目標の策定	硝酸性窒素削減対策	飲用井戸の適正管理	汚染行為への指導・勧告・命令	原因者による汚染拡大防止・浄化	行政による汚染拡大防止・浄化	用水・湧水・景観の保全	予防的措置の実施	着手前の影響調査	届出・事前協議	施工中の影響調査	悪影響発生時の必要措置
			37		27‡, 30‡	32, 38, 39		21	21	20†	21‡, 22‡, 23‡	

巻末表3-2　地下水条例分析の結果（No. 22〜No. 41）続き

自治体名		条例名	制定年	最終改正年	(4) 汚 汚染の未然防止措置						
							(ア) 対象物質規制				
					設置前の規制						
					22	23	24	25	26	27	28
					物質使用等に関する届出	物質使用前の確認	排水基準遵守・適正管理・使用量削減	物質使用実績の記録・報告	使用事業場の自主検査	状況改善等の指導・勧告・命令	従業者教育
滋賀県	愛荘町	地下水保全条例	2013	－							
岡山県	西粟倉村	地下水保全条例	2011	－							
鳥取県	日南町	地下水保全条例	2011	－							
鳥取県	智頭町	地下水保全条例	2012	－							
鳥取県	大山町	地下水保全条例	2012	－							
鳥取県	日野町	地下水保全条例	2012	－							
鳥取県	江府町	地下水採取に関する条例	2012	2013							
鳥取県	伯耆町	地下水保全条例	2013	－							
愛媛県	西條市	地下水の保全に関する条例	2004	－	14		16, 17	15		32†‡	
高知県	旧吉川村（現香南市）	地下水保全に関する条例（※3）	1997	1999							
福岡県	豊前市	地下水の保全に関する条例	1980	－							
福岡県	宗像市	地下水の採取に関する条例	2003	2009							
福岡県	赤村	地下水保全条例	2006	2013							
福岡県	うきは市	地下水の保全に関する条例	2014	－							
福岡県	嘉麻市	地下水採取規制条例	2015	－							
福岡県	篠栗町	地下水の採取に関する条例	2015	－							
佐賀県	小城市	地下水保全条例	2005	－							
長崎県	大村市	地下水を保全する条例	2000	－							
長崎県	五島市	地下水採取の規制に関する条例	2004	2016							
長崎県	雲仙市	地下水採取の規制に関する条例	2005	－							
長崎県	南島原市	地下水保全条例（改正前：地下水採取の規制に関する条例）	2016 (2006)	－							
熊本県	熊本市	地下水保全条例	1978	2013							
熊本県	西原村	地下水保全条例	2003	－							
熊本県	阿蘇市	地下水保全条例	2012	－							
宮崎県	高原町	地下水保全条例	2012	－							
鹿児島県	与論町	地下水採取の規制に関する条例	1978	2001							
鹿児島県	喜界町	地下水保全条例	1988	1992							

2．地下水管理の手段

	染対策			(5) 用水・景観保全	(6) 地下水影響工事対策					
(イ) 対象事業規制	(ウ) その他			汚染発生時の措置						
設置後の規制						施工前の規制			施工中の規制	
29	30	31	32	33	34	35	36	37	38	39	40	41
対象事業規制	水質指針・目標の策定	硝酸性窒素削減対策	飲用井戸の適正管理	汚染行為への指導・勧告・命令	原因者による汚染拡大防止・浄化	行政による汚染拡大防止・浄化	用水・湧水・景観の保全	予防的措置の実施	着手前の影響調査	届出・事前協議	施工中の影響調査	悪影響発生時の必要措置
8†,9†,10‡,12‡				32†‡				19	20	18,23	21†	21,22†‡,32‡
	9	9,10,31		20†‡	20†‡	20		23		23†,24		

巻末表3-2 地下水条例分析の結果（No.22〜No.41）続き

自治体名		条例名	制定年	最終改正年	(4) 汚 汚染の未然防止措置 (ア) 対象物質規制 設置前の規制						
					22 物質使用等に関する届出	23 物質使用前の確認	24 排水基準遵守・適正管理・使用量削減	25 物質使用実績の記録・報告	26 使用事業場の自主検査	27 状況改善等の指導・勧告・命令	28 従業者教育
沖縄県	うるま市	与勝地域地下ダムに係る地下水保護管理条例	2005	−							
沖縄県	糸満市	地下水保護管理条例	1990	−							
沖縄県	八重瀬町	地下水保護管理条例	2006	−							
沖縄県	伊江村	伊江地区地下ダムに係る地下水保護管理条例	2004	−							
沖縄県	宮古島市	地下水保全条例	2005	2013							
沖縄県	多良間村	地下水保護管理条例	1989	−							
沖縄県	石垣市	地下水保全条例	2002	−							
山形県	−	地下水の採取の適正化に関する条例	1976	2003							
茨城県	−	地下水の採取の適正化に関する条例	1976	2001							
富山県	−	地下水の採取に関する条例	1976	2001							
山梨県	−	地下水及び水源地域の保全に関する条例	2012	−							
静岡県	−	地下水の採取に関する条例	1977	2018							
熊本県	−	地下水保全条例	1978	2013	8‡, 10‡, 14	11, 12	16‡, 17‡, 19	19	19‡, 21	18‡	
合計（全102件）					4	3	5	6	2	6	2

2. 地下水管理の手段

(イ)対象事業規制	(ウ)その他				汚染発生時の措置		(5)用水・景観保全	(6)地下水影響工事対策				
設置後の規制								施工前の規制			施工中の規制	
29	30	31	32	33	34	35	36	37	38	39	40	41
対象事業規制	水質指針・目標の策定	硝酸性窒素削減対策	飲用井戸の適正管理	汚染行為への指導・勧告・命令	原因者による汚染拡大防止・浄化	行政による汚染拡大防止・浄化	用水・湧水・景観の保全	予防的措置の実施	着手前の影響調査	届出・事前協議	施工中の影響調査	悪影響発生時の必要措置
				12‡								
				13								
				13								
				12‡								
20†, 21*‡, 22, 23†, 24†‡, 33†			18	33†	35‡	35						
				16								
	6	21	21, 34		20‡, 21‡			21‡				
2	2	2	6	9	8	8	4	9	5	3	2	6

巻末表3-3 　地下水条例分析の結果（No.42〜No.62）

自治体名		条例名	制定年	最終改正年	（7）涵養対策				（8）節水・合理的利用対策			（9）災害時利用のための管理
					42 水源保護区域内の届出	43 地下水涵養対策指針	44 その他住民・事業者による涵養	45 その他行政による涵養	46 合理的利用指針・計画作成	47 その他住民・事業者による合理的利用	48 その他行政による合理的利用	49 災害時利用
		工業用水法	1956									
		ビル用水法	1962									
		水質汚濁防止法	1970									
北海道	ニセコ町	地下水保全条例	2011	−			4	3	4			
北海道	真狩村	地下水保全条例	2014	−			5	4	5			
宮城県	松島町	地下水採取の規制に関する条例	1974	−								
福島県	福島市	地下水保全条例	1973	−								
東京都	八丈町	地下水採取の規制に関する条例	1973	2000								15
東京都	日野市	清流保全−湧水・地下水の回復と河川・揚水の保全−に関する条例	1975	2006			10	8, 10				20
東京都	新島村	地下水採取の規制に関する条例	1989	−								15
東京都	小金井市	地下水及び湧水を保全する条例	2004	−			11	9, 10	10, 11			20
東京都	板橋区	地下水及び湧水を保全する条例	2006	−			4, 6	3	6			3
東京都	国分寺市	湧水及び地下水の保全に関する条例	2012	−				9				13
神奈川県	開成町	地下水採取の規制に関する条例	1975	2007					8			
神奈川県	真鶴町	地下水採取の規制に関する条例	1990	2000								
神奈川県	小田原市	豊かな地下水を守る条例	1994	−			10		10			
神奈川県	座間市	地下水を保全する条例	1998	2003	25, 26, 27			24	21			
神奈川県	秦野市	地下水保全条例	2000	2013			55, 56	51, 52, 53, 54, 57	48			
新潟県	田上町	地下水採取の規制に関する条例	1975	2007								
新潟県	長岡市	地下水保全条例	1986	2014					10			
新潟県	湯沢町	地下水採取の規制に関する条例	1989	2012								
新潟県	南魚沼市	地下水の採取に関する条例	2004	2017					5	3		

	3．地下水管理の体制								4．地下水の法的性格			
（10）制裁			（1）行財政体制			（2）自主的管理	（3）市民参加					
50	51	52	53	54	55	56	57	58	59	60	61	62
罰金・科料・過料	違反事実・氏名等公表	行政上の協力拒否	国・関係自治体間の連携	協力金・基金	審議組織の設置	採取者による自主的措置	参加・意識啓発の推進	説明責任・苦情処理	地下水公水	財産権尊重	公共的利用の優先・優遇	競合的利用の制約
28, 29										8		
17, 18										4	5	
25, 26	23				9		7					
26, 27	24						8					
11											4	
23-25					19						6, 8	
29, 30	27		19		23		4, 16, 18, 21, 22, 24	12†‡	前			
22-25					19						6, 8	
			19		8		3, 18		前			
20, 21	16		14				3		前			
			14		15		3, 6, 15		4			
22, 23					20					8	4	
15-17										13		
	35		3	33, 34	32		3, 31		1	4		
74-78	73		58-63, 69	64					1, 37			
17									2		7, 9	
	13				11							
24					21					12	5, 6	
34-35					36						10	

巻末表3-3　地下水条例分析の結果（No.42〜No.62）続き

				2．地下水管理の手段							
				(7) 涵養対策				(8) 節水・合理的利用対策			(9) 災害時利用のための管理
				42	43	44	45	46	47	48	49
自治体名	条例名	制定年	最終改正年	水源保護区域内の届出	地下水涵養対策指針	その他住民・事業者による涵養	その他行政による涵養	合理的利用指針・計画作成	その他住民・事業者による合理的利用	その他行政による合理的利用	災害時利用
新潟県	魚沼市	地下水の保全に関する条例（改正前：地下水の採取に関する条例）	2004	2015								
新潟県	十日町市	地下水利用適正化に関する条例	2005	−								
富山県	上市町	地下水保全に関する条例	1975	−								
富山県	滑川市	地下水の採取に関する条例	1976	−								
石川県	野々市市	地下水採取の規制に関する条例	1976	1987								
石川県	内灘町	地下水採取の規制に関する条例	1976	1987								
石川県	白山市	地下水保全に関する条例	2005	−						7		
石川県	能美市	地下水及び砂利採取の規制に関する条例	2005									
石川県	中能登町	地下水採取の規制に関する条例	2005	2007						11		
石川県	金沢市	地下水の適正な利用及び保全に関する条例	2008	−				19	18, 19		19	
石川県	かほく市	地下水保全条例	2012	−								
福井県	大野市	地下水保全条例	1977	1996			3			13	3, 13	
山梨県	鳴沢村	地下水資源保全条例	1974	2015						4		4
山梨県	忍野村	地下水資源保全条例	2002	2011								
山梨県	富士河口湖町	地下水保全条例	2003	−								
山梨県	北杜市	地下水採取の適正化に関する条例	2004	2012						10		
山梨県	笛吹市	地下水資源の保全及び採取適正化条例	2004	2008						9		
山梨県	昭和町	地下水採取の適正化に関する条例	2006	−						3		3
山梨県	富士吉田市	地下水保全条例	2010	−						9		9
山梨県	中央市	地下水資源の保全及び採取適正化に関する条例（改正前：地下水採取の適正化に関する条例）	2013 (2006)	−						4, 5		4

	3．地下水管理の体制								4．地下水の法的性格			
（10）制裁			（1）行財政体制			（2）自主的管理	（3）市民参加					
50	51	52	53	54	55	56	57	58	59	60	61	62
罰金・科料・過料	違反事実・氏名等公表	行政上の協力拒否	国・関係自治体間の連携	協力金・基金	審議組織の設置	採取者による自主的措置	参加・意識啓発の推進	説明責任・苦情処理	地下水公水	財産権尊重	公共的利用の優先・優遇	競合的利用の制約
27					23	3					9, 10	
23					12	18					8	13
10, 11	12										1, 4	
15, 16											12	
					3							
					3						4	
	14										5	
											2	
23-26							3	4				
	10											
	12										13	
26, 27					14						5, 7	
21, 22											2, 5, 6	3
26, 27					14					3	3	4
16, 17											2, 4, 5	
16, 17					14						2	
18						7				6	2	
18, 19	14					8	16				2, 3	7*
20, 21						8				7	2	

巻末表 3-3　地下水条例分析の結果（No. 42～No. 62）続き

自治体名		条例名	制定年	最終改正年	2. 地下水管理の手段							
					（7）涵養対策				（8）節水・合理的利用対策			（9）災害時利用のための管理
					42	43	44	45	46	47	48	49
					水源保護区域内の届出	地下水涵養対策指針	その他住民・事業者による涵養	その他行政による涵養	合理的利用指針・計画作成	その他住民・事業者による合理的利用	その他行政による合理的利用	災害時利用
長野県	野沢温泉村	地下水資源保全条例	1984	—			4, 5	3				
長野県	阿智村	地下水保全条例	1986	—			4, 5	3				
長野県	売木村	地下水資源保全条例	1991	—			4, 5	3				
長野県	天龍村	地下水資源保全条例	1993	—								
長野県	佐久市	地下水保全条例	2012	—			5, 6	4		5		
長野県	佐久穂町	地下水保全条例	2012	—			5, 6	4		5, 6		
長野県	安曇野市	地下水の保全・涵養及び適正利用に関する条例	2013	—			5	4		6		
長野県	軽井沢町	地下水保全条例	2013	—			3, 4	3				
長野県	松川村	地下水保全条例	2014	—			5, 6	4				
長野県	青木村	地下水保全条例	2015	—			4, 5	3		4		
長野県	木島平村	地下水保全条例	2015	—			5, 6	4				
岐阜県	岐阜市	地下水保全条例	2002	2005			8	7, 8, 9, 10, 40		18		
静岡県	富士市	地下水の採取に関する条例	2003	2008								
静岡県	伊豆市	地下水採取適正化に関する条例	2004	—								
静岡県	浜松市	旧細江地域自治区及び三ケ日地域自治区地下水の採取の適正化に関する条例	2005	2012						5		
静岡県	掛川市	地下水の採取に関する条例	2005	—								
愛知県	津島市	地下水の保全に関する条例	1977	—			5, 6			5, 6, 11		
京都府	長岡京市	地下水採取の適正化に関する条例	1976	—						9		
京都府	大山崎町	地下水採取の適正化に関する条例	1977	2010						11		
京都府	向日市	地下水採取の適正化に関する条例	1990	—				3			3	
京都府	城陽市	地下水採取の適正化に関する条例	1997	—			11			11		
大阪府	島本町	地下水汲上げ規制に関する条例	1975	2003								
奈良県	曽爾村	地下水資源保全条例	2012	—								
滋賀県	愛荘町	地下水保全条例	2013	—	7		4, 5	3, 17, 18				
岡山県	西粟倉村	地下水保全条例	2011	—								

	（10）制裁			3．地下水管理の体制						4．地下水の法的性格			
				（1）行財政体制			（2）自主的管理	（3）市民参加					
	50	51	52	53	54	55	56	57	58	59	60	61	62
	罰金・科料・過料	違反事実・氏名等公表	行政上の協力拒否	国・関係自治体間の連携	協力金・基金	審議組織の設置	採取者による自主的措置	参加・意識啓発の推進	説明責任・苦情処理	地下水公水	財産権尊重	公共的利用の優先・優遇	競合的利用の制約
		27											
		25											
		25											
		25							24			9	
	27, 28	24		7						3			
	26, 27	24								2			
	22, 23	20			10	13		9	14	3			
	21, 22	18								1			
										2			
	22	24, 25											
	31, 32	29		9		19						3, 8	9
	43-47	42		40					21‡				
		8											
	12, 13										4		
		10				5						11	
	14, 15												
		14					8†, 9†, 12†						
		13								1		2	
		17			15, 16					1, 4		6, 18	
		14										1, 2	
	22-24	21			19	4				1	9	5	3
		11	11									1	
		12		19					16				
	24, 25				18-22								

巻末表3-3　地下水条例分析の結果（No.42～No.62）続き

自治体名		条例名	制定年	最終改正年	(7) 涵養対策				(8) 節水・合理的利用対策			(9) 災害時利用のための管理
					42	43	44	45	46	47	48	49
					水源保護区域内の届出	地下水涵養対策指針	その他住民・事業者による涵養	その他行政による涵養	合理的利用指針・計画作成	その他住民・事業者による合理的利用	その他行政による合理的利用	災害時利用
鳥取県	日南町	地下水保全条例	2011	—			5	4				
鳥取県	智頭町	地下水保全条例	2012	—			5	4				
鳥取県	大山町	地下水保全条例	2012	—			4, 5, 6	3		6		
鳥取県	日野町	地下水保全条例	2012	—			5	4				
鳥取県	江府町	地下水採取に関する条例	2012	2013			10					
鳥取県	伯耆町	地下水保全条例	2013	—			5	4				
愛媛県	西條市	地下水の保全に関する条例	2004	—						4, 5	3	
高知県	旧吉川村（現香南市）	地下水保全に関する条例（※3）	1997	1999						12		
福岡県	豊前市	地下水の保全に関する条例	1980	—						5		
福岡県	宗像市	地下水の採取に関する条例	2003	2009						4		
福岡県	赤村	地下水保全条例	2006	2013			4, 5	3				
福岡県	うきは市	地下水の保全に関する条例	2014	—			3					
福岡県	嘉麻市	地下水採取規制条例	2015	—			4	3				
福岡県	篠栗町	地下水の採取に関する条例	2015	—			3			3		
佐賀県	小城市	地下水保全条例	2005	—							11	
長崎県	大村市	地下水を保全する条例	2000	—						5		
長崎県	五島市	地下水採取の規制に関する条例	2004	2016								
長崎県	雲仙市	地下水採取の規制に関する条例	2005									
長崎県	南島原市	地下水保全条例（改正前：地下水採取の規制に関する条例）	2016 (2006)	—								
熊本県	熊本市	地下水保全条例	1978	2013			12, 13, 14		11	16, 17	18†	15
熊本県	西原村	地下水保全条例	2003									
熊本県	阿蘇市	地下水保全条例	2012				4, 5	3				
宮崎県	高原町	地下水保全条例	2012				4, 5	3		4		
鹿児島県	与論町	地下水採取の規制に関する条例	1978	2001								15
鹿児島県	喜界町	地下水保全条例	1988	1992								
沖縄県	うるま市	与勝地域地下ダムに係る地下水保護管理条例	2005	—								

311

	3．地下水管理の体制								4．地下水の法的性格			
（10）制裁			（1）行財政体制			（2）自主的管理	（3）市民参加					
50	51	52	53	54	55	56	57	58	59	60	61	62
罰金・料・過料	違反事実・氏名等公表	行政上の協力拒否	国・関係自治体間の運携	協力金・基金	審議組織の設置	採取者による自主的措置	参加・意識啓発の推進	説明責任・苦情処理	地下水公水	財産権尊重	公共的利用の優先・優遇	競合的利用の制約
26, 27	24											
26, 27	24											
28, 29	26											
					18-22							
18, 19	16											
31, 32	29				19-23							
37					34		3	8, 20, 26				
13, 14					1						4	
	14				1					3		
23, 24									1			
	10							6				
26-28								8				
							3					
	18						13		1			
10											4	
11												
32, 33	30				16		18		1		6, 10	10
34-36	27	8, 10, 11			31, 32	22	15, 30		2			
20-21	17					12						
27	26				14-20				1			
					17-22							
23-25					19						8	
17-19											13	
19					13, 14						6	7

巻末表 3-3　地下水条例分析の結果（No.42～No.62）続き

自治体名		条例名	制定年	最終改正年	2．地下水管理の手段							
					（7）涵養対策				（8）節水・合理的利用対策			（9）災害時利用のための管理
					42	43	44	45	46	47	48	49
					水源保護区域内の届出	地下水涵養対策指針	その他住民・事業者による涵養	その他行政による涵養	合理的利用指針・計画作成	その他住民・事業者による合理的利用	その他行政による合理的利用	災害時利用
沖縄県	糸満市	地下水保護管理条例	1990	－								
沖縄県	八重瀬町	地下水保護管理条例	2006	－								
沖縄県	伊江村	伊江地区地下ダムに係る地下水保護管理条例	2004	－								
沖縄県	宮古島市	地下水保全条例	2005	2013								
沖縄県	多良間村	地下水保護管理条例	1989	－								
沖縄県	石垣市	地下水保全条例	2002	－						9**†		
山形県	－	地下水の採取の適正化に関する条例	1976	2003								
茨城県	－	地下水の採取の適正化に関する条例	1976	2001								
富山県	－	地下水の採取に関する条例	1976	2001								
山梨県	－	地下水及び水源地域の保全に関する条例	2012	－	22		5-7, 18	4				
静岡県	－	地下水の採取に関する条例	1977	2018						5		
熊本県	－	地下水保全条例	1978	2013	35	33, 34, 35†‡		34	32†‡		32, 33	
合計（全102件）					4	2	35	35	2	41	7	11

(10) 制裁			(1) 行財政体制			(2) 自主的管理	(3) 市民参加		4. 地下水の法的性格			
50	51	52	53	54	55	56	57	58	59	60	61	62
罰金・科料・過料	違反事実・氏名等公表	行政上の協力拒否	国・関係自治体間の連携	協力金・基金	審議組織の設置	採取者による自主的措置	参加・意識啓発の推進	説明責任・苦情処理	地下水公水	財産権尊重	公共的利用の優先・優遇	競合的利用の制約
20					14					9	3, 7, 8	8
20					14					9	3, 7, 8	8
19					13, 14						6	7
41-43	40				27				1	14	2, 9, 10, 13, 34, 36	13
23, 24					17					10	2, 9, 14, 附2	
20	18					13*						
26	23										4	
24, 25											5	
34											16	
29-32	9, 15, 18		4									
20						5					17	
45	31, 32, 35		4, 5, 21, 32, 35, 43			35	1, 4, 5		1			
67	49	1	12	4	38	14	14	10	23	12	46	12

巻末表4　規制対象とされる井戸の種類・規模

自治体名		条例名	動力/自噴	井戸深度	最深部位置	ストレーナ下限位置	地表から水面までの深さ	揚水機設置深度
		工業用水法	動力					
		ビル用水法	動力					
北海道	ニセコ町	地下水保全条例	動力					
北海道	真狩村	地下水保全条例						
宮城県	松島町	地下水採取の規制に関する条例	動力	20m以深				
福島県	福島市	地下水保全条例	動力					
東京都	八丈町	地下水採取の規制に関する条例	動力					
東京都	日野市	清流保全－湧水・地下水の回復と河川・揚水の保全－に関する条例						
東京都	新島村	地下水採取の規制に関する条例	動力					
東京都	小金井市	地下水及び湧水を保全する条例						
東京都	板橋区	地下水及び湧水を保全する条例	動力					
東京都	国分寺市	湧水及び地下水の保全に関する条例						
神奈川県	開成町	地下水採取の規制に関する条例	動力	20m以深				
神奈川県	真鶴町	地下水採取の規制に関する条例	動力		30m以浅			
					50m以浅			
					80m以浅			
神奈川県	小田原市	豊かな地下水を守る条例						
神奈川県	座間市	地下水を保全する条例	動力					
神奈川県	秦野市	地下水保全条例						
新潟県	田上町	地下水採取の規制に関する条例	動力					
新潟県	長岡市	地下水保全条例	動力			20m以深		
新潟県	湯沢町	地下水採取の規制に関する条例						
新潟県	南魚沼市	地下水の採取に関する条例	動力					

吸込口位置	揚水管径	ケーシング口径	吐出口の断面積もしくは口径	導水設備の導水口断面積	採取量/日	採取量/時	揚水機出力	適用条件等
			6cm²超え					工業用のみ
			6cm²超え					建築物用のみ
			8cm²超					
			8cm²以上					吐出口が2以上あるときは、その断面積の合計。
	30mm以上							
					30m³以上			
					500m³以上			
							300W超	
	100mm以上							
海面0mより上	100mm以下		32mm以下		75m³以下			第2種指定地域
海面0mより上	125mm以下		40mm以下		100m³以下			第3種指定地域
海面0mより上	150mm以下		50mm以下		125m³以下			第4種指定地域
						12.5m³以上		
								事業用のみ
								30m以深は禁止又は許可取得、30m以浅は届出
			4cm²以上					吐出口が2以上ある場合は断面積合計
		100mm以下	32mm以下					1号井戸
		150mm以下	40mm以下					2号井戸
		150mm以下	50mm以下					3号井戸
		150mm以下	65mm以下					4号井戸
		1号から4号以外の井戸						5号井戸
		150mm以下	25mm以下					消雪用井戸の許可水量 40ℓ/分まで
		150mm以下	32mm以下					消雪用井戸の許可水量 80ℓ/分まで
		150mm以下	40mm以下					消雪用井戸の許可水量 160ℓ/分まで
		150mm以下	50mm以下					消雪用井戸の許可水量 280ℓ/分まで
		150mm以下	65mm以下					消雪用井戸の許可水量 400ℓ/分まで

自治体名		条例名	動力/自噴	井戸深度	最深部位置	ストレーナ下限位置	地表から水面までの深度	揚水機設置深度
新潟県	南魚沼市	地下水の採取に関する条例						
新潟県	魚沼市	地下水の保全に関する条例						
新潟県	十日町市	地下水利用適正化に関する条例	動力			20m以深		
						50m以深		
富山県	上市町	地下水保全に関する条例						
富山県	滑川市	地下水の採取に関する条例	動力					
石川県	野々市市	地下水採取の規制に関する条例	動力					
石川県	内灘町	地下水採取の規制に関する条例	動力				30m以深	
石川県	白山市	地下水保全に関する条例	動力					
石川県	能美市	地下水及び砂利採取の規制に関する条例	動力				5m以深	
石川県	中能登町	地下水採取の規制に関する条例	動力					30m以深
石川県	金沢市	地下水の適正な利用及び保全に関する条例	動力					
石川県	かほく市	地下水保全条例	動力					
福井県	大野市	地下水保全条例	動力					
山梨県	鳴沢村	地下水資源保全条例	地下水を採取するための施設					
山梨県	忍野村	地下水資源保全条例	動力・自噴					
山梨県	富士河口湖町	地下水保全条例						
山梨県	北杜市	地下水採取の適正化に関する条例	動力・自噴					
山梨県	笛吹市	地下水資源の保全及び採取適正化条例	動力・自噴					

吸込口位置	揚水管径	ケーシング口径	吐出口の断面積もしくは口径	導水設備の導水口断面積	採取量/日	採取量/時	揚水機出力	適用条件等
		150mm以下	80mm以下					消雪用井戸の許可水量 650ℓ/分まで
		200mm以下	100mm以下					消雪用井戸の許可水量 1,120ℓ/分まで
		250mm以下	125mm以下					消雪用井戸の許可水量 1,840ℓ/分まで
		300mm以下	150mm以下					消雪用井戸の許可水量 1,840ℓ/分を超えるもの
			40mm以下					消雪用井戸の許可水量 100ℓ/分まで
			50mm以下					消雪用井戸の許可水量 200ℓ/分まで
			65mm以下					消雪用井戸の許可水量 300ℓ/分まで
			80mm以下					消雪用井戸の許可水量 600ℓ/分まで
			100mm以下					消雪用井戸の許可水量 900ℓ/分まで
			125mm以下					消雪用井戸の許可水量 1,500ℓ/分まで
								十日町地域
								川西地域
			5cm²以上					吐出口が2以上ある場合は断面積合計
			21cm²以上					吐出口が2以上ある場合は断面積合計
			11.4cm²以上					吐出口が2以上ある場合は断面積合計
			19.62cm²以上					吐出口が2以上ある場合は断面積合計
			50mm超					
			11.4cm²以上					吐出口が2以上ある場合は断面積合計
			6cm²以上					吐出口が2以上ある場合は断面積合計
			6cm²超					吐出口が2以上あるときは、その断面積の合計
			19.6cm²以上					
			6cm²超え					吐出口が2以上ある場合は断面積合計
			6cm²以上					吐出口が2以上ある場合は断面積合計

自治体名		条例名	動力/自噴	井戸深度	最深部位置	ストレーナ下限位置	地表から水面までの深度	揚水機設置深度
山梨県	昭和町	地下水採取の適正化に関する条例	動力・自噴					
山梨県	富士吉田市	地下水保全条例	動力・自噴					
山梨県	中央市	地下水資源の保全及び採取適正化に関する条例	動力・自噴					
長野県	野沢温泉村	地下水資源保全条例		60m超				
長野県	阿智村	地下水保全条例		30m超				
長野県	売木村	地下水資源保全条例						
長野県	天龍村	地下水資源保全条例		50m超				
長野県	佐久市	地下水保全条例						
長野県	佐久穂町	佐久穂町地下水保全条例						
長野県	安曇野市	安曇野市地下水の保全・涵養及び適正利用に関する条例						
長野県	軽井沢町	軽井沢町地下水保全条例	動力					
長野県	松川村	地下水保全条例						
長野県	青木村	地下水保全条例		150m超				
長野県	木島平村	木島平村地下水保全条例	動力	30m以上				
岐阜県	岐阜市	地下水保全条例						
静岡県	富士市	地下水の採取に関する条例	動力					
静岡県	伊豆市	地下水採取適正化に関する条例	動力					
			動力でない					
静岡県	浜松市	旧細江地域自治区及び三ケ日地域自治区地下水の採取の適正化に関する条例	動力					
静岡県	掛川市	地下水の採取に関する条例	動力					
愛知県	津島市	地下水の保全に関する条例	動力					
京都府	長岡京市	地下水採取の適正化に関する条例	動力					
京都府	大山崎町	地下水採取の適正化に関する条例	動力					
京都府	向日市	地下水採取の適正化に関する条例						
京都府	城陽市	地下水採取の適正化に関する条例	動力					
大阪府	島本町	地下水汲上げ規制に関する条例	動力					

吸込口位置	揚水管径	ケーシング口径	吐出口の断面積もしくは口径	導水設備の導水口断面積	採取量/日	採取量/時	揚水機出力	適用条件等
					10m³以上			10m³以上なら許可取得 10m³未満なら届出
					10m³以上			
					10m³以上			10m³以上なら許可取得 10m³未満なら届出
			19cm²超				2.2kW超	吐出口が2以上ある場合は断面積合計
			19cm²超		130t超		2.2kW超	
			19cm²超		50t超		2.2kW超	
					10m³以上			吐出口が2以上ある場合は全吐出口の採取量合計
					限界揚水量の80%以内			1日の採取量が100m³以上なら事前協議
			12cm²以上		100m³			吐出口が2以上ある場合は全吐出口の採取量合計
					40m³以上			採取量は300ℓ/分及び400m³/日以下であること
			20cm²超		100m³超			
			4cm²以上					吐出口が2以上ある場合は断面積合計
			5cm²以上 14cm²以下					静岡県地下水の採取に関する条例3条の規定に基づく規制地域又は適正化地域
			5cm²以上					その他の全域
			5cm²以上					吐出口が2以上ある場合は断面積合計
				5cm²以上				導水口が2以上ある場合は断面積合計
			5cm²以上					吐出口が2以上ある場合は断面積合計
			19cm²以上					吐出口が2以上ある場合は断面積合計
								吐出口断面積が19cm²以上の場合公共用井戸でも対象
					20m³以上			
			19cm²以上					吐出口が2以上ある場合は断面積合計
			5cm²以上					灌漑用水用として使用する採取者は除く

自治体名		条例名	動力/自噴	井戸深度	最深部位置	ストレーナ下限位置	地表から水面までの深度	揚水機設置深度
奈良県	曽爾村	地下水資源保全条例						
滋賀県	愛荘町	地下水保全条例					2m超	
岡山県	西粟倉村	地下水保全条例						
鳥取県	日南町	地下水保全条例	動力					
鳥取県	智頭町	地下水保全条例						
鳥取県	大山町	地下水保全条例						
鳥取県	日野町	地下水保全条例						
鳥取県	江府町	地下水採取に関する条例	動力					
鳥取県	伯耆町	地下水保全条例	動力					
愛媛県	西條市	地下水の保全に関する条例	動力					
高知県	香南市（旧吉川村）	地下水保全に関する条例	動力					
福岡県	豊前市	地下水の保全に関する条例	動力	40m以深				
福岡県	宗像市	地下水の採取に関する条例						
福岡県	赤村	地下水保全条例						
福岡県	うきは市	地下水の保全に関する条例						
福岡県	嘉麻市	地下水採取規制条例	動力					
福岡県	篠栗町	地下水の採取に関する条例						
佐賀県	小城市	地下水保全条例	動力					
長崎県	大村市	地下水を保全する条例	動力					
長崎県	五島市	地下水採取の規制に関する条例	動力				20m以深	

吸込口位置	揚水管径	ケーシング口径	吐出口の断面積もしくは口径	導水設備の導水口断面積	採取量/日	採取量/時	揚水機出力	適用条件等
			19.6cm²以上		100m³以上			吐出口が2以上あるときは、その断面積の合計
			70mm以上		10m³以上			
			6cm²超					吐出口が2以上あるときは、その断面積の合計
			6cm²超					吐出口が2以上あるときは、その断面積の合計
			6cm²以上				0.4kW超	吐出口が2以上あるときは、その断面積の合計 側管の口径が66ミリメートルを超える井戸も規制対象
			6cm²超					吐出口が2以上あるときは、その断面積の合計
			8cm²以下					吐出口が2以上あるときは、その断面積の合計
			6cm²超					吐出口が2以上あるときは、その断面積の合計
			21cm²以上					吐出口が2以上ある場合はその断面積の合計
					100t以上			個人の生活用水又は農業用水については日量10t以上
			19cm²以上					
					10m³以上			
					10m³以上			一般家庭用水として地下水を採取する施設を所有する者を除く
			6cm²超					吐出口が2以上あるときは、その断面積の合計 吐出口の断面積が6cm²以下の場合は第2種井戸として規制
					10m³以上			
			6cm²以上					吐出口が2以上ある場合は断面積合計。一事業場又は一工場に2以上の揚水機がありその断面積合計が6cm²を超える場合は、各揚水機が設置されている地下水採取施設
			6cm²以上					
			25.4mm以上					

自治体名		条例名	動力/自噴	井戸深度	最深部位置	ストレーナ下限位置	地表から水面までの深度	揚水機設置深度
長崎県	雲仙市	地下水採取の規制に関する条例	動力	20m以深				
長崎県	南島原市	地下水保全条例	動力	20m以深				
熊本県	熊本市	地下水保全条例	動力					
			自噴					
熊本県	西原村	地下水保全条例	動力					
			自噴					
熊本県	阿蘇市	地下水保全条例	動力					
宮崎県	高原町	高原町地下水保全条例	動力					
鹿児島県	与論町	地下水採取の規制に関する条例	動力					
鹿児島県	喜界町	地下水保全条例						
沖縄県	うるま市	与勝地域地下ダムに係る地下水保護管理条例						
沖縄県	糸満市	地下水保護管理条例						
沖縄県	八重瀬町	地下水保護管理条例						
沖縄県	伊江村	伊江地区地下ダムに係る地下水保護管理条例						
沖縄県	宮古島市	地下水保全条例						
沖縄県	多良間村	地下水保護管理条例	動力					
沖縄県	石垣市	地下水保全条例	動力					
			自噴					
山形県	－	地下水の採取の適正化に関する条例	動力					
			自噴					
茨城県	－	地下水の採取の適正化に関する条例	動力					
富山県	－	地下水の採取に関する条例	動力					

吸込口位置	揚水管径	ケーシング口径	吐出口の断面積もしくは口径	導水設備の導水口断面積	採取量/日	採取量/時	揚水機出力	適用条件等
			25mm以上					
			25.4mm以上					吐出口が2以上ある場合は断面積合計。一事業場又は一工場に2以上の揚水機がありその断面積合計が6cmを超える場合は、各揚水機が設置されている地下水採取施設。事業用又は生活用に供するための地下水が対象。
			6cm²超					吐出口が2以上あるときは、その断面積の合計
			19cm²					
			6cm²以上					吐出口が2以上ある場合は断面積合計
			19cm²以上					
			19cm²超					揚水機の吐出口が2以上あるときは、その断面積の合計 揚水機の吐出口断面積が、6cm²超 19cm²以下(口径約28mm超50mm以下)の井戸を設置する場合は、届出
			10cm²以上					吐出口が2以上ある場合は断面積合計
				20cm²以上				
			6cm²超え					吐出口が2以上ある場合は断面積合計
			19cm²以上					吐出口が2以上ある場合は断面積合計
			21cm²超え					吐出口が2以上ある場合は断面積合計

自治体名		条例名	動力/自噴	井戸深度	最深部位置	ストレーナ下限位置	地表から水面までの深度	揚水機設置深度
山梨県	−	地下水及び水源地域の保全に関する条例						
静岡県	−	地下水の採取に関する条例	動力					
熊本県	−	地下水保全条例	動力					
			自噴					

吸込口位置	揚水管径	ケーシング口径	吐出口の断面積もしくは口径	導水設備の導水口断面積	採取量/日	採取量/時	揚水機出力	適用条件等
			6cm²超					吐出口が2以上あるときは、その断面積の合計 揚水機の吐出口の断面積が50平方センチメートルを超える揚水設備を設置する者は、規則で定めるところにより、地下水の涵養に関する計画を作成し、知事に提出しなければならない
			14cm²超え					吐出口が2以上ある場合は断面積合計
			6cm²超え					届出義務、重点地域又は指定地域
			19cm²超え					許可取得義務、重点地域
			50cm²超え					届出義務、指定地域以外
			125cm²超え					許可取得義務、重点地域以外
			19cm²超え					届出義務、重点地域

参考・引用文献一覧

Adams, S., Braune, E., Cobbing, J. E., Fourie, F. and Riemann, K. (2015) Critical Reflections on 20 years of groundwater research, development and implementation in South Africa, *South African Journal of Geology*, 118(1), pp. 5-16.

Agrawal, A. (2002) Common resources and institutional sustainability, in Elinor Ostrom, ed., *The drama of the commons*, Washington D.C.: National Academy Press, pp. 41-85.

Albrecht, T.R., Varady, R.G., Zuniga-Teran, A.A., Gerlak, A.K. and Staddon, C. (2017) Governing a shared hidden resource: A review of governance mechanisms for transboundary groundwater security, *Water Security*, 2, pp. 43-56.

Bache, I. and Flinders, M., eds. (2004) *Multi-level Governance*, New York: Oxford University Press.

Bell, S. and Hindmoor, A. (2009) *Rethinking Governance: The Centrality of the State in Modern Society*, Cambridge: Cambridge University Press..

Cash, D.W., Adger, W.N., Berkes, F., Garden P., Lebel L., Olsson P., Pritchard, L. and Young, O. (2006) Scale and cross-scale dynamics: governance and information in a multilevel world, *Ecology and society*, 11(2), 8. [online] http://www.ecologyandsociety.org/vol11/iss2/art8/ (2016年3月2日アクセス)

Colvin, C. and Saayman, I. (2007) Challenges to groundwater governance: a case study of groundwater governance in Cape Town, South Africa, *Water Policy*, 9, Supplement 2, pp. 127-148.

Conti, K. and Gupta, J. (2016) Global governance principles for the sustainable development of groundwater resources. *International Environment Agreements*, 16, pp. 849-871.

Cuadrado-Quesada, G. (2014) Groundwater governance and spatial planning challenges: examining sustainability and participation on the ground. *Water International*, 39, pp. 798-812.

Custodio, E., Carbrera, M.C., Poncela, R., Cruz-Fuentes, T., Naranjo, G. and de Miguel, L. O. P. (2015) Comments on Uncertainty in Groundwater Governance in the Volcanic Canary Islands, Spain, *Water*, 7(6), pp. 2952-2970.

Dasgupta, P. (1993) *An Inquiry into Well-Being and Destitution*, Oxford: Clarendon Press.

Dawes, R.M. (1980) Social Dilemmas, *Annual Review of Psychology*, 31, pp.169-193.

Evers, A. and Wintersberger, H., eds. (1990) *Shifts in the welfare mix. Their impact on work, social services and welfare policies*, Frankfurt & Bolder: Campus Verlag and Westview Press.

FAO (2015a) *Shared global vision for Groundwater Governance 2030: and A call-for-action*, Groundwater Governance: A Global Framework for Action. [online] http://www.fao.org/3/a-i5508e.pdf（2019年1月26日アクセス）

FAO (2015b) *Global Framework for Action to achieve the vision on Groundwater Governance: Special Edition for World Water Forum 7*, Groundwater Governance: A Global Framework for Action. [online] http://www.fao.org/3/a-i5705e.pdf（2019年1月26日アクセス）

FAO (2016) *Global Diagnostic on Groundwater Governance*. [online] http://www.fao.org/3/a-i5706e.pdf（2019年1月26日アクセス）

Farmer, A. (2003) *The EU Water Framework Directive: Broadening the Scope of Interaction on Water Policy*. Institute for European Environmental Policy, Project Deliverable, No. D 15, Final Draft. [online] https://www.ecologic.eu/sites/files/download/projekte/850-899/890/in-depth/water_framework_directive. pdf（2018年10月5日アクセス）

Folke, C., Pritchard, L., Jr., Berkes, F., Colding, J. and Svedin, U. (2007) The Problem of Fit between Ecosystem and Institutions: Ten Years Later, *Ecology and Society*, 12(1), 30. [online] https://www.ecologyandsociety.org/vol12/iss1/art30/（2019年1月7日アクセス）

Foster, S., Garduño, H., Tuinhof, A. and Tovey, C. (2010) Groundwater governance: Conceptual framework for assessment of provisions and needs, *GW·MATE Strategic Overview Series*, Number 1, World Bank.

Frija, A., Chebil, A., Speelman, S. and Faysse, N. (2014) A critical assessment of groundwater governance in Tunisia. *Water Policy*, 16(2), pp. 358-373.

Global Water Partnership Technical Advisory Committee (2000) *Integrated Water Resources Management*. TAC Background Papers No.4.

Hardin, G. (1968) The Tragedy of Commons, *Science, New Series*, 162 (3859), pp. 1242-1248.

Hooghe, L. T. and Marks, G. (2001) Types of Multi-Level Governance, *European Integration online Paper*, 5(11) [online] http://eiop.or.at/eiop/texte/2001-011a.html（2015年3月7日アクセス）

Howard, K. W. F. (2015) Sustainable cities and the groundwater governance challenge, *Environmental Earth Sciences*, 73(6), pp. 2543-2554.

Kataoka, Y. and Kuyama, T. (2008) Groundwater management policies in Asian mega-cities. in Takizawa, S., ed., *Ground Management in Asian Cities: Technology and Policy for Sustainability*, Springer.

Kataoka, Y. and Shivakoti, B. R. (2013) *Regional Diagnostic Report: Asia and the Pacific region*, Groundwater Governance: A Global Framework for Action. [online] http://www.groundwatergovernance.org/fileadmin/user_upload/groundwatergovernance/docs/regional_diagnostic_reports/GW_AsiaPacific_Final_RegionalDiagnosis_Report.pdf（2017年5月6日アクセス）

Khair, S.M., Mushtag, S. and Reardon-Smith, K. (2015) Groundwater Governance in a Water-Starved Country: Public Policy, Farmers' Perceptions, and Drivers of Tubewell Adoption in Balochistan, Pakistan, *Ground Water*, 53(4), pp. 626-637.

Kingdon, J. (1995) *Agendas, Alternatives, and Public Policies*, 2nd edition, New York: Longman.

Kiparsky, M., Milman, A., Owen, D. and Fisher, A. T. (2017) The importance of institutional design for distributed local-level governance of groundwater: The case of California's Sustainable Groundwater Management Act, *Water*, 9, 755.

Kulkarni, H., Shar, M. and Vijay Shankar, P. S. (2015) Shaping the contours of groundwater governance in India, *Journal of Hydrology: Regional Studies*, 4, Part A, pp. 172-192.

López-Gunn, E. (2012) Groundwater governance and social capital, *Geoforum*, 43(6), pp. 1140-1151.

López-Gunn, E. and Jarvis, W.T. (2009) Groundwater governance and the law of the hidden sea, *Water Policy*, 11(6), pp. 742-762.

McCay, B.J. and Acheson, J. M. (1987) *The Question of the Commons: The Culture and Ecology of Communal Resources*, Arizona: University of Arizona Press.

Mechlem, K. (2016) Groundwater governance: The role of legal frameworks at the local and national level-Established practice and emerging trends, *Water*, 8(8), 347. [online] https://doi.org/10.3390/w8080347

Megdal, S. B., Gerlak, A. K., Varady, R. G. and Huang, L. Y. (2014) Groundwater governance in the United States: Common priorities and challenges, *Groundwater*, 52, pp. 677-684.

Megdal, S.B., Gerlak, A.K., Delano, N., Varady, R.G. and Petersen-Perlman, J.D. (2017) Innovative Approaches to Collaborative Groundwater Governance in the United States: Case Studies from Three High-Growth Regions in the Sun Belt, *Environmental Management*, 59(5), pp. 718-735.

Meinzen-Dick, R., Chauturvedi, R., Doménech, L., Ghate, R., Janssen, M.A., Rollins, N.D. and Sandeep, K. (2016) Games for groundwater governance: field experiments in Andhra Pradesh, India, *Ecology and Society*, 21(3), 38.

Mukherji, A. and Shar, T. (2005) Groundwater socio-ecology and governance: a review of institutions and policies in selected countries, *Hydrogeology Journal*, 13 (1), pp. 328-345.

Olson, M. (1965) *The Logic of Collective Action*, Cambridge: Harvard University Press.

Ostrom, E. (1990) *Governing the Commons: The Evolution of Institutions for Collective Action*, New York: Cambridge University Press.

Ostrom, E. (1998) A Behavioral Approach to the Rational Choice Theory of Collective Action, *American Political Science Review*, 92, pp. 1-22.

Pavelic, P., Xayviliya, O. and Ongkeo, O. (2014) Pathways for effective groundwater governance in the least-developed-country context of the Lao PDR, *Water International*, 39(4), pp. 469-485.

Pestoff, V. (1998) *Beyond the Market and State; Social enterprise and civil democracy in a welfare society*, Aldershot: Ashgate Publishing.

Pestoff, V. (2008) *A Democratic Architecture for the Welfare State*, Routeledge Studies in the Management of Voluntary and Non-Profit Organizations, London: Routeledge.

Peters, B. G. (1998) What Works? The Antiphons of Administrative Reform, in Peters, B. G. and Donald, J. S., eds., *Taking Stock: Assessing Public Sector Reforms*, Montreal, Kingston, London and Buffalo: McGill-Queen's University press, pp. 78-107.

Peters, B. G. (2000a) Governance and Comparative Politics, in Pierre, J., ed., *Debating Governance: Authority, Steering, and Democracy*, Oxford: Oxford University Press, pp. 36-53.

Peters, B. G. (2000b) Globalization, Institutions, and Governance, in Peters, B. G. and Donald J. S., eds., *Governance in the Twenty-First Century: Revitalizing the Public Service*, Montreal and Kingston: McGill-Queen's University press, pp. 29-57.

Pierre, J. (2000) Introduction: Understanding Governance, in Pierre, J., ed., *Debating Governance: Authority, Steering, and Democracy*, Oxford University Press, pp. 1-10.

Pierre, J. and Peters, G. (2000) *Governance, Politics and the State*, London: Macmillan Education UK.

Pietersen, K., Beekman, H. E., Holland, M. and Adams, S. (2012) Groundwater governance in South Africa: A Status Assessment, *Water SA*, 38(3), pp. 453-460. [online] file:///C:/Users/chiba/AppData/Local/Packages/Microsoft.Microsoft Edge_8wekyb3d8bbwe/TempState/Downloads/81012-192575-1-PB%20(1).pdf(2017年11月16日アクセス)

Pietersen, K., Kanyerere, T., Levine, A., Matshini, A. and Beekman, H.E. (2016) An analysis of the challenges for groundwater governance during shale gas development in South Africa, *Water SA*, 42(3), pp. 421-432. [online] http://www.scielo.org.za/pdf/wsa/v42n3/07.pdf（2018年6月10日アクセス）

Prager, K. (2015) Agri-environmental collaboratives as bridging organisations in landscape management, *Journal of environmental management*, 161, pp. 375-384.

Reddy, S. M. Rout, S. K. and Reddy, V. R. (2016) *Groundwater Governance: Development, Degradation and Management (A Study of Andhra Pradesh)*, Jaipur: Rawat Publications.

Rhodes, R. A. W. (1996) The New Governance: Governing without Government, *Political Study*, 44, pp. 652-667.

Rhodes, R. A. W. (1997) *Understanding Governance: Policy Networks, Governance, Reflexivity and Accountability*, Buckingham and Philadelphia: Open University press.

Ross, A. and Martinez-Santos, P. (2010) The challenge of groundwater governance: case studies from Spain and Australia, *Reg Environ Change*, 10, pp. 299-310.

Sabatier, P.A. and Jenkins-Smith, H. (1988) An advocacy coalition model of policy change and the role of policy orientated learning therein, *Policy Science*, 21, pp. 129-168.

Seward, P. (2015) Using backcasting to explore ways to improve the national water department's contribution to good groundwater governance in South Africa, *Water International*, 40, pp. 446-462.

Shimada, J. (2010) The trans-boundary management of groundwater resources in Kumamoto, Japan, in Roumasset, J. A., Burnett, K. M. and Balisacan, A. M., eds, *Sustainability Science for Watershed Landscapes*, ISEAS Publishing, pp. 311-326.

Simpson, J. and Weiner, E., eds. (1989) *The Oxford English dictionary*, Second Edition, Vol.VI, Oxford: Clarendon Press.

Sørensen, E. and Torfing, J. (2007) *Theories of Democratic Network Governance*, Basingstoke: Palgrave Macmillan.

Suratman, S. (2012) *Strengthening the Institutions and Regulations, and to Increase*

R&D Activities: Focus on Malaysia (Power Point), Groundwater Governance: A Global Framework for Fourth Regional Consultation: Asia and Pacific Region, 3-5 December 2012, Shinizhuang, China.

Tabios III.G.Q. (2012) *Water Governance in the Philippines and Some Thoughts on Governance* (Power Point), Groundwater Governance: A global Framework for Fourth Regional Consultation: Asia and Pacific Region, 3-5 December 2012, Shinizhuang, China.

Tanaka, T. (2014) Groundwater governance in Asia: present state and barriers to implementation of good governance, *Evolving Water Resources Systems: Understanding, Predicting and Managing Water-Society Interactions*, Proceedings of ICRW2014, Bolongna, Italy, IAHS Publ. 364, pp. 470-474.

TEEB (2010) *The Economics of Ecosystems and Biodiversity for Local and Regional Policy Makers*.

Todd, D.K. (1959) *Groundwater Hydrology*, John Wily&Sons, Inc. New York.

Torfing, J., Peters, B. G., Pierre, J. and Sørensen, E., eds., (2012) *Interactive Governance: Advancing the Paradigm*, Oxford: Oxford University Press.

UNESCO-IHP (2012) *Information paper on GEF Project "Groundwater Governance: A Global Framework for Action"*, Regional Consultation for Asia and the Pacific Region, UNESCO-IHP, Division of Water Sciences, UNESCO HQ, Paris.

Van der Gun, J., Aureli, A. and Merla, A. (2016) Enhancing groundwater governance by making the linkage with multiple uses of the subsurface space and other subsurface resources, *Water*, 8, 222.

Varady, R.G., van Weert, F., Megdal, S.B., Gerlak, A., Iskandar, C.A. and House-Peters, L. (2012) Thematic Paper No. 5: Groundwater Policy and Governance, *Groundwater Governance: A Global Framework for Country Action*.

Varady, R., Zuniga-Teran, A., Gerlak, A.K., Megdal, B. (2016) Modes and approaches of groundwater governance: A survey of lessons learned from selected cases across the globe, *Water*, 8(417).

Vermeed, W. and Van der Vaart, J. (1998) *Greening Taxes: The Dutch Model*, Deventer: Kluwer Law International.

Wenger, K., Vadjunec, J.M. and Fagin, T. (2017) Groundwater Governance and the Growth of Center Pivot Irrigation in Cimarron County, OK and Union County, NM: Implications for Community Vulnerability to Drought. *Water*, 9(39).

Wijnen, M., Augeard, B., Hiller, B., Ward, C. and Huntjens, P. (2012) *Managing The Invisible: Understanding and Improving Groundwater Governance*, Water papers,

World Bank, Washington, DC.
相場端夫（1984）「地下水の保全と管理」農業用地下水研究グループ（編）『日本の地下水』地球社，pp. 1029-1043.
東軍三（1998）「地下水保全都市宣言から20年」熊本県保険医協会（編）『くまもと水防人物語：熊本の水循環内保護に取り組む人々』槙書房，pp. 336-353.
阿部泰隆（1997）『行政の法システム（下）（新版）』有斐閣.
新井智一・福石夕・原山道子（2011）「山梨県白州町の地下水をめぐるポリティカル・エコロジー」『E-Journal GEO』5(2)，pp. 125-137.
荒牧昭二郎（1998）「加藤清正が造った江津湖」熊本県保険医協会（編）『くまもと水防人物語：熊本の水循環内保護に取り組む人々』槙書房，pp. 13-17.
荒牧昭二郎・金子好雄・市川勉・岡本智伸・椛田聖孝（2003）「熊本市上江津湖の地下水環境に関する研究：国指定天然記念物スイゼンジノリの自生環境保護を対象として」『応用地質』44(2)，pp. 104-111.
阿波連正一（2013）「土地所有権の成立と展開」『静岡大学法政研究』17(3・4)，pp. 1-322.
安藤萬寿男（1977）「輪中に関する二、三の考察（1）」『水利科学』115，pp. 1-15.
安藤萬寿男（1988）「木曽三川低地部（輪中地域）の人々の生活」『地学雑誌』97(2)，pp. 91-106.
五十嵐敦（1999）「座間市の地下水を保全する条例について」『生活と環境』44(3)，pp. 62-66.
石原健二（1963）「昭和38年1月豪雪について」『雪氷』25(5)，pp. 131-137.
市川顕・香川敏幸（2005）「環境問題をめぐる地域協力：マルチレベル・ガバナンスの有効性」『地域経済研究』16，pp. 77-99.
市川勉（2000）「昭和60年代以降の熊本地域の地下水研究史」熊本地下水研究会・財団法人熊本開発研究センター（編）『熊本地域の地下水研究・対策史：「熊本地域の地下水に関する総合研究」報告書』pp. 121-140.
伊藤修一郎（2006）「景観条例の歴史的展開：総体レベルでの法学的観察」伊藤修一郎著『自治体発の政策革新：景観条例から景観法へ』木鐸社，pp. 41-75.
稲場紀久雄（2008）「生命の時代と水制度改革」『大阪経大論集』58(7)，27-35.
稲場紀久雄（2016）「水循環基本法及び水循環基本計画の光と影」『環境技術』45(5)，pp. 260-267.
井上真（2009）「自然資源『協治』の設計指針：ローカルからグローバルへ」室田武（編著）『環境ガバナンス叢書3　グローバル時代のローカル・コモンズ』ミネルヴァ書房，pp. 3-25.
猪飼隆明（1998a）「地下水保全都市宣言から地下水保全条例制定へ」熊本県保険医協

会（編）『くまもと水防人物語：熊本の水循環の保護に取り組む人々』槙書房，pp. 327-330.

猪飼隆明（1998b）「地下水保全対策研究会発足：ショッキングな報告」熊本県保険医協会（編）『くまもと水防人物語：熊本の水循環の保護に取り組む人々』槙書房，pp. 330-334.

岩﨑恭彦（2006）「経済的手法の環境法上の意義」環境経済・政策学会（編）・佐和隆光（監）『環境経済・政策学の基礎知識』有斐閣ブックス．

印旛沼流域水循環健全化会議（2017）『印旛沼流域水循環健全化計画・第 2 期行動計画』．

植田和弘（1996）『環境経済学』岩波書店．

植田和弘（1998）『環境経済学への招待』丸善．

植田和弘（2002）「環境保全と行財政システム」寺西俊一・石弘光（編）『環境保全と公共政策』岩波書店，pp. 93-122.

植田和弘（2007）「環境政策の欠陥と環境ガバナンスの構造変化」松下和夫（編）『環境ガバナンス論』京都大学学術出版会，pp. 291-307.

上野眞也（2015）「持続可能な地域のための地下水保全政策」『熊本大学政策研究』6，pp. 3-22.

上野眞也（2016）「コモンズとしての地下水保全政策」嶋田純・上野眞也（編）『持続可能な地下水利用に向けた挑戦：地下水先進地域熊本からの発信』熊本大学政創研叢書 9，成文堂，pp. 153-177.

宇都宮深志（1995）『環境理念と管理の研究：地球時代の環境パラダイムを求めて』東海大学出版会．

宇沢弘文（2000）『社会的共通資本』岩波新書．

遠藤崇浩（2012）「地下水管理政策の新たな潮流：長野県安曇野市の地下水資源強化・活用指針を例に」『公営企業』44(6)，pp. 23-30.

遠藤崇浩（2015）「株井戸の研究：コモンズ論からの再構成」『彦根論叢』403，pp. 94-106.

遠藤崇浩（2018a）「輪中における株井戸の発達とその分布について」『地下水学会誌』60(1)，pp. 29-40.

遠藤崇浩（2018b）「地下水利用対策協議会について：地下水ガバナンスの視点から」『日本地下水学会 2018 年春季講演会予稿集』pp. 60-65.

遠藤崇浩（2019）「ガバナンス論の視点からみた地下水保全先進事例の再評価」『日本地下水学会シンポジウム「わが国における地下水ガバナンスの現状と課題：社会系科学の側面から」（講演資料）』pp. 13-18.

遠藤毅・川島眞一・川合将文（2001）「東京下町低地における"ゼロメートル地帯"

展開と沈静化の歴史」『応用地質』42(2), pp. 74-87.
遠藤浩（1976, 1977）「地中の鉱物・地下水（1）・（2）：ささやかな法的構成についての試論」『法曹時報』28(5), pp. 673-682・29(2).
遠藤浩・雄川一郎・金沢良雄・塩野宏・高橋裕（1975）「座談会　地下水法制について」『ジュリスト』582, pp. 16-42.
遠藤正昭（2007）「雨水貯留浸透に係わる事業への取り組み（23）東京都板橋区地下水及び湧水を保全する条例制定について」『水循環』65, pp. 34-36.
大久保規子（2000）「地方分権と環境行政の課題」『季刊行政管理研究』91, pp. 39-52.
大阪地盤沈下総合対策協議会（1972）『大阪地盤沈下対策史』.
大住和估（1998）「地下水保全都市宣言の裏話」熊本県保険医協会（編）『くまもと水防人物語：熊本の水循環の保護に取り組む人々』槙書房, pp. 95-97.
大塚健司（編）（2008）『流域ガバナンス論：中国・日本の課題と国際協力の展望』日本貿易振興機構アジア経済研究所.
大野市（2005）『大野市地下水保全管理計画』.
大野市（2011）『越前おおの湧水文化再生計画』.
大野智彦（2008）『日本の河川政策における市民参加と社会関係資本』京都大学博士論文.
大野智彦（2012）「流域委員会の制度的特徴：クラスター分析による類型化」『水利科学』56(5), pp. 58-78.
大野智彦（2015）「流域ガバナンスの分析フレームワーク」『水資源・環境研究』28(1), pp. 7-15.
大野の水を考える会（1987）『おいしい水は宝もの：大野の水を考える会の活動記録』築地書館.
小笠俊樹（2007）「日野市の清流保全のとりくみと『日野市清流保全―湧水・地下水の回復と河川・用水の保全―に関する条例』について」『新都市』61(8), pp. 28-36.
小川竹一（1990）「地下水保全思想と宮古島地下水保護管理条例」『沖大法学会創立十周年記念号』pp. 143-200.
小川竹一（1998）「地下水法理論の課題」『沖縄大学紀要』15, pp. 311-334.
小川竹一（2004）「地下水保全条例と地下水利用権」富井利安（編集代表）『環境・公害法の理論と実践：牛山積先生古稀記念論文集』日本評論社, pp. 61-73.
小澤英明（2013）『温泉法・地下水法特論』白揚社.
小嶋一誠（2010a）「熊本県における水環境政策の現状について」『日本水文科学会誌』40(3), pp. 135-143.

小嶋一誠（2010b）「熊本地域における地下水管理行政の現状について」『地下水学会誌』52(1), pp. 49-64.

帯谷博明（2004）『ダム建設をめぐる環境運動と地域再生：対立と協働のメカニズム』昭和堂.

各務原地下水研究会（1994）『よみがえる地下水：各務原市の闘い』京都自然史研究所, 311p.

梶原健嗣（2014）『戦後河川行政とダム開発：利根川水系における治水・利水の構造転換』ミネルヴァ書房.

河川法令研究会（2012）『よくわかる河川法』ぎょうせい.

片岡八束（2010）「アジア地域の地下水管理の現状と今後の地下水管理政策研究課題」『地下水学会誌』52(1), pp. 79-86.

嘉田由紀子（2003）『水をめぐる人と自然：日本と世界の現場から』有斐閣.

加藤一郎（1968）『公害法の生成と展開』岩波書店.

角野康郎（2009）「植物の特別な生態が見られるユニークな環境」『自然保護』2009年7・8月号（No.510）[online] https://www.nacsj.or.jp/shirabe/2009/07/1732/（2017年2月6日アクセス）

鐘方正樹（2003）『井戸の考古学』同成社.

金子宏・新堂幸司・平井宜雄（2008）『法律学小辞典』第4番補訂版, 有斐閣.

亀本和彦（2005）「下水道事業に係るいくつかの課題」『レファレンス』55(7), pp. 24-41.

榧根勇（1973）『地下水資源の開発と保全』水利科学研究所.

榧根勇（2010）「地下水の価値について」『地下水技術』, 52(3), pp. 1-12.

川勝健志（2003）「地下水保全税の制度設計（1）：熊本地域を素材にして」『経済論叢』172(2), pp. 230-250.

川勝健志（2004）「地下水保全税の制度設計（2）：熊本地域を素材にして」『経済論叢』173(2), pp. 165-185.

環境省（2012b）『環境アセスメント制度のあらまし』.

環境省水・大気環境局（2007）『「環境用水の導入」事例集：魅力ある身近な水環境づくりにむけて』.

環境省水・大気環境局（2009a）『硝酸性窒素による地下水汚染対策手法技術集』.

環境省水・大気環境局（2009b）『平成20年度全国の地盤沈下地域の概況』.

環境省水・大気環境局（2010）『湧水保全・復活ガイドライン』.

環境省水・大気環境局（2015）『平成26年度地下水質測定結果』.

環境省水・大気環境局（2016）『「地下水保全」ガイドライン：地下水保全と持続可能な地下水利用のために』.

環境庁（1972）『昭和 47 年度版環境白書』．

環境庁水質法令研究会（編）（1989）『地下水の水質保全：地下水汚染防止対策のすべて（改訂）』中央法規出版．

環境庁水質保全局企画課（編）（1978）『地下水と地盤沈下対策：公害と防止対策』白亜書房．

環境庁中央公害対策審議会地盤沈下部会（1975）「地盤沈下の予防対策について」『ジュリスト』582, pp. 55-56.

神戸秀彦（1996）「水源保護条例における立地規制に関する覚書：長野県と福島県を例に」『福島大学教育実践研究紀要』pp. 74-94.

北川秀樹・窪田順平（2015）『流域ガバナンスと中国の環境政策：日中の経験と知恵を持続可能な水利用にいかす』白桃書房．

熊本県・熊本市（1973）『熊本市及び周辺地域地下水調査』．

熊本県・熊本市（1986）『熊本地域地下水調査報告書』．

熊本県・熊本市（1995）『熊本地域地下水調査報告書』．

熊本県・熊本市（2011）『未来へつなぐ熊本の地下水　硝酸性窒素対策の取組み』．

熊本県・熊本市・菊池市・宇土市・合志市・大津町・菊陽町・西原村・御船町・嘉島町・益城町・甲佐町（2008）『熊本地域地下水総合保全管理計画』．

熊本県・熊本市・菊池市・宇土市・合志市・大津町・菊陽町・西原村・御船町・嘉島町・益城町・甲佐町（2014）『熊本地域地下水総合保全管理計画に基づく第 2 期行動計画（平成 26 年度～平成 30 年度）』．

熊本市（2003）『平成 14 年度農林業の多面的機能に着目した流域連携調査業務報告書』．

熊本市（2014）『第 2 次熊本市地下水保全プラン（平成 26～30 年度）』．

熊本市上水道事業研究会（1977）『日本住宅公団健軍団地建設計画の健軍水源地にあたえる影響について』．

熊本市水道局（1980）『熊本市およびその周辺の地下水について：豊かさと清らかさを保つために』．

熊本市水道局・国際航業株式会社（1978）『熊本市域地下水調査解析業務報告書』．

熊本市水道事業計画研究会（1974）『熊本市上水道事業計画答申書』．

熊本市水保全課（2005）『平成 17 年度熊本市水保全年報』．

熊本地下水研究会（2001）『地域の歴史的遺産を活用した地下水保全システムの研究』．

熊本地下水研究会・財団法人熊本開発研究センター（2000）『熊本地域の地下水研究・対策史：「熊本地域の地下水に関する総合研究」報告書』．

蔵治光一郎（2008）『水をめぐるガバナンス：日本、アジア、中東、ヨーロッパの現

場から』東信堂.

蔵田延男（1951）「日本の井戸とその歴史」『地学雑誌』60(4), pp. 183-190.

蔵田延男（1971）『地盤沈下と工業用水法』ラティス.

栗島明康（2014）「砂防法制定の経緯及び意義について：明治中期における国土保全法制の形成」『砂防学会誌』66(5), pp. 76-87.

小出博（1972）『日本の河川研究』東京大学出版会.

工学会（編）（1929）『明治工業史　土木篇』工学会明治工業史発行所.

国土交通省（2008）『河川環境の整備・保全の取組み：河川法改正後の取組みの検証と今後の在り方』http://www.mlit.go.jp/common/000043243.pdf（2018年2月20日アクセス）

国土交通省（2011）『地下水採取規制・保全に関する条例等の制定状況（速報）』[online] http://www.mlit.go.jp/mizukokudo/000149409.pdf（2015年10月16日アクセス）

国土交通省都市・地域整備局（2004）『大深度地下の公共的使用における環境の保全に係る指針』.

国土交通省水資源部（2009）『平成21年度版　日本の水資源』[online] http://www.mlit.go.jp/tochimizushigen/mizsei/hakusyo/H21/index.html（2016年5月4日アクセス）

国土交通省国土審議会水資源開発分科会（2012）『国土審議会水資源開発分科会（第11回）議事録』[online] http://www.mlit.go.jp/common/001051812.pdf（2018年6月30日アクセス）

国土庁長官官房水資源部（1992）『諸外国及び我が国における地下水法制度等調査』.

小島廣光（2002）「改訂・政策の窓モデルによるNPO法立法過程の分析」『北海道大学経済学研究』52(2), pp. 1-39.

小林和行・上月良吾・瀧川拓哉（2000）「健全な水循環系構築に向けた農業水利施策の展開方向」『農業土木学会誌』68(2), pp. 137-144.

後藤玲子（2009）「自治体ITガバナンスが電子自治体の業績に与える影響」『茨城大学人文学部紀要　社会科学論集』48, pp. 39-51.

坂口功（2006）『地球環境ガバナンスとレジームの発展プロセス』国際書院.

佐々木和乙（2010a）「『水の都・西条市』の挑戦：地域の水の統合的管理を目指して」『地下水学会誌』52(1), pp. 75-77.

佐々木和乙（2010b）「西条の人と水の歴史」総合地球環境学研究所（編）『未来へつなぐ人と水：西条からの発信』創風社出版, pp. 83-97.

笹倉修司（2001）「地下水資源涵養機能向上のための水田利用方式」熊本地下水研究会『地域の歴史的遺産を活用した地下水保全システムの研究』pp. 138-151.

佐藤邦明（2005）『地下水環境・資源マネージメント』同時代社.
佐藤毅三（1975）「地下水総合法制について」『ジュリスト』582，pp. 60-64.
三本木健治（1979）「地下水法論」金沢良雄ほか『水法論』共立出版，pp. 147-192.
三本木健治（1988）『論集　水と社会と環境と』山海堂.
塩谷弘康（2001）「流域資源管理と地下水保全のあり方に関する一考察」熊本地下水研究会（編）『地域の歴史的遺産を活用した地下水保全システムの研究』pp. 166-183.
塩谷弘康（2003）「水道事業の現状と課題（１）：川内村水調査のための予備的考察」『福島大学地域創造』15(2)，pp. 5019-5043.
七戸克彦（2009）「水資源の分配に関する法制度：その歴史と現状」『都市問題研究』61(7)，pp. 55-67.
七戸克彦（2010）「わが国の水利権をめぐる新たな問題状況について」『公営企業』42(5)，pp. 2-8.
紫藤和幸（2006）「水循環型営農運動：農を守って水を守る」『農村計画』35(1)，pp. 24-33.
柴崎達雄（1971）『地盤沈下：しのびよる災害』三省堂新書.
柴崎達雄（1976a）「2・3　地下水盆と地下水流動系」水収支研究グループ（編）『地下水盆の管理：理論と実際』，東海大学出版会，pp. 32-44.
柴崎達雄（1976b）『略奪された水資源：地下水利用の功罪』築地書館.
柴崎達雄（1981）「地下水開発・保全の基本理念を考える：地下水研究の80年代への課題」『農業土木学会誌』49(1)，pp. 23-29.
柴崎達雄（2004）『農を守って水を守る：新しい地下水の社会学』築地書館.
柴崎達雄・古川博恭・諸橋毅（1975）「水資源と自治：宮古島の地下水保護管理条例について」『水利科学』102，pp. 44-65.
嶋田純・上野眞也（2016）『持続可能な地下水利用に向けた挑戦：地下水先進地域熊本からの発信』成文堂.
清水修二（2001）「『地下水税』の可能性と検討課題」熊本地下水研究会（編）『地域の歴史的遺産を活用した地下水保全システムの研究』pp. 184-198.
清水満（2014）「回顧　地下水との闘い：東北新幹線上野地下駅」『土木技術』69(5)，pp. 38-44.
杉山秀樹・森誠一（2009）「トミヨ属雄物型：きわめて限定された生息地で湧水に支えられる遺存種の命運」『魚類学雑誌』56(2)，pp. 171-175.
洲脇史朗（2007）『耕さない教育：人間力育成の切り札「不耕起教育」』吉備人出版.
関陽太郎・小山潤（1998）「関東平野中・北部地域における地盤沈下に関する新知見（地下水位変動─地盤変動のサイクル）」『地質ニュース』531，pp. 52-64.

早田吉伸（2017）『社会課題解決のための協働の場の研究：先導的市民大学とフューチャーセンターに基づく統合モデルの提案』慶応義塾大学大学院システムデザイン・マネジメント研究科博士学位論文．

高島平蔵（1965）「日本の近代化におよぼした外国法の影響：土地所有および利用関係を中心として」『法制史研究』17，pp. 222-224.

高田源清（1979）「土地細分化禁止と管理義務の法定化の要」『中京法学』14(2)，pp. 14-27.

高橋保（2005）「柴崎達雄先生と水収支研究グループ」『地学教育と科学運動』50，pp. 46-50.

高橋保・高橋一（1993）「1・4　地下水保全対策の歴史」水収支研究グループ（編）『地下水資源・環境論：その理論と実践』共立出版，pp. 38-47

高橋一（1993）「8・2　地下水の法的規制」水収支研究グループ（編）『地下水資源・環境論：その理論と実践』共立出版，pp. 284-294.

高橋裕（1971）『国土の変貌と水害』岩波親書．

高橋裕（2012）『川と国土の危機：水害と社会』岩波新書．

高橋裕・河田恵昭（編）（1998）『水循環と流域環境』岩波書店．

竹内常行（1952）「阿蘇火山白川地域と大野川上流区域の灌漑について」『人文地理』4(4)，pp. 1-14.

武田軍治（1942）『地下水利用権論』日本出版配給．

竹村公太郎（2007）「日本の近代化における河川行政の変遷：特にダム建設と環境対策」『日本水産学会誌』73(1)，pp. 103-107.

只友景士（2015）「宮古島水道物語序論」『水資源・環境研究』28(1)，pp. 38-44.

田中邦博・亀田伸裕・森伸之（2004）「近代創世期の日本財政と公共投資に関する史的研究」『土木史研究講演集』24，pp. 139-143.

田中滋（2001）「河川行政と環境問題」舩橋晴俊（編）『講座環境社会学 第2巻 加害・被害と解決過程』有斐閣，pp. 117-143.

田中正（2014a）「最近の地下水に関するトピックス」地下水地盤環境に関する研究協議会『地下水・地盤環境に関するお知らせ』23，pp. 30-36.

田中正（2014b）「水循環の視点から地下水を捉える」『地下水学会誌』56(1)，pp. 3-14.

田中正（2015a）「これからの地下水ガバナンス」『地下水学会誌』57(1)，pp. 73-82.

田中正（2015b）「地下水50年の変遷と展望：水循環の視点から」『地下水技術』57(3)，pp. 1-17.

田中正（2016）「地下水保全法案の作成経過とシンポジウム総合討論のまとめ：地下水保全法のあるべき姿を目指して」『地下水学会誌』58(3)，pp. 315-341.

田中正（2018）「地下水学から見た水循環に関する施策の推進を図るための現状と課題」『地下水学会誌』60(1)，pp. 17-28.

田中久雄（2012）「長野県佐久市　先人たちから引き継がれた水資源を守り、育み、未来へ引き継ぐために：佐久市地下水保全条例」『自治体法務 navi』48，pp. 30-37.

谷芳生（2015）「秦野名水を守り育てる秦野市の水循環」『RIVER FRONT』81，pp. 20-25.

谷口真人（2005）「気候変動と地下水」『地下水学会誌』47(1)，pp. 5-17.

谷口真人（2010）「地下環境問題とは」谷口真人（編）『アジアの地下環境：残された地球環境問題』学報社，pp. 1-35.

谷口真人（2011）「循環する資源としての地下水」谷口真人（編）『地下水流動：モンスーンアジアの資源の循環』共立出版，pp. 244-262.

谷口真人（2015）「持続可能な社会へ向けての地下水ガバナンス」『地下水学会誌』57(3)，pp. 275-276.

玉巻弘光（2001）「秦野市地下水保全条例—平成12年3月24日条例第9号」『ジュリスト』1212，pp. 96-99.

地下水政策研究会（1994）『わが国の地下水：その利用と保全』大成出版社.

千葉知世（2014）「地下水保全に関する法制度的対応の現状：地下水条例の分析から」『水利科学』58(2)，pp. 33-113.

千葉知世（2016）『日本における地下水ガバナンス：自治体政策を中心として』京都大学博士（地球環境学）学位論文.

千葉知世（2017a）「基礎自治体における地下水保全の実態と課題：質問紙調査の結果から」『水利科学』60(6)，pp. 1-39.

千葉知世（2017b）「流域水循環計画の課題と展望：イングランド流域管理計画との比較」『日本地下水学会2017年春季講演予稿』pp. 102-107.

千葉知世（2018a）「地下水ガバナンスの概念と定義」『日本地下水学会2018年春季講演予稿集』pp. 66-71.

千葉知世（2018b）「国際機関による地下水ガバナンスプロジェクト（GGP）の紹介と日本の地下水行政史（Power Point）」『日本地下水学会　地下水ガバナンス等調査・研究グループ　第3回全体会議』2018年8月26日.

千葉知世（2018c）「自然環境政策の形成過程における研究者の役割：熊本地域における地下水保全政策を事例として」『日本生態学会誌』68，pp. 199-209.

千葉知世（2019）「地下水ガバナンスの構築に向けて：包括研究の枠組みと論点整理」『日本地下水学会シンポジウム「わが国における地下水ガバナンスの現状と課題：社会系科学の側面から」（講演資料）』pp. 1-6.

地方分権改革推進委員会（2008）『第1次勧告：生活者の視点に立つ「地方政府」の確立』［online］https://www.cao.go.jp/bunken-suishin/doc/080528torimatome1.pdf（2017年10月4日アクセス）

津田信吾（1997）「『秦野市地下水汚染の防止及び浄化に関する条例』と地下水汚染対策の取組み」『用水と廃水』39(10), pp. 923-929.

土屋信行（2012）「東京東部低地（ゼロメートル地帯）の形成と洪水発生の不確実性に関する研究」『水利科学』328, pp. 12-34.

寺尾晃洋（1974）「水需要の増大と座間市の地下水保全条例」『都市問題研究』26(10), pp. 42-55.

東海三県地盤沈下調査会（1985）『濃尾平野の地盤沈下と地下水』名古屋大学出版会.

東京都環境局（2013）『平成23年　都内の地下水揚水の実態（地下水揚水量調査報告書）』環境資料第24043号.

東京財団政策研究部（2009）『日本の水源林の危機：グローバル資本の参入から「森と水の循環」を守るには』［online］https://www.tkfd.or.jp/files/doc/2008-9.pdf（2019年1月4日アクセス）

徳永朋祥（2015）「地盤沈下が沈静化した後の地下水管理のあり方」『地下水学会誌』57(1), pp. 37-43.

飛田治則（2010）「企業社会的責任としてのPIAの意義とその課題：リスクガバナンス論からの検討」『日本経営倫理学会誌』17, pp. 197-208.

冨永清次（2004）「農を守って水を守る『水循環型営農運動』」『第6回日本水大賞受賞活動のご紹介』［online］http://www.japanriver.or.jp/taisyo/oubo_jyusyou/jyusyou_katudou/no6/no6_pdf/midori.pdf（2016年7月9日アクセス）

鳥越皓之・嘉田由紀子（1991）『水と人の環境史：琵琶湖報告書』御茶ノ水書房.

内閣官房水循環政策本部事務局（2016）『水循環に関する計画事例集』.

内閣官房水循環政策本部事務局（2018a）『地下水マネジメントの合意形成の進め方』.

内閣官房水循環政策本部事務局（2018b）『最近の水循環施策の取組状況について』file:///C:/Users/chiba/AppData/Local/Microsoft/Windows/INetCache/IE/TC5WKFDL/siryou4.pdf（2018年10月20日アクセス）

中川俊直（2015）「水循環基本法の成立と地下水保全」『地下水学会誌』57(1), pp. 91-92.

中嶋博・金子紘士・土田稔（2010）「東京都における地盤沈下対策と地下水保全対策」『地下水学会誌』52(1), pp. 35-47.

中西康博（2009）「島嶼地域における地下水資源の保全と管理」浅野耕太（編著）『自然資本の保全と評価』ミネルヴァ書房, pp. 108-126.

中原正幸・今泉眞之・永田実也（2010）「農業農村地域の地下水開発と保全の取り組

み」『地下水学会誌』52(1)，pp. 9-19.
中邨章（2001）「行政学の新潮流：『ガバナンス』概念の台頭と『市民社会』」『季刊行政管理研究』96，pp. 3-14.
中邨章（2004）「行政、行政学と『ガバナンス』の三形態」日本行政学会（編）『年報行政研究』39，pp. 2-25.
長瀬和雄（2010）「秦野盆地の地下水管理」『日本水文科学会誌』40(3)，pp. 109-120.
長屋淳一（2007）「大阪平野における地下水問題」『21世紀COE「都市空間の持続再生学の創出」環境マネジメントグループ　戦略研究公開シンポジウム「ひとがかえる都市の地下水」報告書』［online］https://www.geor.or.jp/houkoku19/pdf/05_nagaya/nagaya05.pdf（2014年6月5日アクセス）
永山孝一（1994）「秦野市地下水汚染の防止及び浄化に関する条例」『時の法令』1486，pp. 65-81.
新川達郎（2012）「環境ガバナンスの変化に関する実証的研究」『社会科学』42，pp. 1-32.
新見治（2004）「沖縄県宮古島における地下水管理と持続的な水利用」『香川大学教育学部研究報告』第I部121，pp. 1-22.
西岡晋（2012）「ピーターズ＆ピーレのガバナンス論」岩崎正洋（編著）『政策過程の理論分析』三和書籍，pp. 63-80.
西垣誠・木佐貫徹・山下知之・渡邉雄二（2003）「地下水流動阻害対策工の設計方法に関する研究」『土木学会論文集』749，pp. 49-62.
西垣誠（監）・共生型地下水技術活用研究会（編）（2008）『都市における地下水利用の基本的考え方：地下水と上手につき合うために』［online］https://www.zenchiren.or.jp/market/pdf/c080226.pdf（2019年1月4日アクセス）
日本環境会議・アジア環境白書編集委員会（1997）『アジア環境白書1997/1998』東洋経済新報社．
日本学術会議（2001）『地球環境・人間生活にかかわる農業及び森林の多面的な機能の評価について（答申）』［online］http://www.scj.go.jp/ja/info/kohyo/pdf/shimon-18-1.pdf（2015年6月5日）
日本下水道協会下水道史編さん委員会編（1986）『日本下水道史　行財政編』日本下水道協会．
日本下水道協会下水道史編さん委員会編（1989）『日本下水道史　総集編』日本下水道協会．
日本水道協会（2005）『地下水利用専用水道の拡大に関する報告書』［online］http://www.jwwa.or.jp/houkokusyo/pdf/senyou_suidou.pdf（2016年3月17日アクセ

ス)

日本地下水学会（編）(2011)『地下水用語集』理工図書.
日本地下水学会・井田徹治 (2009)『見えない巨大水脈：地下水の科学』講談社.
楡井久・原雄・古野邦雄 (1993)「2・3 これからの地下水盆管理」水収支研究グループ（編）『地下水資源・環境論：その理論と実践』共立出版, pp. 67-68.
農業用地下水研究グループ (1986)『日本の地下水』地球社.
野田佳江 (2001)「地域再生へ：『公共事業』を越えて」『トヨタ財団レポート』, 96, 2001年7月号.
橋本淳司 (2012)『水は誰のものか：水循環をとりまく自治体の課題』イマジン出版.
端憲二・多田敦・冨永隆志 (2001)「湧水地帯における陸封型イトヨの潜在的な生息可能区域」『農業土木学会誌』69(2), pp. 169-174.
秦野市 (2012)『秦野市地下水総合保全管理計画』.
秦野市環境部 (1998)『改定版 名水秦野盆地湧水群の復活に向けて』.
林健一 (2015)「水源地域の保全に向けた地方自治体の対応とその課題：水源地域保全条例の規定内容を中心に」『中央学院大学社会システム研究所紀要』15(2), pp. 41-57.
原田和彦 (1993)「2・2 地下水盆管理の基本」水収支研究グループ（編）『地下水資源・環境論』共立出版, pp. 57-67.
原田正純（編）(1990)『地下水からの警告：市民がつくった地下水の本』「くまもとの地下水を考える会」編集委員会.
原田正純 (1998)「まとめにかえて：水を守る市民たちに希望を託したい」熊本県保険医協会（編）『くまもと水防人物語』pp. 360-369.
馬場健司・松浦正浩・谷口真人 (2015)「科学と社会の共創に向けたステークホルダー分析の可能性と課題：福井県小浜市における地下水資源の利活用をめぐる潜在的論点の抽出からの示唆」『環境科学会誌』28 (4), pp. 304-315.
平山利晶 (2000)「熊本地域の水収支に関わる研究調査史」熊本地下水研究会・財団法人熊本開発研究センター（編）『熊本地域の地下水研究・対策史：「熊本地域の地下水に関する総合研究」報告書』pp. 141-152.
広野卓蔵 (1953)「地盤沈下について」『地学雑誌』62(4), pp. 143-159.
広野卓蔵・和達清夫 (1939)『西大阪の地盤沈下に就いて（第1報）』日本学術振興会災害科学研究所.
福井県大野の水を考える会 (2000)『よみがえれ 生命の水』築地書館.
藤縄克之・アンダーソン メアリー P. (1999)「地下水学の歴史と展望」『農業土木学会誌』67(4), pp. 400-404.
藤見俊夫・浅野耕太 (2004)「タンクモデルに基づく地下水保全政策の経済評価」『環

境情報科学論文集』18, pp. 305-308.

古野邦雄（1993）「2・2　地下水盆管理の基本」水収支研究グループ編『地下水資源・環境論：その理論と実践』共立出版, pp. 57-63.

古野邦雄・和田信彦（1993）「2・1　地下水資源管理理論の発展」水収支研究グループ編『地下水資源・環境論：その理論と実践』共立出版, pp. 50-53.

北条浩（1992）『明治初年地租改正の研究』御茶ノ水書房.

喰代伸之（2018）「森林経営管理法案をめぐる論議：林業の成長産業化と森林資源の適切な管理」『立法と調査』402, pp. 18-29.

堀越正雄（1981）『井戸と水道の話』論創社.

本多充（2001）「熊本地域の地下水保全対策と地下水協力金制度」『地域公共政策研究』5, pp. 16-28.

本多充（2003）「神奈川県秦野市の地下水協力金制度と地下水保全対策」『地域公共政策研究』7, pp. 21-32.

本間雅美（2012）「世界銀行と良いガバナンス」『経済と経営』43(1), pp. 1-31.

松浦茂樹（1985）「戦前の河水統制事業とその社会的背景」『日本土木史研究発表会論文集』5(0), pp. 187-195.

松浦茂樹（1989）『国土の開発と河川：条里制からダム開発まで』鹿島出版会.

松浦茂樹（1992）『明治の国土開発史：近代土木技術の礎』鹿島出版会.

松浦茂樹（1997）『国土づくりの礎：川が語る日本の歴史』鹿島出版会.

松浦茂樹（2016）『利根川近現代史』古今書院.

松浦茂樹・藤井三樹夫（1993）「明治初頭の河川行政」『土木史研究』13, pp. 145-160.

松岡勝実（2004）「水法の新局面：統合的水資源管理の概念と制度上の諸課題」『水利科学』48(1), pp. 1-26.

松下和夫（2014）「日本の持続可能な発展戦略の検討：日本型エコロジー的近代化は可能か」『環境経済・政策研究』7(2), pp. 63-76.

松下和夫・大野智彦（2007）「環境ガバナンス論の新展開」松下和夫（編）『環境ガバナンス論』京都大学学術出版会, pp. 3-31.

松田憲忠（2012）「キングダンの政策の窓モデル」岩崎正洋（編著）『政策過程の理論分析』三和書籍, pp. 31-46.

松原義継（1968）「高須輪中における株井戸の歴史地理的考察」『地理学評論』41(8), pp. 491-504.

松元一明（2015）「市民活動による市民セクターの生成：P・L・バーガの理論とペストフの図式を利用して（1）」『成蹊大学文学部紀要』50, pp. 177-200.

松元一明（2016）「市民活動による市民セクターの生成：P・L・バース

トフの図式を利用して (2)」『成蹊大学文学部紀要』51，pp. 175-192.

松本充郎 (2011)「地下水法の現状と課題：城崎温泉事件から紀伊長島町水道水源保護条例事件へ」『高知論叢：社会科学』102，pp. 69-96.

的場弘行 (2004)「地下水保全協定と農業の多面的機能」『JAGREE』68，pp. 64-70.

的場弘行 (2010a)「広域地下水管理の仕組みづくりと自治体条例づくり」『地下水技術』52(3)，pp. 13-26.

的場弘行 (2010b)「熊本市における各主体連携による地下水管理政策の模索」『日本水文科学会誌』40(3)，pp. 121-134.

間宮陽介 (2002)「コモンズと資源・環境問題」佐和隆光・植田和弘 (編)『岩波講座 環境経済・政策学 第一巻 環境の経済理論』岩波書店，pp. 181-208.

水収支研究グループ (編) (1976)『地下水盆の管理：理論と実際』東海大学出版会.

水収支研究グループ (編) (1993)『地下水資源・環境論：その理論と実践』共立出版.

三田長義 (1999)「土地改良法制定の背景と経緯」『農業土木学会誌』67(9)，pp. 915-920.

三田村宗樹・高橋一 (1993)「1・2 日本の地下水利用の歴史」水収支研究グループ (編)『地下水資源・環境論：その理論と実践』共立出版株式会社.

宮内泰介 (2013)『なぜ環境保全はうまくいかないのか：現場から考える「順応的ガバナンス」の可能性』新泉社.

宮川公男 (2002)『政策科学入門 第2版』東洋経済新報社.

宮川公男・山本清 (編著) (2002)『パブリック・ガバナンス：改革と戦略』日本経済評論社.

宮古島市 (2011)『第3次宮古島市地下水利用基本計画』.

宮古島上水道企業団 (1996)『宮古島水道史 (2)』.

宮古島上水道組合 (1967)『宮古島水道史』.

宮﨑淳 (1999)「給水契約の締結拒否についての正当性：水道法15条1項にいう『正当の理由』の意義」『創価法学』29(1/2)，pp. 117-153.

宮﨑淳 (2007)「地下水の利用と保全の法理：健全な水循環の確保の視点から」『創価法学』36(3)，pp. 1-15.

宮﨑淳 (2011)『水資源の保全と利用の法理』成文堂.

宮部直巳 (1937)「江東地区に於ける地盤沈下の原因に就いて」『地震研究所彙報』15(1)，pp. 102-108.

三好規正 (2016)「地下水の法的性質と保全法制のあり方：『地下水保全法』の制定に向けた課題」『地下水学会誌』58(2)，pp. 207-216.

村下敏夫 (1994)「水井戸の歴史」山本荘毅 (監)『建築実務に役立つ地下水の話』建

築技術，pp. 41-54.
室田武・三俣学（2004）『入会林野とコモンズ：持続可能な共有の森』日本評論社．
森晶寿（2013）「EPI の進展に向けて」森晶寿（編著）『環境政策統合：日欧政策決定過程の改革と交通部門の実践』ミネルヴァ書房，pp. 255-267.
森恒夫（1994）「水資源開発と公団の役割」『岡山大学経済学会雑誌』25(3)，pp. 19-42.
盛岡通（2012）「リスクガバナンス論からみた震災復興過程のリスク評価の方向」『環境情報科学』41(1)，pp. 50-62.
守友裕一（2001）「白川中流域の農業生産と水利用」熊本地下水研究会（編）『地域の歴史的遺産を活用した地下水保全システムの研究』，pp. 152-165.
諸富徹（2011）「『統合的水資源管理』と財政システム：水管理組織と財源調達システムのあり方をめぐって」『立命館経済学』59(6)，pp. 1150-1167.
諸富徹・浅野耕太・森晶寿（2008）『環境経済学講義：持続可能な発展を目指して』有斐閣ブックス．
八木美雄（1997）「地下水・地盤環境行政の今後の展開：水質・水量の両面から保全策を総合的に推進」『水道公論』33(6)，pp. 70-73.
八木信一（2019）「日本における地下水ガバナンスの動態に関する事例分析」『日本地下水学会シンポジウム「わが国における地下水ガバナンスの現状と課題：社会系科学の側面から」（講演資料）』，pp. 7-12.
八木信一・武村勝寛（2015）「地下水保全をめぐるガバナンスの動態：熊本地域を事例として」『水利科学』58(6)，pp. 1-27.
八木信一・武村勝寛・渡辺亭（2016）「環境ガバナンスにおける橋渡し組織の機能に関する研究：くまもと地下水財団を事例として」『自治総研』42(3)，pp. 59-80.
八木信一・中川啓（2018）「国内関連事例に基づく地下水ガバナンスの論点整理」『日本地下水学会 2018 年春季講演会予稿集』pp. 56-59.
山崎有恒（1995）「内務省の河川政策」『史學雑誌』104(12)，p. 2107.
山崎誠治・村下敏夫（1967）「地下水利用適正化調査の進め方」『工業用水』107，pp. 72-77.
山下良平（2018）「外国企業による森林買収は水源地域の安定的管理に関する住民意識を喚起したか」『地域学研究』48(1)，pp. 117-131.
山田健（2013）「水を育む森づくり：サントリー天然水の森」『地下水学会誌』55(2)，pp. 187-192.
山根史博・浅野耕太・市川勉・藤見俊夫・吉野章（2003）「熊本市民による地下水保全政策の経済評価：上下流連携に向けて」『農村計画学会誌』22(3)，pp. 203-208.
山本三郎（1993）『河川法全面改定に至る近代河川事業に関する歴史的研究』日本河

川協会.
山本荘毅（1983）『新版 地下水調査法』古今書院.
山本荘毅（1995）「戦後 50 年と地下水」『地下水技術』37(12)，pp.4-11.
山本啓（2005）「市民社会・国家とガバナンス」『公共政策研究』5, pp. 68-84.
若松加寿江（2012）「東北地方太平洋沖地震による液状化被害の特徴」『季刊 消防科学と情報』110, pp. 11-14.
我妻榮（1932）『物権法（民法講義II）』岩波書店.
和田英太郎（監）・谷内英雄・脇田健一・原雄一・中野孝教・陀安一郎・田中拓弥（編）（2009）『流域環境学：流域ガバナンスの理論と実践』京都大学学術出版会.

索　引

■事項索引

[ア行]

アウトカム指標　217
アクター　178, 183, 186, 188, 250, 252, 265
　　アクター間の役割分担　ii
　　アクター参画　217, 224
　　アクターの多様化　188, 254, 265
　　非政府アクター　ii, 231, 233, 240, 245, 253
　　マルチアクター　188, 190, 222, 250, 255, 263, 266
　　ローカルなアクター　267
アジェンダ21　169
アソシエーション　229, 230
アドボカシー　240, 255
意識啓発　106, 179, 193, 198, 240, 255
意思決定　106, 115, 163, 174, 184, 201, 213, 257
井戸新規設置訴訟　24, 111, 196, 268
井戸深度制限　71, 96, 314
井戸設備基準　72
インタラクティブ・ガバナンス　162
印旛沼流域水循環健全化会議　213
　　印旛沼流域水循環健全化計画　212
飲料水優先利用　236
雨水浸透　202
　　雨水浸透施設　97, 98, 132, 238
雨水貯留施設　100
埋め立て　62
上乗せ　79, 113
　　上乗せ条例　78
影響調査義務　97
液状化　11
越前おおの湧水文化再生計画　191, 210
越境帯水層法典　27, 157
越境地下水　157, 168
　　越境地下水管理　172

塩水化　2, 3, 6, 40, 234
エンパワメント　184
大野市湧水文化再生推進連絡協議会　188
オーフス条約　218
オストロム, E.　165
汚染者負担　94
　　汚染者負担原則　114, 180
汚染状態調査　93
汚染対策　77
　　汚染原因者の特定　135
　　汚染行為規制　180
　　汚染浄化措置　93
　　汚染発生時の措置　92, 295
汚染物質　91
　　規制対象物質　78, 80, 91
温泉　64, 114, 116
　　温泉権　133, 153, 195, 264
　　温泉法　12, 16, 41, 57, 64, 194
温暖化　→気候変動

[カ行]

ガイドライン　11, 15, 152
開発行為規制　98, 112
開放利用資源（open access resources）　165
科学的知見　46, 174, 181
　　科学的データ　133, 136, 189, 206, 263
科学と政策のインターフェイス　206
格差（地域間格差）17, 152, 268
河港道路修築規則　33, 272
可視化　181, 255
過剰採取対策　→採取規制
河川　114
　　河川行政　19, 28, 32, 262
　　河川政策　28
　　河川法　7, 13, 16, 64, 116, 194, 200

旧河川法　35, 51, 272
新河川法　40, 274
家畜排せつ物　123, 135
価値創造　200, 264
渇水　6, 40, 65, 110, 115, 243
ガバナビリティ　→統治能力
ガバナンス　i, 31, 160, 169　→地下水ガバナンス、流域ガバナンス
　ガバナンスの動態　221
　ガバメントからガバナンスへ　160
　環境ガバナンス　163
　協働ガバナンス　171
　ローカル・ガバナンス　176
株井戸制　34, 54, 167, 273
環境影響評価法　96
環境ガバナンス　→ガバナンス
環境基準　42, 117, 123, 130
環境基本計画　6, 49
環境基本法　3, 16, 49, 53, 276
環境教育　56, 175
環境税　204
観光資源　56, 153, 175, 197
慣習上の権利　60, 180
関東大震災　37
基金　104
気候変動　2, 6, 152, 174
規制区域　70
規制対象井戸　69, 314
規制対象事業場　90
規制対象物質　→汚染物質
規制的手法　197
揮発性有機化合物（VOC）　4, 49, 130, 174
旧紀伊長島町水道水源保護条例　60
給水義務　102
旧水質二法　12
境界の不一致　175
行政計画　68, 196
協定　66, 90, 104, 106, 115
協働　→参画・連携・協働
　協働ガバナンス→ガバナンス
　協働の制度化　245
共有自然資源（shared natural resources）　157

共有地の悲劇　164
協力金（地下水利用協力金）　29, 104, 114, 198, 202
近接権　23
苦情処理　107, 108
掘削技術　8, 36, 168
国と地方　56, 118, 185, 190, 196 , 259, 264
熊本県地下水保全条例　68, 75, 79, 86, 91, 98, 103, 248
熊本市地下水保全条例　91, 98, 115, 236
熊本地域地下水総合保全管理計画　146, 188, 238, 248
くまもと地下水財団　146, 189, 248, 253, 254
グローバル・ウォーター・パートナーシップ　169
景観保全　94, 112, 295
経済的インセンティブ　181, 217
下水道法　42, 201
建築物用地下水の採取の規制に関する法律（ビル用水法）　12, 16, 41, 46, 57, 70, 194, 275
権利濫用の法理　23
広域管理体制　103
広域地下水流動　222, 236
公害対策基本法　3, 42
公共性　13, 24, 25, 53, 55, 113, 153
　公共的性質　48, 138
公共政策　180, 184
公共の地下水利用施設　110
公共の利用の優先　109
鉱業法　12, 16, 57, 64
公共用水域　78, 79, 88, 96
工業用水法　12, 16, 32, 41, 46, 57, 70, 194, 201, 275
工場排水規制法　39
公水　27, 56, 59, 109, 111, 113, 115, 116, 140, 195, 222, 248, 263
　公共水　109, 222, 248
　公水条例　115, 263
合理的利用　99, 105, 112
コースの定理　166
国土総合開発法　38

351

国家中心（State-centric）アプローチ　161, 162
コミュニティ　166
コモンズ　165, 167
　ローカル・コモンズ　34

[サ行]
災害　8, 175
　災害時協力井戸　199
　災害時利用／防災利用　56, 100, 112, 197, 304
財源調達　140, 152, 202
財産権　111, 133, 153, 195, 264
　財産権侵害　116
　財産権制限　25
採取規制（揚水規制・採取制限・過剰採取対策）　3, 12, 17, 40, 41, 45, 47, 50, 55, 58, 69, 75, 99, 112, 114, 167, 181, 188, 196, 197
再生可能エネルギー　56
再生水　99, 198
砕石業　89
最大年間揚水量　73
参画・連携・協働　152, 173, 177, 187, 188, 207, 213, 223, 229, 230, 247, 264
　垂直的連携　17, 32, 102, 126, 138, 174, 178, 190, 196, 244, 264
　水平的連携　17, 140, 174, 264
三位一体改革　118, 187
施策評価　134, 137, 217
自主的管理　105, 305
私水　24, 36, 54, 115, 196
事前防止　→未然防止
持続可能性　176
　持続可能な社会　164
　持続可能な地下水の保全と利用　→地下水の持続可能な利用と保全
私的所有権　261, 262
地盤沈下　2, 3, 40, 130, 151, 174, 234
　地盤沈下地下水過剰汲み上げ原因説　37, 55, 262, 273
　地盤沈下防止条例　41
　地盤沈下防止等対策要綱　12, 16, 43, 45, 277

自噴井戸　70
市民活動　106, 232, 254, 266
市民参加（市民参画）　75, 106, 114, 125, 147, 187, 213, 217, 247, 256, 264, 305
社会中心（Society-centric）アプローチ　161
社会的ジレンマ　164
砂利採取業　89
重金属　5, 130
集合行為問題　167
重層性　174
住民運動　232, 251, 254, 266
受益者負担　239, 244
　受益者負担原則　203
取水基準　46, 72, 73, 76
順応的管理　67, 206
浄化（汚染浄化）　92, 96, 105, 135
硝酸性・亜硝酸性窒素　5, 14, 91, 123, 135, 197, 237
消雪・融雪　3, 100, 175, 191
情報・知識　178, 181, 256, 265
情報公開　75, 125, 173, 187, 215
消防水利　101, 199
白川中流域水田湛水事業　224
森林買収　8, 56, 143, 154
水源二法　49
水源保護　98, 198
　水源保護条例　10, 49, 56, 154
水質汚濁防止法　12, 16, 42, 49, 57, 77, 80, 87, 88, 113, 123, 197, 200, 274
水質二法　39
垂直的連携　→参加・連携・協働
水道　7, 68
　水道行政三分割　39
　水道原水法　200
　水道水源　36, 61, 90
　水道法　16, 102, 200
　地下水利用専用水道　7, 76
水平的連携　→参加・連携・協働
水利権　133, 153, 195, 242, 250, 264, 268
　慣行水利権　36, 51, 242, 254
水量　ii, 114
　水量測定機器　76, 236

水量と水質／量管理と質管理　114, 151, 175, 180, 200, 263
ステークホルダー　i, 54, 108, 168, 176, 177, 181, 215, 217, 229, 258, 263
生活・産業排水　237
生活排水処理　135
政策過程　193, 207, 240
　　政策過程への参加　250
政策企業家　255
政策統合（policy integration）　181, 200
生態系　7, 94, 113, 114, 152, 172, 174, 199, 215, 227
　　生態系サービスへの支払い（Payments for Ecosystem Services：PES）　228
　　生態系の境界と制度的境界の不一致　268
政府の失敗　167
責任の所在　6, 184, 256, 257, 268
セクショナリズム　→水行政の縦割り
設計原則（Design principle）　165
節水　99, 304
説明責任　90, 107, 179, 206
相互干渉　109
相隣関係　60
損害賠償責任ルール　166

［タ行］
大気への揮散抑制　79
対象事業規制　87, 295
対象物質規制　77, 294
大正4年6月3日大審院判決　37, 273
帯水層　18, 117, 208, 209, 211
代替水源　76
高潮　41
宅配水　8
縦割り　50, 169　→水行政の縦割り
ダブリン宣言　168
淡水管理と海域管理　169
地域間格差　→格差
地域資源　269
地下工事（地下水影響工事）　96, 107, 112, 295
地下構造物の浮き上がり　10, 175
地下浸透　49, 77, 79, 123

地下浸透水　12, 16, 79, 86
地下水アセスメント　74
地下水位　2, 10, 130, 151, 237
地下水域　19, 20, 47, 102, 103, 117, 124, 168, 176, 195, 229, 264
地下水影響工事　→地下工事
地下水汚染　14, 49, 77, 105, 144
地下水学　17
地下水ガバナンス（Groundwater Governance）　iii, 28, 30, 51, 95, 102, 107, 108, 114, 152, 155, 157, 158, 170, 172, 174, 177, 179, 180, 182, 186, 191, 193, 201, 207, 221, 256, 264, 269
地下水ガバナンス等調査・研究グループ　172
地下水ガバナンスプロジェクト　→Groundwater Governance：A Global Framework for Action（GGP）
地下水涵養　6, 97, 112, 175, 226, 238
地下水管理／地下水マネジメント（Groundwater Management）　ii, 14, 158
　　地下水管理責任者　105
地下水協議会　208, 215
地下水行政　iii, 13, 31, 51, 52, 262
地下水協力金　→協力金
地下水採取料制度　104, 115
地下水障害　i, 2
地下水条例　iii, 57, 62, 112, 139, 195, 197, 263
　　国家法と地下水条例の関係　282
　　地下水条例の違憲性／合憲性　23, 25, 59, 111
地下水税　140, 152, 202, 204, 223
地下水帯水層　→帯水層
地下水の持続可能な利用と保全　i, iii, 1, 19, 168, 174, 176, 208, 261, 264
地下水の法的性格／法的性質　22, 24, 27, 55, 61, 108, 124, 138, 262, 305
地下水法　12, 32, 42, 48, 53, 54, 55, 104, 262
「地下水保全」ガイドライン　22, 159, 191
地下水保全法　13, 57

地下水保全連絡協議会　106, 188
地下水盆　18, 20, 45
地下水流動機構　250
地下水利用協力金　→協力金
地下水利用権　i, 10, 22, 54, 60, 124, 138, 153, 180
地下水利用対策協議会　46, 105, 140, 143, 188, 198
地下水利用適正化調査　11
地下ダム　59, 110
地球サミット　169
地籍調査　153
地租改正　34, 51, 54, 262, 272
地表水と地下水　16, 66, 169, 175, 185, 200, 263
地方分権　117
　地方分権一括法　153, 187
直接規制　86, 197
転換点 (tipping point)　190
典型7公害　3
天然ガス（天然ガス溶存地下水）　3, 12, 40, 64, 66, 116
冬期湛水　239, 258
統合的水資源管理（Integrated Water Resource Management：IWRM）　95, 168
統治能力（ガバナビリティ）　161
特定多目的ダム法　39, 200
都市ブランド／ブランディング　175, 199, 200
土壌汚染対策法　16, 93, 200
土地改良法　16, 200
土地所有権　22, 54, 75, 124, 138, 153, 195
都道府県と市町村　102, 190, 196
トリクロロエチレン　4, 12, 80

[ナ行]
ナショナル・ミニマム　117, 152
日本地下水学会　18, 172
ネクサス（連関）　185
ネットワーク　125, 161, 190
農業水利権　→水利権
農薬取締法　42

農用地土壌汚染防止法　42

[ハ行]
ハーディン，G.　164
パートナーシップ　161, 213, 246, 254
廃棄物処理法　42
排水基準　79, 91
ハイテク汚染　4
橋渡し組織　223
阪神・淡路大震災　100, 187
東日本大震災　8, 11
非政府アクター（非政府主体）　→アクター
費用負担配分　6, 239, 250
ビル用水法　→建築物用地下水の採取の規制に関する法律
不確実性　7, 174, 197, 206
不可視性　176, 255
復興国土計画要綱　38
フリーライダー　168
分権　ii, 264, 267
ペストフのトライアングルモデル（The Third Sector in the Welfare Triangle）　224, 229, 230
法・規制・制度の枠組み　178, 180, 194, 259, 265
補完性・近接性　103
ボトムアップ　179, 265
ポリシーミックス　99, 200, 265
掘り抜き　1, 34, 273

[マ行]
まちづくり　175
松山地裁宇和島支部判決　47
マルチアクター　→アクター
マルチレベル　102
　マルチレベル・ガバナンス　177
水環境基本計画　196
水行政の縦割り　13, 39, 53, 55, 158, 262, 265, 268
水資源開発公団法　39
水資源開発促進法　39
水資源保全全国自治体連絡会　146
水収支研究グループ　47, 192, 193
水循環　19, 50, 66, 116, 200

健全な水循環　6, 13, 50, 53, 201, 209, 216, 268
水循環基本計画　ii, 13, 51, 159, 201, 208, 215
水循環基本法　ii, 13, 16, 24, 50, 53, 55, 57, 116, 124, 140, 153, 159, 195, 201, 216, 218, 265, 269, 278
水と環境に関する国際会議　168
未然防止（事前防止）　24, 70, 74, 75, 76, 77, 91, 96, 98
南関東ガス田　66
南関東地方地盤沈下調査会　46
ミネラルウォーター　8, 56, 261
　ミネラルウォーター税　204
宮古島上水道組合　111
宮古島地下水保護管理条例　59, 110
民法　36, 51, 272
　民法206条・207条　23, 36, 124, 166, 195
明治憲法　36, 51
明治29年大審院判決　35, 36, 51, 54, 166, 262, 273, 280
面源汚染　174
目標・政策・計画　178, 180, 183, 196, 265
モニタリング　47, 125, 130, 182, 184, 206, 265

[ヤ行]
湧水　7, 57, 94, 234
　湧水生態系　7
　湧水等保全審議会　189
湧泉　167
用益物権　60
揚水規制　→採取規制
用水二法　12, 51, 57, 64, 69, 70, 75, 197
横出し　113
　横出し条例　78
予防原則　180

[ラ行]
リーダーシップ　102, 151, 179, 256, 268
利害関係　10, 17, 20, 22, 31, 56, 162, 178, 190
利害関係者・利害関係主体　→ステークホルダー
流域　211
　流域ガバナンス　28, 172, 218
　流域地区（river basin district）　214
　流域マネジメント　208, 218
　流域水循環協議会　ii, 207, 211, 265
　流域水循環計画　ii, 14, 142, 208, 209, 210, 211, 214, 217, 265
リンケージ　201
ローカル・ガバナンス　→ガバナンス
ローカル・コモンズ　→コモンズ
ローカルとナショナル　→国と地方
ローカルなアクター　→アクター

[ワ行]
輪中　34

[A-Z]
CSR（企業の社会的責任）　175
CSV（共有価値の創造）　175
EU 水枠組指令（WFD）　214, 215, 265
Global Diagnostic on Groundwater Governance　158
Global Framework for Action to achieve the vision on Groundwater Governance　159
groundwater basin　20
Groundwater Governance：A Global Framework for Action（GGP）　27, 158, 178, 265
NPO　125, 177, 188, 209, 222, 245
　NPO法　187
River Basin Management Plan（RBMP）　214
Shared Global Vision for Groundwater Governance 2030 and A call for-action　159
The Tragedy of the Commons　164
The Water Framework Directive（WFD）　→EU 水枠組指令

■地名索引

石川県
　中能登町　　95, 101, 199, 284, 296, 306
愛媛県　　120, 135
　西条市（西篠市）　　73, 74, 75, 78, 79,
　　81, 89, 83, 85, 87, 90, 91, 97, 107,
　　108, 114, 196, 263, 288, 300, 310
岡山県
　西粟倉村　　65
沖縄県
　宮古島市　　75, 87, 89, 90, 91, 94, 109,
　　110, 114, 115, 195, 263, 290, 302, 312
神奈川県　　9, 11, 29, 59, 93, 94, 154, 210
　座間市　　58, 78, 79, 81, 83, 85, 87, 94,
　　97, 98, 103, 104, 106, 107, 109, 111,
　　114, 115, 188, 189, 195, 196, 198, 202,
　　203, 210, 282, 294, 304
　秦野市　　24, 25, 26, 27, 29, 59, 71, 78,
　　79, 81, 83, 85, 86, 87, 92, 93, 94, 95,
　　104, 105, 109, 111, 114, 115, 195, 196,
　　197, 199, 202, 204, 206, 210, 211, 263,
　　268, 282, 294, 304
関東平野　　3, 12
岐阜県　　2, 5, 120, 140, 192,
　岐阜市　　78, 79, 81, 83, 85, 86, 87, 94,
　　96, 97, 100, 108, 114, 195, 286, 298,
　　308
九十九里平野　　3
熊本県　　5, 59, 67, 68, 70, 71, 73, 74, 75,
　　78, 79, 86, 91, 97, 98, 99, 103, 106,
　　109, 114, 115, 120, 140, 142, 146, 187,
　　195, 198, 204, 210, 222, 228, 229, 234,
　　236, 237, 238, 241, 244, 248, 258, 263
　熊本市　　2, 29, 78, 91, 97, 98, 99, 103,
　　109, 114, 115, 145, 146, 195, 196, 197,
　　198, 199, 204, 210, 222, 225, 226, 227,
　　228, 229, 234, 235, 236, 237, 238, 239,
　　240, 241, 242, 243, 244, 245, 246, 247,
　　248, 249, 250, 251, 253, 254, 255, 256,
　　257, 258, 263, 290, 300, 310
　熊本地域　　iii, 29, 196, 222, 266
静岡県　　2, 5, 9, 46, 71, 76, 105, 120,
　　140, 143, 144, 154
　岳南地域　　140
筑後・佐賀平野　　3, 12, 45
東京都　　59, 66, 78, 114, 175,
　板橋区　　59, 67, 73, 75, 95, 103, 109,
　　115, 199
　小金井市　　78, 81, 83, 85, 87, 100, 101,
　　103, 109, 115
　国分寺市　　109, 189
　日野市　　59, 67, 94, 95, 97, 101, 106,
　　108, 109, 114, 115, 187, 197, 199, 282,
　　294, 304
長野県　　5, 9, 120, 140, 142, 143, 154
　安曇野市　　29, 69, 104, 109, 115, 143,
　　196, 202, 210, 286, 298, 308
　佐久市　　59, 109
　佐久地域　　140
　天龍村　　9
新潟県　　100, 109, 192
　南魚沼市　　68, 72, 73, 100
濃尾平野　　3, 12, 34
福井県　　2, 120, 191
　大野市　　188, 190, 193, 199, 206, 210,
　　211
山梨県　　9, 65, 70, 120, 140, 151, 204
　富士河口湖町　　65, 66
　北杜市　　8, 71